U0888857

化学工业出版社“十五五”普通高等教育规划教材

Experimental Organic Chemistry

有机化学实验

第二版

王俊岭 台玉萍 马军营 主编
李 平 黄新辉 牛睿祺 杜西刚 卢 敏 副主编

化学工业出版社
·北京·

内容简介

《有机化学实验》（第二版）共包括六章内容，第一章为有机化学实验基础知识，主要介绍了实验室规则、实验室安全、常用玻璃仪器及设备、实验预习及记录、有机化学文献等；第二章为有机化学实验基本操作和技术，主要介绍了玻璃仪器的清洗、玻璃工操作、有机化学反应常用装置、色谱分离技术等；第三章为13个基本操作实验，如熔点测定、沸点测定、蒸馏、萃取、重结晶、升华、旋光度测定等；第四章为9个有机化合物的性质实验，对重要有机化合物按类别分别给出了相应的性质实验原理和具体方法；第五章为38个有机化合物的合成实验，每一类化合物均给出了两到三个实验项目，以供选择；第六章为15个综合性和设计性实验，所合成化合物尽可能贴近专业特点，以增强学生对有机化学的专业认知。附录为一些参考资料，如有机溶剂的纯化方法、常用试剂的配制、常用溶剂极性表等。

本书简明而又不失系统，实验项目选取经典与前沿兼顾，可作为理工农林医类专业化学、化工、材料、生物、环境、食品、药学、农学、林学等专业本科生的教材。

图书在版编目（CIP）数据

有机化学实验 / 王俊岭，台玉萍，马军营主编. 2版. — 北京：化学工业出版社，2026. 3. —（化学工业出版社“十五五”普通高等教育规划教材）. — ISBN 978-7-122-49638-6

Ⅰ. O62-33

中国国家版本馆CIP数据核字第20258N433T号

责任编辑：宋林青　　　装帧设计：史利平
责任校对：杜杏然

出版发行：化学工业出版社
（北京市东城区青年湖南街13号　邮政编码100011）
印　　装：河北鑫兆源印刷有限公司
787mm×1092mm　1/16　印张12　字数320千字
2026年2月北京第2版第1次印刷

购书咨询：010-64518888　　　售后服务：010-64518899
网　　址：http://www.cip.com.cn
凡购买本书，如有缺损质量问题，本社销售中心负责调换。

定　价：32.00元

版权所有　违者必究

第二版前言

《有机化学实验》第一版于2007年出版以来，面向高校化学类化工类材料类环境类等专业，服务了十余届学子的专业成长。该书以扎实的操作训练、详尽的流程设计和务实的应用导向，成为很多高校实验教学的重要参考。近年来，随着科技与教育的快速发展，绿色化学从理念走向实践，人工智能重塑知识获取方式，新工科建设对创新能力提出更高要求，为进一步适应新时代人才培养需求，我们在深入总结第一版使用反馈、广泛调研国内外教学改革趋势的基础上，对教材进行了重构与升级。

在继承第一版的风格、特点的同时，本书系统整合有机化学实验的核心内容，注重基础与创新结合，强调绿色化学理念，助力学生夯实实验技能与科学素养。在修订时就如下几个方面进行了改动。

一、内容编排上，由原版的五部分改为六章。将原书第二部分有机化学实验基本操作和技术拆解为独立章节，分别为第二章有机化学实验基本操作和技术及第三章有机化学基本操作实验。

二、在有机化学实验的基础知识一章中增加了虚拟实验平台的介绍；在实验室意外事故的急救和处理章节，增加了实验室消防器材的类型及使用；在有机化学文献简介部分，增加了相关工具书和数据库；在有机化合物的性质实验中，增加了重要代表性化合物的性质与用途；在合成实验的实验原理部分，扩充了目标化合物的应用；在附录部分增加了常用有机溶剂的纯化。在设计性实验章节，扩充和更新了相关参考文献。

三、在第一版基础上增加了有机物名称和有机化学实验专业术语的英文，以使学生在学习有机化学实验知识的同时，培养自身的化学科技英语能力，为今后的文献查阅和科研打下一定的基础。

四、针对部分读者的意见和建议，对书中的个别内容进行了特别审核和订正。

本书采用中华人民共和国国家标准GB 3102所规定的术语、符号和法定计量单位，参照教育部化学类专业教学指导委员会的教学规范引用GB/T 601、603等实验方法标准确保技术准确性。

第二版着力实现“安全、绿色、智能”三大核心价值。本书可配套河南科技大学化学化工学院虚拟实验室的“有机化学实验智慧教学平台”，实现课程的AI辅助实验设计、实验数据在线处理与误差分析等功能，特别设置的“化学实验室VR演练”系统，可模拟多种实验场景。

本书由王俊岭等修订编写，其中马军营编写前言，王俊岭编写第 1、2 章及附录，黄新辉编写第 3、4 章，牛睿祺编写第 5 章，李平、卢敏、杜西刚、牛睿祺共同编写第 6 章，台玉萍负责全稿审阅修改。

马军营、顾少华、李平、刘泽民、郭进武、张景会、汪庚先、任运来等老师为第一版倾注了大量心血，第二版的诞生离不开第一版编者打下的坚实基础，也得益于很多一线教师的宝贵反馈，在此，对他们表示诚挚的谢意。

限于编者对前沿动态的把握能力，书中疏漏之处在所难免。恳请同行专家与广大读者继续不吝指正，共同推进有机化学实验教学的现代化进程。

编者于河南洛阳

2025 年 10 月

第一版前言

本书是根据教育部化学和应用化学专业基本教学内容、国家化学基础课实验教学中心及河南省高校基础课实验教学中心有关有机化学实验课内容的基本要求编写的。

本书首先将基础化学实验看作一个整体，避免以前因过分强调各自学科的系统性而产生某些内容的重复，将一些相近或较新的实验融入整个基础化学实验课中去整合、安排。在保证有机化学实验自身的系统性及与其他课程实验衔接的前提下，根据实验独立开课的原则，对基本理论进行了简明扼要的介绍，对基本操作原理和技术做了较为详细的阐述，对各类化合物的化学性质和制备方法及典型反应进行了讨论，力求该书能成为一本实验教科书、简明工具书而不是单纯的实验书。根据目前国内有机化学实验教学的实际情况，对实验步骤的叙述和注释较为详细。

本书按由浅入深、由简单到复杂、由单一反应到多步反应的顺序排列，由五大部分组成。

第一部分：有机化学实验的基本知识。

第二部分：有机化学实验基本操作和技术，包括常用的仪器、装置与基本操作训练。根据目前教学的实际需要，未对气相色谱、红外光谱、核磁共振等部分论述。

第三部分：有机化合物的性质实验，这一部分做了较大的压缩，只列出了9个实验。

第四部分：有机化合物的合成，这是本书的骨干内容。在内容选择上，以典型的有机反应为基础，列入了一些应用性强、影响面广、内容较新的典型反应，并在有些实验中引入了半微量实验，以及相转移催化剂的制法和天然产物的提取分离；在内容编排上，以化合物类型为基本顺序，扼要介绍了此类化合物实验室的制法和工业合成方法、用途及最新进展。

第五部分：综合性和设计性实验。综合性实验部分，在取材上，重点突出综合训练和应用，兼顾医药、农药、精细化工、生命科学等专业教学的需要；对多步反应实验，有些是作为独立性实验列出的，便于学生和教师选做。设计性实验（又称文献实验），结合不同专业学生的需求，给出了内容不同的题目。一般给出了设计要点或思路，附有相关文献，让学生根据个人特点，通过查阅文献，自行设计、拟定具体的实验方案，经与老师讨论后，预约开放实验室的时间，进行实验。希望通过这些设计性实验，使学生的科研能力得到初步培养，同时启发学生科学研究的思维，为其将来从事科学研究或进一步深造奠定良好的基础。

在所有合成实验内容的编排上，给出了实验流程，便于学生预习和具体操作，尽量避免过去学生预习不充分、照方抓药的不良实验行为。同时给出了有关中间体、产物的某些物理常数和化学性质，以帮助学生观察、理解实验现象和有利于后续实验。

本书选编的内容，远远超过现在的教学时数，在使用时各学校可根据自己的专业特点、教学时数，选择不同层次的内容。

本书附录部分，列出了与有机化学实验有关的资料、数据和常数，便于教师和学生查阅。

本书适用于化学、应用化学、化学工程与工艺、生命科学、环境科学、高分子化学与材料、医药、农药、有机中间体化学、食品科学、农业科学等多学科学生使用及化工、有机化学、化学技术与管理工作者参阅。

本书是河南科技大学教材出版基金资助项目，由河南科技大学化工与制药学院马军营（主编），顾少华、李平（副主编），刘泽民、郭进武、张景会、汪庚先、王俊岭、任运来等同志编写。编写过程中，河南科技大学教材出版基金委员会专家、教务处、学院领导和有关同事给予了大力支持和帮助，并提出了许多宝贵意见和建议；同时参阅和借鉴了国内外有机化学实验教材的有关内容，不再一一列出，在此编者深致谢意。

限于编者的水平，疏漏和不妥之处在所难免，恳请读者批评指正，不吝赐教。

编者

于河南洛阳

2007 年 4 月

目　录

第一章　有机化学实验基础知识

在有机化学实验中，经常会使用易燃、易爆的气体和溶剂，如氢气、乙炔、乙醚、乙醇、丙酮、石油醚和苯等；使用有毒、有腐蚀性的药品，如氰化物、硝基苯、有机膦类化合物、芳香胺类化合物、浓硫酸、浓盐酸、浓硝酸、烧碱及溴等。如果这些药品使用不当，就可能引发着火、爆炸、中毒、烧伤等事故。而且有机化学实验所使用的仪器大多是易碎的玻璃仪器。此外，还经常会接触酒精喷灯、煤气、电器设备等，如果处理不当，也会引发事故。因此在实验过程中，必须注意安全。但各种事故的发生往往是由于不熟悉仪器的操作方法，不了解药品的性能，未按操作规程进行实验或思想麻痹大意所造成的。只要实验前充分预习有关实验内容，实验中严格按规程操作，加强安全意识，事故是完全可以避免的。为了培养学生严谨的科学态度和良好的实验习惯，保证实验顺利进行，有效地防止事故的发生以及发生事故后做好及时的处理，学生应了解有机化学实验的基本知识，并切实遵守有关规章制度。

第一节　实验室规则

1. 实验前认真预习实验内容，明确实验目的、实验基本原理、步骤、操作方法和注意事项，熟悉实验所需的药品、仪器和装置。写好预习报告。检查仪器和试剂是否齐全。

2. 遵守实验室的纪律和各项规章制度，不得迟到、早退、旷课。

3. 实验中遵守秩序，保持安静，不得大声喧哗，不得随意走动，不得擅自离开。

4. 听从教师指导，严格按照操作规程和实验步骤进行实验，积极思考，仔细观察实验现象，实事求是地做好记录。

5. 爱护实验仪器设备，不乱拿乱放，不得将公物带出实验室，借用公物要及时归还，损坏物品要如实登记，出现问题及时报告。

6. 严格按照规定称量或量取药品，用完后及时盖好瓶盖并将药品放回原处。要节约水、电、煤气及消耗性药品。

7. 实验过程中要特别注意观察仪器有无漏气、破裂，反应是否正常。若发现异常，应立即报请教师处理。

8. 保持实验室整洁卫生。实验时，做到桌面、地面、水槽及仪器干净。废纸、废液等应放入废液缸，严禁随地乱扔或倒入水槽，防止堵塞或腐蚀下水道。

9. 实验结束后，整理好仪器、药品，做好值日工作。切断电源，关闭煤气、自来水开关。经指导教师检查后方能离开实验室。

10. 根据实验记录，认真书写实验报告，按时交给指导老师。

第二节　实验室安全知识

一、实验室安全守则

1. 进入实验室必须穿工作衣，不准穿拖鞋。对有危险的实验要戴防护眼镜、手套等。

2. 实验前必须按要求认真预习实验内容，仔细检查仪器是否完好无损，装置是否正确。

3. 实验时必须熟悉药品的性能和仪器的安装。清楚实验室内水、电、气以及电器设备开关等。了解实验室安全设施的位置、急救箱放置地点及使用方法。熟练使用各种安全用具。

4. 严格按照实验内容及规程操作，不得违规操作，不得擅自离开，不得做与本实验无关的事情。实验过程中，要特别注意观察仪器有无漏气、破裂，反应是否正常，如有异常马上报告指导教师。

5. 确保实验室的安静、整洁，实验中要严肃、认真，不得大声喧哗。严禁在实验室内抽烟、饮食。

6. 各种药品不得随意散失。按规定处理使用过的药品、废液及废弃物，不能随便丢弃。反应中所产生的有害气体，必须按规定进行处理，以免污染环境。

7. 实验中的公用药品、仪器等用完后立即归还原处。取药品时瓶塞不能拿混，取出的药品不得再倒回原试剂瓶中。

8. 实验结束后，认真做好值日，关水、电、气及火源，洗净双手，经老师检查后，方能离开实验室。

二、实验室事故的预防

1. 割伤

（1）玻璃管（棒）切割后，断面应在火焰上烧熔以消除棱角。

（2）装配仪器时口径要合适，不能勉强连接或用力过猛。

2. 着火

实验中使用的溶剂大多是易燃的有机溶剂，而且多数有机化学反应需要加热，因此在有机化学实验室中防火是十分重要的，要注意以下几点：

（1）易燃物品尽量远离火源，盛有易燃溶剂的容器不得靠近火源。

（2）回流或蒸馏液体时应放沸石，以防液体爆沸而冲出。若加热后发现未放沸石应立即停止加热，稍冷后再放。冷凝水要保持畅通，否则，大量的蒸气来不及冷凝而逸出，也容易造成火灾。不能用火焰直接加热烧瓶，而应根据液体沸点的高低，分别选择石棉网、水浴、空气浴或油浴等。

（3）易燃及挥发性有机溶剂在室温时常常有较大的蒸气压。空气中混杂易燃有机溶剂的蒸气量达到一定极限时，遇明火即发生爆炸。因此切勿将易燃溶剂倒入废物缸中，更不能用开口容器盛放易燃溶剂。

（4）倾倒易燃溶剂应远离火源，最好在通风橱中进行。

（5）蒸馏易燃溶剂时，装置切勿漏气，接收器支管应与橡胶管相连，使余气通往水槽或室外。

（6）实验室不得存放大量易燃药品。

3. 爆炸

（1）常压操作时，全套装置一定要有与大气相通的部位，必须经常检查仪器装置的各部分有无堵塞现象。

（2）减压蒸馏时，要用圆底烧瓶或抽滤瓶作接收器，不能使用像锥形瓶、平底烧瓶等机械强度小的仪器作接收器，否则可能会发生爆炸。

（3）加压操作时（如高压釜、封管等），应经常注意釜内压力是否超过安全负荷，选用封管的玻璃管厚度是否恰当、管壁是否均匀，并要有一定的防护措施。

（4）使用易燃易爆气体（如氢气、乙炔等）或遇水易燃烧爆炸的物质（如金属钠、钾等）时，要保持室内空气通畅，严禁明火，严格遵守操作规程。

（5）开启储有挥发性液体的瓶塞时，须冷却后再开启，瓶口向无人处，以免由于液体喷溅而造成伤害。如遇瓶塞不易开启时，要了解瓶内物质的性质，切不可贸然用火加热或乱敲瓶塞。

（6）对于可能产生危险性化合物的实验，操作时需特别小心。某些化合物具有爆炸性，如叠氮化合物、干燥的重氮盐、硝酸酯、多硝基化合物等，使用时应严格遵守操作规程。

（7）有些有机物质（如醚和共轭烯烃等），久置后会生成易燃易爆的过氧化合物，使用前须经特殊处理。

（8）对于过于剧烈的反应，可根据不同情况，采取降温或降低加料速度等方法，使反应平稳进行。

4. 中毒

化学药品大多有不同程度的毒性，皮肤或呼吸器官接触有毒物质是中毒的主要原因。在实验中要防止中毒，必须做到以下几点：

（1）实验中所用的剧毒药品应有专人负责收发，领用人必须两人同时签名登记，并向使用者提出必须遵守的操作规程。实验时应特别小心，不得乱放。实验后的有毒残渣必须妥善而有效地处理，不准乱丢。

（2）药品不要沾到皮肤上，尤其是毒性大的药品。接触固体或液体有毒物质时，必须带塑胶手套，操作后立即洗手，切勿让毒品沾及五官或伤口。

（3）对于反应中可能生成有毒或腐蚀性气体的实验，必须在通风橱中进行。实验后器皿应及时清洗。

5. 试剂灼伤

（1）实验时要避免皮肤与火焰、蒸气、强酸、强碱等能引起灼伤的物质接触，取用或使用有腐蚀性的药品时，应戴橡皮手套或防护眼镜。

（2）浓酸、浓碱具有很强的腐蚀性，切勿溅在皮肤和衣服上，更应注意保护眼睛。稀释浓硫酸时，应将浓硫酸缓缓倒入水中，并不断搅拌。切记不可把浓硫酸倒入水中，防止硫酸飞溅而发生事故。

（3）加热试管时，不能将管口对着自己或别人，更不能俯视正在加热的液体，以免被溅出的液体烫伤。嗅闻气体时，应将少量气体扇向自己后再闻。

6. 触电

了解实验室中各种电开关的位置。熟悉电器设备的使用方法。使用电器前，应检查线路是否连接正确，电器内外要保持干燥，不能有水或其他溶剂。使用时，应先将电器设备上的插头与插座连接好后，再打开电源开关。防止人体与电器导电部分直接接触，不能用湿手或手握湿物接触电源插头、开关等。实验后，应及时切断电源，并将连接电源的插头拔下。

三、实验室意外事故的急救和处理

1. 割伤

取出伤口中的玻璃碎片或固体物，用蒸馏水洗净伤口，涂上消炎药水，用止血纱布包扎好。若伤口较大，则要先按紧主血管，防止大量出血，并紧急送往医院治疗。

2. 着火

实验室如果发生了着火事故，应沉着冷静，及时采取措施，防止事故扩大。首先立即关闭火源、电源和气源开关，移开未着火的易燃物。然后根据易燃物的性质和火势，采取适当的方法灭火。

（1）小火用湿抹布、石棉布或砂子覆盖燃物；大火应使用灭火器，视不同情况，选用不同的灭火器，必要时及时报警。

（2）油浴或有机溶剂着火，切勿用水灭火。一般有机物都比水轻，泼水后火焰不但不熄，反而漂浮在水面上燃烧，还会随水流蔓延。若地面或桌面着火，如火势不大，可用湿抹布或用砂子覆盖灭火。反应瓶里有机物着火，可用石棉板盖住瓶口火即熄灭。火势较大用二氧化碳灭火器灭火。

（3）精密仪器、电器设备着火，首先切断电源，小火可用石棉布或湿抹布覆盖灭火，大火用四氯化碳灭火器灭火。

（4）活泼金属着火可用干燥细砂覆盖灭火。

（5）衣服着火，切勿在实验室乱跑，应迅速脱下衣服，用石棉覆盖或卧地打滚灭火。

3. 中毒

（1）如果有毒药品溅入口中，应立即吐出，用大量水冲洗口腔。如已吞下，应根据毒物性质给予解毒剂，并立即送医院救治。

（2）对于腐蚀性毒物，若为强酸，先饮用大量水，然后服用氢氧化铝乳剂；若为强碱，也应先饮用大量水，然后服用食醋。

（3）对于刺激剂及神经性毒物，先给牛奶或鸡蛋白使之冲淡并缓解，再用一大匙（约30g）硫酸镁溶于一杯水中催吐。也可用手指伸入喉部促使呕吐，然后立即送往医院。

（4）吸入气体中毒者，可将其移至室外解开衣领和纽扣。吸入少量氯气或溴者，可用碳酸氢钠漱口。

4. 试剂灼伤

（1）酸或碱灼伤皮肤，先用大量的水冲洗，若为酸灼伤，用1%的碳酸氢钠溶液冲洗；若为碱灼伤，则用2%的硼酸溶液冲洗，最后均再次用水冲洗。

（2）酸或碱灼伤眼睛，千万不能揉搓眼睛，应立即用大量水冲洗，再用3%硫酸氢钠或3%硼酸溶液淋洗，然后再用蒸馏水冲洗，比较严重的及时送医院就医。

（3）被溴灼伤时，应立即用乙醇或石油醚洗去溴，再用3%的硫代硫酸钠溶液洗，然后用水冲洗干净，涂上甘油或烫伤软膏。

（4）碱金属氰化物、氢氰酸灼烧皮肤，用高锰酸钾溶液冲洗，再用硫化铵溶液漂洗，然后用水冲洗。

（5）苯酚灼伤皮肤，先用大量水冲洗，然后用4∶1的乙醇-氯化铁（1mol/L）的混合液洗涤。

5. 实验室常备物品

为了及时处理事故，实验室应常备以下物品：

（1）绷带、纱布、药棉、医用镊子、剪刀等。

（2）医用酒精、甘油、碘酒、止血粉、凡士林、烫伤膏、消毒剂、2%醋酸溶液、2%硼酸溶液、3%硫代硫酸钠溶液等。

6. 实验室消防器材

有机化学实验室因为有机溶剂较多，且很多有机物都易燃，实验室具有失火的风险，必须配有相应的消防器材。根据可燃物类型和燃烧特性，可将火灾分为六种不同的类型，每种类型火灾根据燃烧物的不同可以选择不同类型的灭火器材（表1-1）。

表 1-1 火灾类型

火灾类型	燃烧物	可选灭火器类型	注意事项
A 类火灾	固体物质火灾，如纸张、木材、棉麻等	水型、泡沫、磷酸铵盐干粉、卤代烷型灭火器	
B 类火灾	液体或可熔化的固体物质火灾，如汽油、煤油等	干粉、泡沫、卤代烷、二氧化碳型灭火器	泡沫灭火器不能灭 B 类醇、醛、酮、醚、酯等极性溶剂的火灾
C 类火灾	气体火灾，如天然气、甲烷、氢气等	干粉、卤代烷、二氧化碳型灭火器	应先关闭气体输送阀门或管道，切断电源，再冷却灭火
D 类火灾	带电火灾	卤代烷、二氧化碳、磷酸铵盐干粉灭火器	禁止用水，先断电，保持安全距离
E 类火灾	金属火灾，如钠、镁等	可用干沙、铸铁沫灭火	国外采用粉状石墨灭火器和金属火灾专用干粉灭火器。忌用水、二氧化碳及干粉灭火器
F 类火灾	烹饪器具内的动植物油脂火灾	锅盖、大量蔬菜、湿布、干沙盖灭	

第三节 有机化学实验常用玻璃仪器及设备

一、玻璃仪器

在有机化学实验中，常用的玻璃仪器可分为两种，普通玻璃仪器和标准接口玻璃仪器。其中普通玻璃仪器较为简单，因此这里主要对标准接口玻璃仪器进行介绍。

1. 常用标准接口玻璃仪器简介

标准接口玻璃仪器（图 1-1）是具有标准磨口和磨塞的玻璃仪器，是按国际通用的技术标准制造的。由于口塞的标准化，磨砂密合，对于同一规格的接口，均可任意互换，相互连接、组装成各种配套仪器。当不同规格的玻璃仪器因磨口编号不同而无法直接连接时，可借助于不同编号的磨口变径接头使之连接起来。使用标准接口的玻璃仪器既可免去配塞子、钻孔的麻烦，又能避免反应物或产物被塞子污染。磨口玻璃仪器密封性能好，对蒸馏非常有利，可以较安全地对有毒性或挥发性的液体进行蒸馏操作；在减压蒸馏时，能使实验装置充分密封，并能达到较高的真空度。

标准接口仪器的每个部件在其显著部位均有烤印的有色标记，用以表明规格。通常标准接口仪器的规格编号有 10、12、14、16、19、24、29、34、40、50 等。这些编号是指接口最大端的直径（单位为 mm）。相同编号的内外磨口可以紧密连接。也有用两个数字表示其磨口大小的，如 14/30，表示该磨口仪器最大端直径为 14mm，磨口长 30mm。一般实验室中使用的常量标准接口玻璃仪器为 19 号，半微量实验中采用的是 14 号磨口仪器，微量实验中采用的是 10 号磨口仪器。

2. 使用标准接口仪器时应注意下列事项

（1）磨口必须洁净，不得沾有固体物质，否则会使磨口对接不紧密，导致漏气，甚至损坏磨口。

（2）用后应立即拆卸洗净，若放置过久会使磨口的连接处粘住，难以拆开。

（3）一般使用时磨口无需涂润滑剂，以免污染反应物和产物。若反应中有强碱，则应涂润滑剂，以免磨口连接处被碱腐蚀而粘牢，无法拆开。对于减压蒸馏，所有磨口均应涂润滑剂，以保证装置的密封性。

（4）安装标准接口仪器时，应注意连接处正直、不歪斜，以免仪器磨口连接处受歪斜的

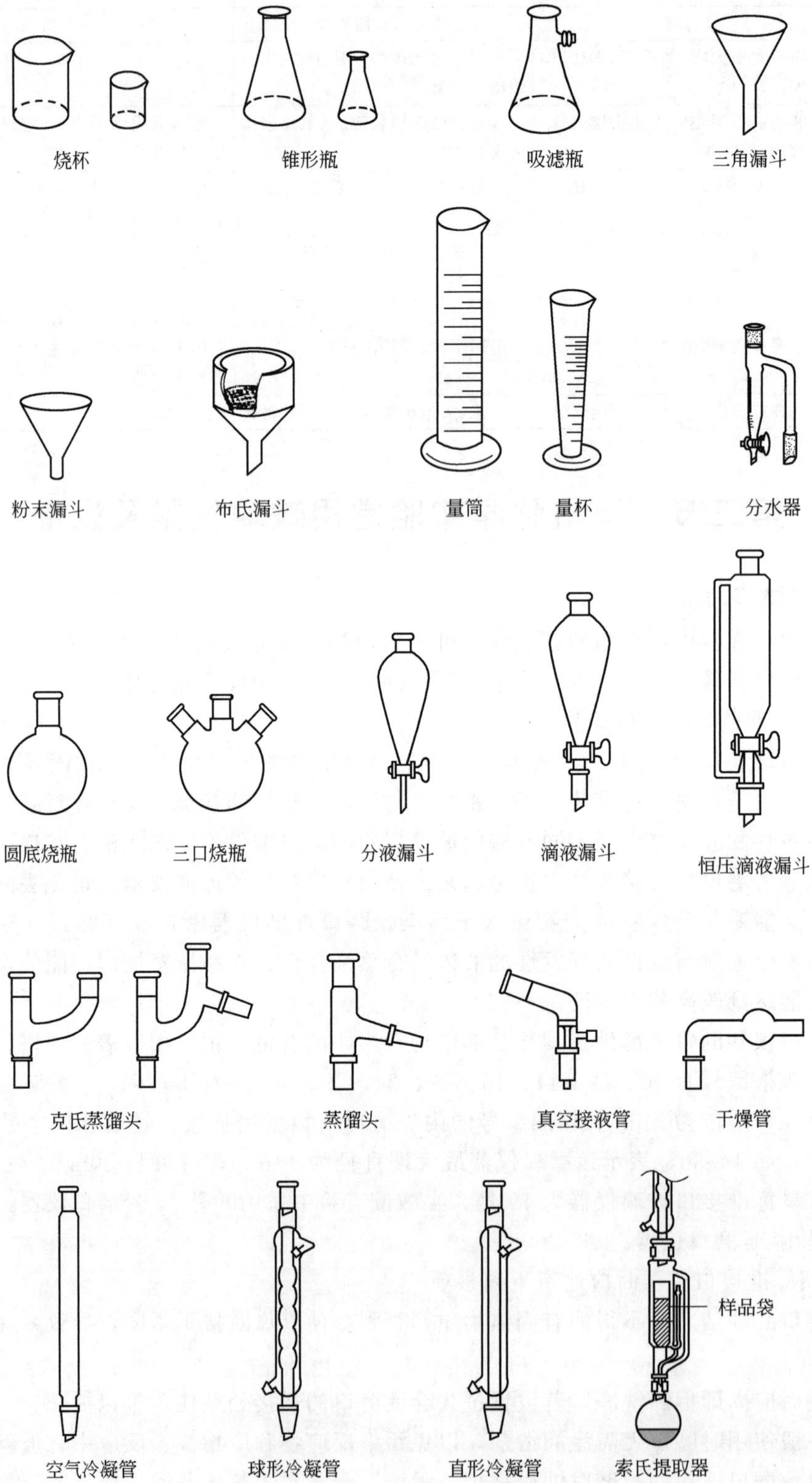

图 1-1　有机实验常用的玻璃仪器

应力，导致破裂。

（5）洗涤磨口时，不能用去污粉擦洗，以免损坏磨口。

（6）带有活塞的磨口玻璃器皿洗净后，在活塞和瓶口间垫上纸片，防止粘住。若已粘住可在周围涂上润滑剂并吹以热风，或用水煮后再轻敲塞子，使之松开。

二、机电和电器设备

1. 电热套

电热套（electric jacket）是用玻璃纤维包裹电热丝织成帽状的一种加热器。用于有机反应的加热，用电热套加热和蒸馏易燃有机物时，不易引起着火，热效率也较高，加热温度用调压变压器控制。最高加热温度可达 400℃左右，是有机实验中常用的一种简便、安全的加热装置。电热套的容积一般与烧瓶的容积相匹配，从 50mL 起，各种规格均有。电热套在工作时内部电压很高，使用时应特别注意，不能洒入易燃有机溶剂，否则可能会引发火灾。

2. 烘箱

实验室通常使用的是恒温鼓风烘箱（oven），主要用于干燥玻璃仪器或烘干无腐蚀性、受热不易分解的实验药品。使用时，玻璃仪器要由上而下依次放入，以免仪器中残留水滴滴下，使已烘热的玻璃仪器炸裂。拿取烘干的玻璃仪器时，要戴手套或用干布垫手，以防烫伤。如需要特别干燥的仪器，取出后最好放到干燥器中，使其逐渐冷却。烘箱温度一般控制在 100～110℃之间。挥发性易燃物或用易燃有机溶剂淋洗过的玻璃仪器切勿放入烘箱，以免引起火灾或爆炸。

3. 电动搅拌器

电动搅拌器（mechanical stirrer）是有机实验室最常用的仪器之一，是由调速电机带动搅拌棒构成的，靠改变电压调节转速，用于搅拌混合液或固体。根据调压方式不同，电动搅拌器分为机械式和电子式。机械式使用普通调压变压器，电子式则由可调电子稳压器调整电压。有些电子式电动搅拌器还配有数码转速显示，使用非常方便，但价格较贵。

电动搅拌器使用时应保持清洁干燥，定期加润滑油，不能超负荷运转。

4. 磁力搅拌器

磁力搅拌器（magnetic stirrer）具有加热、搅拌功能，它是利用旋转磁场使磁铁转动，带动容器内磁转子随之一起转动，从而达到搅拌的目的。磁力搅拌器一般都有控制转速和加热装置，可以调速调温，也可以按照设定的温度维持恒温。磁力搅拌器适用于体积小、黏度低的液体，且密封性好，使用方便。

5. 调压变压器

调压变压器（variable transformer）是调节电源电压的一种仪器，通常用于调节加热器温度或搅拌器转速，有机械和电子两类。使用调压变压器时，应注意要缓慢旋转，防止炭刷或电位器的触点受损。调压器不宜长期过载使用，否则容易烧毁。使用后，将旋钮调回零位再关电源。注意防潮、防腐蚀，保存在干燥处。

6. 真空泵

真空泵（vacuum pump）是用于产生真空的设备。实验室中最常用的小型真空泵有旋片式（机械式）和循环水式（水力喷射式）。旋片式真空泵最重要的部分是泵体，内装带有滑片的转子。电动机带动转子旋转，靠滑片的赶排作用排出气体，形成真空。旋片式真空泵工作可靠，真空度高，但噪声较大，维护复杂。循环水式真空泵的主体是金属制的真空喷嘴，其结构与玻璃抽水嘴相同。它利用水泵打水至喷射水嘴，借助喷嘴和扩散管截面的变化，以高压力流体通过形成真空。循环水式真空泵结构简单，噪声小，但真空度受水蒸气压的限制，无法造成高真空状态。

7. 旋转蒸发仪

旋转蒸发仪（rotary evaporator）是现代有机化学实验室最常用的仪器之一。是用于浓缩蒸发液体的设备。它是由电机带动可旋转的蒸发器（圆底烧瓶）、冷凝器和接收器组成（结构见图 1-2）。可以在常压或减压下操作，可一次进料，也可分批吸入料液。使用时蒸发器不断旋转，可免加沸石，不会引起爆沸。蒸发器旋转时，会使料液附于瓶的内壁形成薄膜，加大了蒸发面积，蒸发均匀，速度加快，而且产物不易分解。因此，旋转蒸发仪是浓缩溶液、回收溶剂的理想装置。

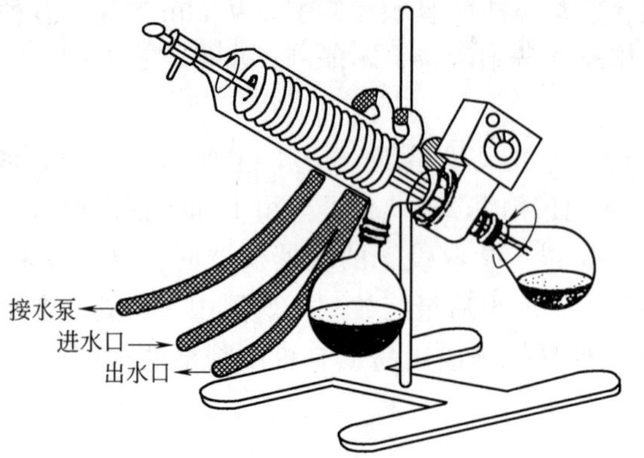

图 1-2 旋转蒸发仪

8. 钢瓶

钢瓶（steel cylinder）是在一定压力下储存或运输气体的容器，又称为高压气瓶。实验室中常用它直接获得各种气体。钢瓶是用无缝合金钢或碳素钢管制成的圆柱形容器，器壁很厚，一般最高工作压力为 15MPa。使用时为了降低压力，并保持压力稳定，必须装置减压阀，各种气体的减压阀不能混用。各种气体都有专用钢瓶，为了防止不同钢瓶混用，国家统一规定了瓶身、横条以及标记的颜色，以示区别。常用气体钢瓶的颜色与标记见表 1-2。

表 1-2 常用气体钢瓶的颜色与标记

气瓶名称	瓶身颜色	字样	字样颜色	横条颜色
氮气瓶	黑	氮	黄	棕
压缩空气瓶	黑	压缩空气	白	
二氧化碳气瓶	黑	二氧化碳	黄	黄
氧气瓶	天蓝	氧	黑	
氢气瓶	深绿	氢	红	红
氯气瓶	草绿	氯	白	白
氨气瓶	黄	氨	蓝	
氦气瓶	灰	氦	白	
液化石油气瓶	灰	石油气	红	
乙炔气瓶	白	乙炔	红	
纯氩气瓶	灰	纯氩	绿	

钢瓶属高压容器，使用时要特别注意安全，注意以下几点：

(1) 不同气体的钢瓶严禁混用。

(2) 钢瓶应放在阴凉、干燥、远离热源的地方，防止日光照晒。

(3) 钢瓶在搬运时，要紧旋瓶帽，轻拿轻放，防止摔碰或剧烈振动。

(4) 使用钢瓶时，应缓缓打开钢瓶上端的阀门，不能猛开阀门，也不能将钢瓶中气体用尽，一定要保持0.05MPa以上的残余压力，一般可燃性气体应保留0.2～0.3MPa的压力，氢气应保留更高的压力。

(5) 使用可燃气体时，一定要安装防回火装置。

(6) 钢瓶必须定期进行安全检查，未经过安检的钢瓶严禁使用。

三、金属用具

常用的金属用具有铁架台、铁圈、铁夹、三脚架、镊子、剪刀、三角锉刀、圆锉刀、打孔器、热水漏斗、水浴锅、酒精喷灯、不锈钢刮刀等。这些器具应放在实验室规定的地方。要保持这些器件的清洁，经常在其活动部位涂一些润滑剂以保证其活动灵活不生锈。

第四节 实验预习、记录和实验报告

一、实验预习

实验是有机化学的基础，也是培养学生独立工作能力的重要环节。为达到预期目的，要求每个学生在实验前必须认真预习，并作出预习报告。无预习报告的学生不得进入实验室。

首先要仔细阅读有关实验内容及理论课相关内容，查阅必要的参考书和手册，明确实验目的，理解实验原理及实验中各步化学反应与操作技术的理论根据，熟练掌握实验的操作步骤，写出预习报告。

二、实验记录

实验时应认真操作，仔细观察，积极思考。及时将观察到的实验现象、测得的数据如实地记录在记录本上，不得弄虚作假。遇到反常现象，更要如实记录，并把实验条件写清楚，以利于分析原因。

附：有机化学实验原始记录卡

姓名__________专业班级__________实验日期__________

实验名称____

1. 主要试剂用量与规格

2. 实验现象与实验数据记录

3. 实验结果（产品数量、性状、外观、物理常数）

4. 存在问题（含仪器装置使用情况）

任课教师签名__________

三、实验报告格式

性质实验报告格式

姓名__________专业班级__________实验日期__________

实验名称____

1. 实验目的

2. 实验原理

3. 实验内容与结果

实验项目	实验条件	反应现象	化学反应式(或解释)

4. 实验讨论与思考题解答

实验成绩__________教师签名__________

年　　月　　日

合成实验报告格式

姓名__________专业班级__________实验日期__________室温__________

实验名称____

1. 实验目的
2. 实验原理
3. 主要试剂用量及规格
4. 主要原料和产物的物理常数

物质名称	分子量	形状	熔点/℃	沸点/℃	密度	折射率	溶解度

5. 仪器装置示意图
6. 实验步骤和实验现象
7. 产品性状、外观
8. 产率计算
9. 实验讨论与思考题解答

实验成绩__________教师签名__________

年　　月　　日

四、实验产率的计算

在有机合成实验中，产率（yield）是指实际得到的纯粹产物的质量和计算的理论产量的比值，即

$$百分产率=\frac{实际产量}{理论产量}\times 100\%$$

上式中的实际产量是指实验中分离获得的纯粹产物的质量，理论产量是指根据反应方程式计算得到的产物质量。

［例 1］ 用 10g 环己醇和催化量的硫酸一起加热时，可得到 6g 环己烯，试计算反应的百分产率。

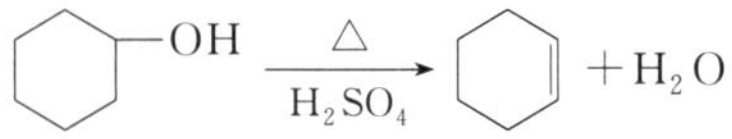

分子量　　　　　　　　　100　　　　　　　82

根据化学反应式，1mol 环己醇能生成 1mol 环己烯，用 10g 即 10/100=0.1mol 环己醇，理论上应得 0.1mol 环己烯，理论产量为 82g×0.1=8.2g，实际产量为 6g，则百分产率为

$$\frac{6\text{g}}{8.2\text{g}}\times100\%=73\%$$

在有机化学实验中，产率通常不能达到理论值。为了提高产率，常增加某一反应物的用量。选择哪一个物料过量要根据有机化学反应的实际情况、反应的特点、各物料的相对价格、反应后是否易于除去以及对减少副反应是否有利等因素来决定。

[例 2]　用 6.1g 苯甲酸、17.5mL 乙醇和 2mL 浓硫酸（催化剂）一起回流，制得苯甲酸乙酯 6g，计算产率。

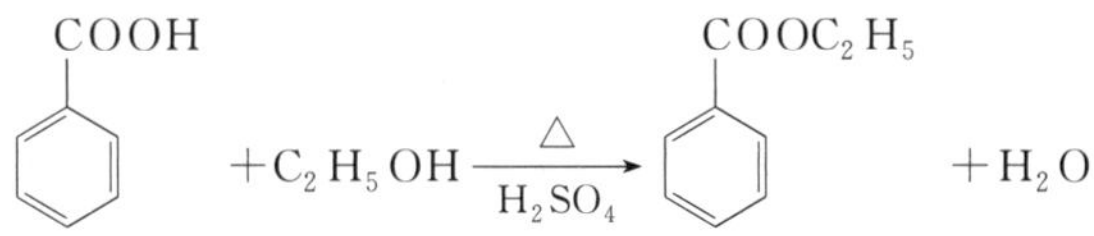

分子量	122	46	150
所取物料质量	6.1g	13.3g	
物质的量	0.05mol	0.29mol	

从反应方程式中各物料物质的量之比很容易看出乙醇是过量的，故理论产量应根据苯甲酸来计算。0.05mol 苯甲酸理论上应产生 0.05mol 即 0.05×150=7.5g 苯甲酸乙酯。百分产率为

$$\frac{6\text{g}}{7.5\text{g}}\times100\%=80\%$$

第五节　有机化学文献

化学文献是化学领域中科学研究、生产实践等的记录和总结，通过文献的查阅可以了解某个课题的历史情况及目前国内外水平和发展动向。这些丰富的资料能为我们提供大量的信息。学会查阅化学文献，对提高学生分析问题和解决问题的能力，更好地完成有机化学实验这门课程是十分重要的。现对常用的有关有机化学的化学文献简介如下：

一、工具书（手册、辞典）

1. 化工辞典．第 5 版．北京：化学工业出版社，2014 年

我国化工领域最具权威性的综合工具书之一，由著名化学家王箴主编，化学工业出版社 1969 年首版，后经四次系统修订，累计发行逾百万册，被业界誉为“化工界的新华字典”。

辞典涵盖化学矿物、无机/有机化学品、化肥、农药、材料、环保、生化、医药、化工设备及过程控制等整个产业链术语，列出了无机和有机化合物的分子式、结构式、基本物理化学性质（如密度、熔点、沸点、冰点等）及有关数据，并附有简要制法及主要用途。正文按汉语拼音排序，配汉字笔画、拼音及英文三套索引，可中文、英文或 CAS 号检索，使用便捷。

2. Handbook of Chemistry and Physics. D. R. Lide. CRC Press

该书分数学用表、元素、无机化合物、有机化合物、普通化学、普通物理常数等六个部分。2025 版已收录约 2 万种常用化合物的 2600 页数据；在线版可跨表查询近 60 万种化合物，支持结构式、分子式、性质多入口检索。在“有机化合物”部分中，按照国际纯粹与应用化学联合会对化合物的命名原则，列出了 15031 条常见的有机化合物的物理常数，并按照有机化合物英文名字的字母顺序排列。查阅时，若知道化合物的英文名称，便可很快查出化合物的分子式及其物理常数。如不知化合物的英文名称，可查该部分分子式索引（Formula Index)，分子式索引按碳、氢、氧的数目排列。中国科研机构将其列为教学、科研与论文写作的首选数据源。

3. Aldrich 化学试剂目录

美国 Aldrich 化学公司主办，2015 年随集团被德国默克整体收购，是一本关于化学试剂的目录，每年出一新本。试剂目录中收集了近 2 万种化合物。一种化合物作为一个条目，覆盖有机合成试剂（含不对称配体、配体-金属催化剂、有机硼/硅/氟砌块)、分析标准品（药典、EPA、ISO、GB)、生物缓冲液、蛋白/酶底物、染料与显色底物、金属与陶瓷前驱体、电池/光伏材料、纳米粒子，高纯溶剂（LC-MS、GC、农残、无水级)，包括分子量、分子式、沸点、折射率、熔点等数据。较复杂的化合物给出了结构式，并给出了化合物的核磁共振和红外光谱图的出处。每种化合物还给出了不同等级、不同包装的价格，可以据此订购试剂。

4. Lange's Handbook of Chemistry（兰氏化学手册）

由 J. A. Dean 主编，本书为综合性化学手册，包括了综合的数据和换算表，以及化学各学科中物质的光谱学、热力学性质，其中给出了 7000 多种有机化合物的物理性质。全书共 11 大部分，如下：

有机化合物（命名、物理常数、经验式索引）

通用数据、换算表及数学（单位、物理量换算、统计公式）

无机化合物（常数、溶解性、热稳定性）

原子、自由基和化学键的性质（电离能、键能、原子半径）

物理性质（密度、熔沸点、黏度、表面张力等）

热力学性质（生成焓、熵、自由能、燃烧热）

光谱学（UV-Vis、IR、NMR、MS 主要特征区段）

电解质、电动势与化学平衡（电导、标准电极电位、配合物稳定常数）

物理化学关系（动力学参数、溶液性质、相平衡）

聚合物、橡胶、脂肪、油与蜡（玻璃化转变温度、平均分子量）

实用实验室资料（缓冲液配方、干燥剂、色谱固定相、McReynolds 常数、离子交换树脂选择表）

书末附综合索引与交叉引用，可快速按化合物名称、分子式或 CAS 号定位。

二、代表性化学期刊

定期发表于专业学术期刊上的原始研究论文是最重要的第一手信息来源，一般以全文、研究简报、短文和研究快报形式发表。全文一般刊登重要发现的进展和历史概况、合成新化合物的实验细节和结论。研究简报和研究快报一般刊登一些新颖简要的阶段性结果。下面列出一些主要的有机化学领域的期刊。

1. Angewandte Chemie，International Edition（应用化学国际版，缩写 Angew. Chem.）

该刊 1888 年创刊（德文），由德国化学会主办。从 1962 年起出版英文国际版。主要刊登覆盖整个化学学科研究领域的高水平研究论文和综述文章，是目前化学学科期刊中影响因子最高的期刊之一。每周同时发布综述、亮点、通讯与研究文章，被公认为“化学领域风向标”。

指标	数值
影响因子(JCR 2024)	16.9
CiteScore	26.6
h-index	482
SJR	5.3
SNIP	2.367
中科院分区	化学综合 1 区(TOP)
JCR 分区	Q1

2. Journal of the American Chemical Society（美国化学会会志，缩写为 J. Am. Chem. Soc.）

1879 年创刊，由美国化学会主办，发表所有化学学科领域高水平的研究论文和简报，目前每年刊登化学各方面的研究论文 2000 多篇。内容涉及有机、无机、物化、分析、材料、生化、能源、催化、纳米、单分子化学等全方向的基础研究，是世界上最有影响的综合性化学期刊之一。

指标	数值
影响因子(2025 JCR)	15.0
总被引次数	580144 次(2025-05 统计)
年发文量	约 2500 篇(含 Communication、Article、Perspective 等)
审稿周期	通讯类平均 10 周;全文类约 12～14 周
中科院分区	化学综合 1 区(TOP)
JCR 分区	Q1

3. Journal of the Chemical Society（化学会志，缩写为 J. Chem. Soc.）

1841 年以 Memoirs of the Chemical Society 名义发刊，1848 年更名为 Journal of the Chemical Society，由英国皇家化学会主办，为综合性化学期刊。1972 年起分 6 辑出版，其中 Perkin Transactions 的 Ⅰ 和 Ⅱ 分别刊登有机化学、生物有机化学和物理有机化学方面的全文。研究简报则发表在另一辑 Chemical Communications 上（化学通讯，缩写为 Chem. Commun.）。

4. Journal of Organic Chemistry（有机化学杂志，缩写为 J. Org. Chem.）

1936 年创刊，由美国化学会主办。初期为月刊，1971 年改为双周刊。主要刊登涉及整个有机化学学科领域高水平的研究论文的全文、短文和简报。全文有比较详细的合成步骤和实验结果。主要涉及如下研究领域：合成方法学（单步/多步、新策略、新转化），全合成（路线设计、步骤经济性、骨架创新），反应机理（实验或理论，需给出新见解），天然产物分离与结构鉴定（新骨架、方法改进、生物合成途径），功能分子与材料、药物化学、化学生物学等交叉领域。

指标	数值
2025 最新影响因子	3.6(JCR 2024 发布)
5 年平均 IF	3.3
年发文量	1600—1900 篇(近三年平均)
h-index	210(2021 统计)
自引率	12.1%
中科院分区	化学 2 区;有机化学 2 区(2025-03 升级版)
JCR 分区	Q1(有机化学学科)

5.《中国科学》化学专辑

由中国科学院主办，1950 年创刊，最初为季刊，1974 年改为双月刊，1979 年改为月刊，有中、英文版。1982 年起中、英文版同时分 A 和 B 两辑出版，化学在 B 辑中刊出。从 1997 年起，《中国科学》分成 6 个专辑，化学专辑主要反映我国化学学科各领域重要的基础理论方面的创造性研究成果。目前为 SCI 收录刊物。

指标	中文版	英文版
最新影响因子	0.70(2025 万方数据)	9.7(2024JCR,2025-07 发布)
中科院分区	未进入 SCI 分区	化学大类 1 区(TOP)
JCR 分区	—	Q1
年发文量	约 140～160 篇	约 300～350 篇
被引频次	3.4 万次(万方,2025-04)	＞1.2 万次/年(Web of Science)

主要涉及如下研究领域：有机合成与催化，无机与配位化学，物理化学与理论化学，分析化学、化学生物学，材料化学与能源化学，交叉学科（纳米化学、环境化学、人工智能化学）。

6.《化学学报》

由中国化学会主办，1933 年创刊，原名为 Journal of the Chinese Society，1952 年改为现名，编辑部设在中国科学院上海有机所，主要刊登化学学科基础和应用基础研究方面的创造性研究论文的全文、研究简报和研究快报。目前为 SCI 收录刊物。

指标	数值
最新影响因子	5.1(Scopus 2024 发布;2025-08 更新)
中科院分区	化学综合 2 区(2023 年版)
年发文量	约 1400 篇(2023-2024 均值)
被引频次	95000+(CNKI 2024 统计)
基金论文比	＞85%(国家级基金为主)

中国化学领域最具代表性的综合性中文核心期刊，是中文原创化学成果快速发布与高水平交流的平台。

7.《有机化学》

由中国化学会主办，1981 年创刊，编辑部设在中国科学院上海有机所，学科覆盖有机合成、催化、天然产物、药物化学、超分子、化学生物学、功能材料、光/电化学等全方向。

指标	数值
最新影响因子	0.57(Scopus 2024 发布;2025-08 更新)
年发文量	144 篇/年(月刊,每期 12 篇)
被引频次	48231 次(万方,2025-04)
下载量	524711 次(万方,2025-04)
基金论文比	>85%(国家自然科学基金、973 项目等)
中科院分区	化学大类 4 区(2023 版)
中文核心	连续入选北大《中文核心期刊要目总览》

集中反映有机化学领域最新科研成果、研究动态与发展趋势，强调原始性与创新性。

三、常用数据库及网络

由于互联网技术的迅速发展，从网上查找有关资料变得非常方便、迅速。从网上获取化学信息的途径很多，这里只做简单的介绍。

1. 中国国家图书馆（http：//www.nlc.gov.cn）

由国家图书馆信息中心负责运维，域名备案号：京 ICP 备 05014495 号。网站以“传承文明、服务社会”为宗旨，面向公众、科研工作者、出版机构提供一站式文献、数据、展览与数字文化服务。

2. 中文科技期刊数据库（http：//www.cqvip.com）

数据库以 15000 余种期刊、7000 万篇全文、8 大学科全覆盖的规模，被科技部、教育部及全国 2000 余家机构认定为“中文科技文献保障体系核心资源”，是科技查新、科研评价、教学案例最权威、最便利的中文期刊数据库。

3. 专利文献

中国专利信息网：http：//patent.com.cn；

中国专利网：http：//cnpatent.com。

4. 其他数据库资源

有机化合物数据库：http：//www.colby.edu/chemistry/cmp/cmp.html。

化合物基本性质数据库：http：//www.chemfinder.camsoft.com/。

上海有机化学研究所的红外光谱数据库：http：//www.sioc.ac.cn/lccdeb/sjk.htm。

美国化学会：http：//www.acs.org/

中国化学会：http：//www.ccs.ac.cn/

英国皇家化学会：http：//www.chemsoc.org/

第六节　虚拟实验平台简介

在数字化转型的浪潮中，化学实验操作正经历着前所未有的变革。一些有机化学实验面临严峻挑战：试剂剧毒、易燃易爆，反应条件苛刻（无水无氧、高温高压），多步合成周期长、成本高，且产生大量有机废液，环境污染严重。虚拟实验平台通过三维分子模拟、AI 智能反馈和云端算力，实现了高危反应的零风险操练、昂贵催化剂（如钯、铑）

的无限次使用、多步合成的快速迭代优化，以及反应机理的动态可视化解析。在绿色化学理念与“双碳”目标驱动下，减少“三废”排放已成为刚性要求，高保真、智能化、可扩展的有机化学虚拟实验体系，是化解安全与实践矛盾、实现教育公平、培养创新技能的迫切需求。化学虚拟实验平台作为信息技术与化学教育深度融合的典范，不仅解决了传统实验教学中的诸多痛点，更是培养新时代创新型有机化学人才、推动数字化转型的关键一步。

一、虚拟实验平台的发展历程

1. 萌芽与概念提出阶段（1980 年代末—1990 年代初）

虚拟实验平台（virtual experiment platform）的起源可追溯至 20 世纪 80 年代末。1989 年，美国弗吉尼亚大学 William Wolf 教授首次提出“虚拟实验室”（virtual laboratory）的概念，他将其定义为“具备很强交互性的电子化、网络化沉浸式虚拟人工环境”。这一概念的提出，标志着实验教学从物理空间向数字空间的拓展开始形成理论框架。

同期，随着计算机图形学和网络技术的初步发展，科研领域率先尝试利用计算机模拟复杂的物理现象和化学反应。这一时期的应用主要集中在高端科研计算，如量子化学模拟、分子动力学计算等，教学应用尚未形成规模。技术上的主要限制在于硬件性能不足、网络带宽有限以及人机交互手段单一，导致虚拟环境沉浸感差、响应速度慢，难以满足教学所需的实时交互要求。

2. 计算机仿真阶段（1990 年代—2000 年代初）

进入 20 世纪 90 年代，个人计算机的普及和互联网技术的快速发展为虚拟实验平台奠定了技术基础。这一阶段的虚拟实验主要以计算机仿真为核心特征，强调利用计算机强大的数据处理能力对实验数值进行处理和逻辑推演。平台多为单机版桌面程序，侧重于实验结果的确定性计算和过程模拟，学生参与度相对有限。

1998 年，美国科罗拉多大学研发的 PhET（Physics Education Technology）互动仿真项目启动，虽然最初聚焦物理学科，但其开放架构和 pedagogical 设计理念深刻影响了后续化学虚拟实验平台的发展。该阶段代表性的化学虚拟实验平台包括：

ChemCollective：由美国卡内基梅隆大学开发，提供基于场景的化学实验模拟，允许学生进行溶液配制、滴定分析等基础操作，其最大特点是嵌入智能反馈系统，能够自动诊断学生操作错误。

ModelChem：专注于计算化学教学，集成了 Gaussian、MOPAC 等量子化学计算引擎，使学生能够在图形界面下完成分子轨道计算、过渡态搜索等抽象理论验证。

这一时期的技术特征表现为：二维图形界面为主，交互方式依赖鼠标键盘；模拟精度有限，主要基于经验公式和简化模型；缺乏网络协同功能，实验数据难以共享。尽管如此，这些平台成功地将一些高危实验（如氰化物分析、放射性同位素示踪）转化为安全的数字体验，初步展现了虚拟实验的价值。

3. 虚拟现实与网络化阶段（2000 年代—2010 年代）

21 世纪初，随着 Web 2.0 技术、Flash 动画和 Java Applet 的普及，虚拟实验平台进入网络化和可视化增强的新阶段。基于浏览器的虚拟实验室成为主流，突破了单机版软件的地域限制。2003 年，欧盟启动的“Labshare”和“LiLa”（Library of Labs）项目，致力于构建跨院校的虚拟与远程实验共享网络，涵盖动力学、电子电路、机器人等多个 STEM 领域。

这一阶段的技术突破主要体现在：

（1）三维可视化技术广泛应用

OpenGL 和 DirectX 图形接口的成熟，使分子结构、反应机理的 3D 动态呈现成为可能。例如，Virtual/XD Reactor 平台采用 3D 图形界面模拟化学反应器内的流体动力学行为，学生可直观地观察温度梯度、浓度分布等场变量的时空演变。

（2）远程实验（Remote Lab）模式兴起

与纯模拟的虚拟实验不同，远程实验通过摄像头和数据采集卡将真实实验设备接入网络，学生可远程操控物理仪器。例如 iLab 项目允许学生远程操作气相色谱仪、紫外-可见分光光度计等昂贵设备，实现了稀缺资源的共享。这种模式在化学工程领域应用广泛，如远端控制连续反应釜、精馏塔等中型装置。

（3）学习管理系统（LMS）深度集成

虚拟实验室开始与 Moodle、Blackboard 等教学管理平台集成，形成"理论讲解-虚拟实验-在线测评-数据分析"的闭环教学链。印度国家教育研究与培训委员会（NCERT）开发的 OLabs 平台典型体现了这一理念，其 212 个实验模块均与 NCERT 课程标准严格对应，并提供预习、实操、复习三种使用模式。

4. 全息虚拟现实与智能化阶段（2010 年代至今）

近十年来，云计算、大数据、人工智能、虚拟现实（VR）/增强现实（AR）等前沿技术的融合应用，推动虚拟实验平台进入全息虚拟与智能生态的新纪元。这一阶段的发展呈现四大特征：

（1）沉浸式体验升级

VR/AR 设备的平民化使全息虚拟实验室成为现实。学生佩戴头戴式显示器（HMD）和数据手套，即可"进入"分子内部观察电子云分布，或在虚拟通风橱中进行有机合成操作。研究显示，VR 增强型虚拟实验室在提升学生空间想象力和概念理解方面显著优于传统 2D 界面。例如 Labster 平台开发的 VR 模块允许学生在虚拟环境中进行基因编辑、药物合成等前沿实验，其沉浸式体验极大地激发了学习动机。

（2）云原生架构普及

虚拟仿真云实验平台（virtual simulation cloud platform）将计算和渲染任务迁移至云端，终端只需具备基本的视频解码能力即可流畅运行高质量仿真。3DCAT 实时云渲染技术使复杂化学过程（如大规模分子动力学模拟）可在普通平板电脑上呈现，突破了本地硬件性能瓶颈。这种架构还支持多用户在线协同实验，学生可跨地域组建团队完成综合设计性实验。

（3）AI 驱动的个性化教学

现代虚拟平台集成机器学习算法，能够智能分析学生操作数据，构建能力画像，推送个性化实验方案。例如 Praxilabs 平台记录学生每个操作步骤的时长、错误次数和修正策略，通过 AI 诊断其概念误区，并动态调整实验难度。智能导师系统（intelligent tutoring system）还能在关键步骤提供脚手架式提示，实现"因材施教"。

（4）多尺度模拟融合

当前顶尖平台已实现从量子力学计算到宏观反应器模拟的多尺度无缝衔接。学生可在同一平台完成：①量子化学层面的反应机理探究（如使用 DFT 方法计算反应能垒）；②分子动力学层面的体系演化观察；③宏观层面的化工流程设计。中国科学技术大学开发的 ChemReality 平台即采用这种多尺度架构，支持消除反应、加成反应等典型有机反应的全程模拟。

二、虚拟实验平台的种类与分类体系

1. 按技术架构分类

（1）虚拟本地实验室（virtual local lab）

指在本地计算设备运行的独立程序，具有数据安全性高、响应延迟低的特点。根据运行环境可分为：

桌面应用程序：如ChemDraw的3D建模模块、Gaussian View等，依赖Windows/macOS操作系统，性能强大但跨平台性差。优点是可充分利用本地GPU进行复杂计算，缺点是部署维护成本高，难以大规模推广。

移动应用：如OLabs的Android版本、NOBOOK化学实验APP，支持平板和手机端操作。这类应用利用触控交互优势，适合学生进行碎片化学习，但受屏幕尺寸限制，复杂实验操作体验不佳。

（2）虚拟远程实验室（virtual remote lab）

基于客户端-服务器架构，实验核心程序部署在云端或数据中心，用户通过浏览器或轻客户端访问。其本质是“实验即服务”（lab as a service）模式，具有跨平台、免维护、资源共享等优势。

2. 按实现方式分类

（1）纯模拟型（simulation-based）

完全基于数学模型和算法构建，不涉及真实物理设备。其模拟精度取决于模型的科学性，适合理论验证和危险实验。根据模型复杂度又可细分为：

现象级模拟：采用简化方程描述实验现象，如酸碱滴定曲线模拟，计算量小但精度有限。

机理级模拟：基于化学动力学、量子力学第一性原理构建，如ChemReax平台模拟复杂反应网络，需高性能计算支持但结果可靠。

数据驱动模拟：利用机器学习从大量实验数据中学习映射关系，适用于尚无量子力学模型的复杂体系。

（2）远程操控型（remote-controlled）

通过物联网技术将真实仪器接入网络，学生操作虚拟界面，指令经网络传输至实验装置执行，摄像头和传感器将真实数据反馈给用户，其本质是“数字孪生”（digital twin）理念在教学中的应用。

（3）增强现实型（AR-enhanced）

融合虚拟信息与真实环境，通过手机/平板摄像头识别真实实验装置，叠加虚拟标签、动画引导或数据可视化图层。例如AR Chemistry Lab应用，当学生将摄像头对准真实烧杯时，屏幕实时显示溶液pH值变化曲线和分子层面的质子转移动画，实现宏观现象与微观机理的同步认知。

国内外主流的化学虚拟实验平台如表1-3所示。

表1-3　国内外主流的化学虚拟实验平台

平台名称	开发机构	技术架构	学科覆盖	核心特色	适用对象
ChemCollective	卡内基梅隆大学	Web模拟	基础化学、分析化学	智能诊断反馈、场景化学习	高中生、本科生
PhET	科罗拉多大学	Web/离线模拟	基础化学、物理	开放源码、高度可定制	K-12到本科
Labster	丹麦Labster公司	云VR模拟	有机、生物化学	沉浸式VR、游戏化设计	本科生、研究生

续表

平台名称	开发机构	技术架构	学科覆盖	核心特色	适用对象
Praxilabs	埃及 Praxilabs 公司	云模拟＋AI	无机、有机、物化	AI 个性化指导、数据分析	本科生
OLabs	印度 CDAC	Web/移动应用	中学化学	与 NCERT 课标严格对齐	中学生
NOBOOK	中国 NOBOOK 公司	Web/PC 客户端	中学化学	资源丰富、贴近中国教材	中学生
国家虚拟仿真实验平台	中国教育部	云模拟	化学、化工全领域	国家级资源共享、权威性	本科生、研究生
ChemReality	中国科学技术大学	多尺度云模拟	有机反应机理	融合量子计算与 AI	研究生、科研训练
iLab	MIT	远程操控	分析仪器	操控真实仪器、数据真实	本科生、研究生

三、河南科技大学化学虚拟仿真实验平台

河南科技大学化学化工学院 2017 年启动虚拟仿真实验教学项目建设，遵循“能实不虚、虚实结合”原则，重点解决高危、极端、高耗、不可逆等实验教学难题。虚拟平台赋予学生完全自主权，可自由探索“假设-验证”过程。

虚拟平台基本操作流程如下：

1. 登录与系统配置

（1）首次登录：通过客户端或网页端进入登录界面（https：//hgzyvr. haust. edu. cn/）。

（2）网络配置：若服务端 IP 或端口变更，需点击“配置网络”修改服务器地址。

（3）系统检测：使用“系统检测”功能验证网络配置是否正确。

（4）身份验证：输入用户名和密码，系统根据身份（学生/教师）展示不同界面（图 1-3）。

图 1-3　河南科技大学虚拟仿真平台登录界面

2. 学生用户操作

（1）个人信息管理

登录后可修改除学号、姓名外的个人信息。点击“维护个人信息”→修改后“保存修改”。

（2）实验知识预习（自主学习）

① 实验目的/原理：查看文字、视频或交互式动画讲解。

② 仪器认知：360°旋转查看 3D 仪器模型，系统内置不少于 40 种常用仪器。

③ 安全须知：观看虚拟安全护目镜、实验服自动穿戴演示。

④ 知识测试：完成预习测验，合格后方可进入实验操作（通常要求≥80 分）。

（3）实验环境准备

① 磁盘映射：点击“配置”进入“配置本地映射盘”，勾选需要映射的盘符。

② 虚拟机连接：选择课程对应的虚拟机类型（Windows/Linux）。

Windows 系统使用 SRDP 协议连接，Linux 系统使用 AS5H 协议连接。连接成功后进入云桌面环境，在虚拟桌面中完成实验任务。Linux 用户可通过“数据交换空间”进入图形界面或命令行界面。

③ 3D 场景加载：系统将加载约 500MB 的虚拟实验室场景，鼠标拖拽旋转视角，滚轮缩放。

④ 仪器选择：从右侧“仪器栏”拖拽以下组件至实验台。

⑤ 模式选择：支持“练习模式”（全程提示）和“考核模式”（无提示）。

⑥ 参数预设：在“实验参数”面板中，系统已预填标准配比。

⑦ 安全设置：虚拟安全护目镜和实验服自动穿戴，违规操作触发警告。

（4）通用虚拟化学实验操作

实验步骤导航：左侧显示当前步骤序号与总步骤数，红色高亮显示下一步需点击的仪器或试剂，每步操作规范性实时打分，错误操作扣减相应分值，实验结束后自动生成操作成绩（满分 100 分），实验结束后自动生成操作成绩（满分 100 分）。

① 装置 3D 交互搭建操作。鼠标拖拽旋转视角，滚轮缩放，完成虚拟实验台上相关仪器装置连接。

② 虚拟加料操作。例如：点击三颈烧瓶，选择“加入乙醇”，输入 4mL（系统精确量取）。防暴沸设置：点击“添加沸石”，系统自动投入 2～3 粒沸石。

③ 虚拟升温、搅拌等操作。例如：点击“电加热套”，在控制面板设置目标温度，加热速率等参数。

④ 虚拟产物收集与纯化。

⑤ 产率自动计算。

⑥ 误差自动分析。

⑦ 无纸化报告生成。

⑧ 完成实验思考题解答，AI 提供参考答案。

3. 教师用户操作

教师除拥有学生端功能外，还可进行：课程管理和实验设计，教学资源上传和共享，学生实验进度监控，实验报告评阅（平台支持 AI 自主评价）。

4. 虚拟仿真实验教学流程

（1）课前：虚拟预习与认知准备

平台发布预习任务，学生自主观看教师授课视频。

预习时需完成：虚拟操作流程引导（分步操作，错误及时提示），预习测试题（考核关键操作要点和注意事项）。

完成虚拟操作后，系统自动生成预习报告，记录操作时长、错误点和尝试次数。依据数据调整教学策略，对共性问题进行重点讲解。

（2）课中：实体操作与深化体验

真实操作：在真实实验室分组实验，现场指导纠错，培养动手能力。

虚拟辅助：遇到疑难问题时，即时调用虚拟实验重现现象，对比虚实差异。

（3）课后：虚拟拓展与反思提升

复习巩固：可针对薄弱环节在虚拟平台反复练习，直至掌握。

探究创新：推送拓展性虚拟实验项目，自主设计实验方案，探索前沿科学问题。

报告撰写：虚拟平台自动记录实验数据并生成图表，进行结果分析与讨论。

实验总结分析：无纸化生成线上实验报告，AI 自主评价。

第二章　有机化学实验基本操作和技术

第一节　玻璃仪器的清洗、干燥和塞子的配制

一、玻璃仪器的清洗

有机化学实验必须使用清洁的玻璃仪器，避免杂质对反应产生影响。所以实验前必须清洗仪器。洗涤时，应按“少量多次”的洗涤原则，还要根据实验要求、污物的性质和沾污程度，选择合适的清洗方法。

1. 简易清洗法

先用毛刷和洗涤剂刷洗，再用自来水冲洗干净，然后把仪器倒置，器壁不挂水珠，即已洗净，可用于一般有机化学实验。若用于精制产品或有机分析实验，则需用蒸馏水淋洗 2～3 遍，以除去自来水带来的杂质。

2. 化学试剂洗涤法

某些有机反应残留物呈胶状或焦油状，用一般洗涤剂很难洗净，这时可根据具体情况，采用规格较低或回收的有机溶剂（如乙醇、乙醚、丙酮等）浸泡，也可用稀氢氧化钠溶液、浓盐酸等煮沸除去。但不可盲目使用有机溶剂和化学试剂清洗仪器，这样不仅会造成浪费，还可能发生危险。

3. 铬酸洗液清洗法

适用于口径小、形状特殊的玻璃器皿、吸管、容量瓶或用上述方法难以洗涤的玻璃仪器。铬酸洗液具有很强的氧化能力和酸性，去污力很强。洗涤时，向仪器中加入少量洗液，约占仪器总容积的 1/5，倾斜并慢慢转动仪器，使器壁完全被洗液润湿，稍等片刻，待溶液与污物充分作用后（不要用毛刷刷洗），再将洗液倒回瓶内。对于污染严重的玻璃仪器，可用洗液浸泡。洗液可反复使用。

使用洗液时应先把仪器用自来水或洗涤液做初步清洗，沥去仪器中的积水，以免稀释洗液。铬酸洗液对皮肤、衣服、木头、橡胶等均有强腐蚀性，在使用时要特别小心，注意安全。另外，六价铬对人体有害，而且污染环境，要对废洗液作环保处理。洗液呈棕红色，当长期使用变成绿色时，即已失效，需重新配制。

洗液的配制方法：称取 8g 粗重铬酸钾于烧杯中，用少量水润湿，慢慢加入 180mL 浓硫酸，搅拌加速溶解，冷却后储存于磨口试剂瓶中。

为了使清洁工作简便有效，应养成仪器使用完毕后及时洗净的好习惯。不洁容器久置后，由于溶剂的挥发，会增加洗涤困难，及时清洗，如果对反应可能产生的污物情况比较清楚，容易用合适的方法除去。

二、玻璃仪器的干燥

有机化学实验中的玻璃仪器除应洗净外，还常常需要干燥。对于要求在无水条件下进行的反应，必须将仪器严格干燥后才能使用。玻璃仪器的干燥方法有以下几种：

1. 自然晾干

将洗净的仪器倒置一段时间，使其中的水流尽，在空气中自然晾干，此法可供大多数有机化学实验使用。

2. 烘箱烘干

将玻璃仪器口朝上放入烘箱内烘干。带有磨口玻璃塞的仪器，要取出玻璃塞再烘干。计量仪器、冷凝管不可在烘箱中烘烤。热玻璃器皿取出后，若任其自行冷却，则器壁上常常会凝上水汽，可用电吹风吹入冷风助其冷却。

3. 热风吹干

常用气流干燥器（见图 2-1）或用电吹风把仪器吹干。

图 2-1　气流干燥器

4. 有机溶剂干燥

较大的仪器或洗涤后急于使用的仪器，为节约时间，可将水尽量沥干后，加入少量丙酮或无水乙醇（使用后的丙酮或乙醇应倒回专门的回收瓶中）摇洗几次，再用电吹风吹干即可使用。吹干时应先吹冷风，待大部分有机溶剂挥发干净后，最后吹入热风，使之完全干燥，最后吹入冷风，让仪器冷却（有机溶剂易燃易爆，不易先吹热风）。

三、塞子的配置和钻孔

1. 塞子的配置

对于非磨口仪器，把各种不同的仪器连接起来装配成套，就需要塞子（plug）。塞子选配是否得当，对实验影响很大。有机化学实验中常用的塞子有软木塞和橡胶塞。软木塞的优点是不易被有机溶剂溶胀，但密封性较差；橡胶塞密封性能好，但易被有机溶剂溶胀。对于要求密封的实验，如抽气过滤、减压蒸馏等操作，必须使用橡胶塞。塞子的大小应与所塞仪器口径相适合，塞子进入颈口部分不能少于塞子本身高度的 1/3，也不能多于 2/3（见图 2-2）。选用软木塞应注意其本身不能有裂缝。

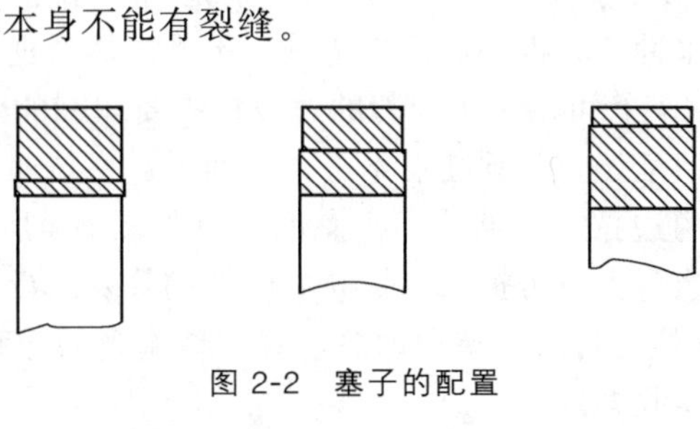

图 2-2　塞子的配置

2. 塞子的钻孔

实验中要在各种容器上装冷凝管、温度计、滴液漏斗等，需要在塞子上打孔（drilling）。孔径的大小应根据所装仪器（玻璃管、温度计等）的直径而定，既能较顺利地插入，又要保持插入后不会漏气。因此，打孔时要选择大小合适的打孔器。在软木塞上打孔时，打孔器的孔径应比要插入物体的直径略小；而在橡胶塞上打孔，由于橡胶有弹性，打孔器的孔径应比要插入物体的直径略大。

钻孔时，把塞子放在一块小木板上，直径小的一端朝上。打孔器先蘸些水或甘油润滑，然后左手紧握塞子，右手持打孔器，一边向下压，一边顺时针方向旋转，从塞子小端垂直均匀钻入（见图 2-3）。不能强行推入，也不能倾斜，更不能在钻孔时左右摇摆。打孔过程中要随时注意打孔器是否垂直，防止孔洞打斜。当钻到塞子的 1/3～1/2 时，将打孔器一边逆时针旋转，一边向上拔出，用打孔器自带的细金属棒捅掉打孔器内的软木或橡胶碎屑。然后从塞子的另一端对准原来的钻孔位置，垂直将孔钻通，可得较好的孔洞。必要时可用小圆锉把孔洞修理光滑或略大一些。软木塞在钻孔前需在压塞机内碾压紧密，以免塞子在钻孔时裂开。橡胶塞钻孔时，更应缓慢均匀，不要用力顶入，否则钻出的孔细小，无法使用。

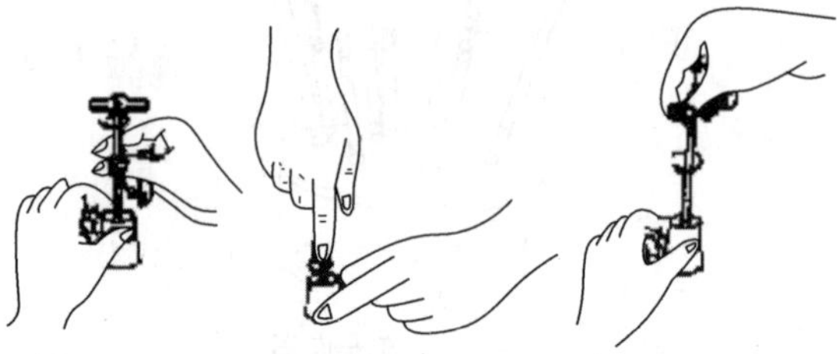

(a) (b) (c)

图 2-3 塞子钻孔方法示意

当把玻璃管或温度计插入塞中时，应用手握住玻璃管接近塞子的地方，均匀用力，慢慢旋入孔内，否则玻璃管或温度计易折断，造成割伤。将玻璃管插入橡皮塞时可蘸一些水或甘油作润滑剂，必要时可用布包住玻璃管或戴上手套。

每次实验后应把用过的塞子洗净、干燥（橡胶制品不能放入烘箱烘干）、保存备用。

第二节 简单玻璃工操作

玻璃加工技术是有机化学实验中最基本的操作技术之一。有机化学实验中常用的玻璃用品，如熔点管、沸点管、毛细管、滴管、各种弯管、搅拌棒等，都需要自己加工制作。

一、玻璃管的清洗、干燥和切割

玻璃管（glass tube）加工前要洗净并干燥。特别是用于制备熔点、沸点管的玻璃管要先用洗液浸泡后，用自来水冲洗，再用蒸馏水清洗、干燥，然后进行加工。

直径在 0.5～1cm 的玻璃管可用三角锉刀的边棱在需要切割的位置上，朝一个方向挫一较深的锉痕，注意不可来回乱挫，否则断痕不平整。两手握住玻璃管，以大拇指顶住挫痕背面，轻轻向前推的同时向两边拉，玻璃管即平整断开（如图 2-4 所示）。为了安全，折断时要远离眼睛或在挫痕的两边包上布再折断。折断后的玻璃管要进行熔光，即把玻璃管的断口呈 45°倾斜放在酒精喷灯火焰的边沿上转动加热，直到玻璃管的锋利边缘圆滑为止（加热时间不宜过长，以免玻璃管口收缩）。

二、玻璃管的弯曲

取干净的玻璃管，按所需长度切断、熔光。双手握住玻璃管的两端，在酒精喷灯焰中加热。要先预热，将玻璃管置于火焰上左右来回移动并慢慢转动玻璃管，使其均匀受热（如图

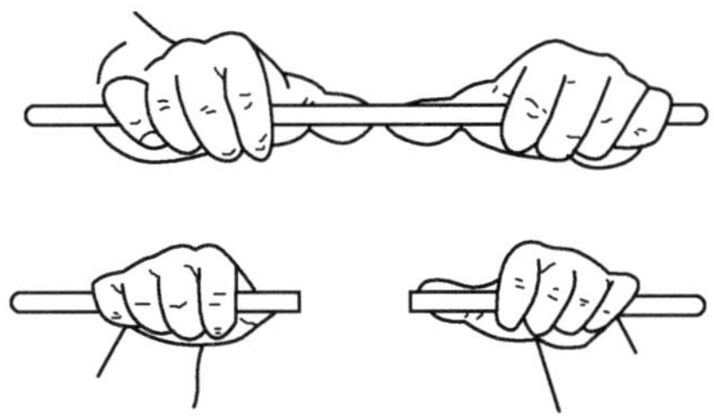

图 2-4　玻璃管的折断

2-5 所示)。然后再把将要弯曲的部位斜放在火焰上加热（目的是玻璃管与火焰接触面加宽)，并朝一个方向慢慢转动。当玻璃管受热部分软化时，从火中取出玻璃管（切不可在火焰中弯曲玻璃管)，保持其水平并轻轻顺势弯曲成所需角度（见图 2-6)，若用力过大，则会在弯曲部位出现皱褶、收缩或瘪陷。如出现这些现象时，可再次加热软化，将玻璃管一端堵塞后，在另一端吹气，使其成为圆滑形状。但每弯曲一次后，不能马上再加热和弯曲，而要放在石棉网或木板上（切不可放在实验台上，以免烫伤台面）冷却数分钟后，再重复上述操作。如果弯曲角度较小，可分几次操作。每次弯一定的角度，重复操作（每次加热的中心应稍有偏移)，用积累的方式达到所需角度。弯好的玻璃管应在同一平面上。

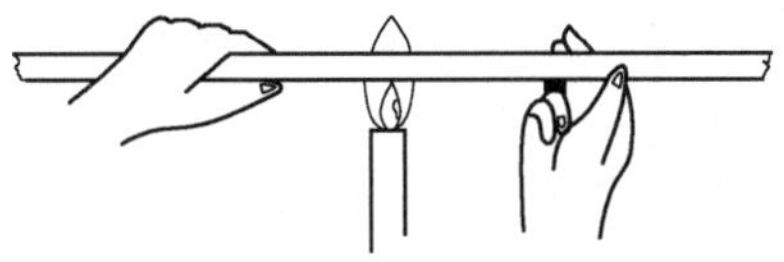

图 2-5　喷灯加热玻璃管

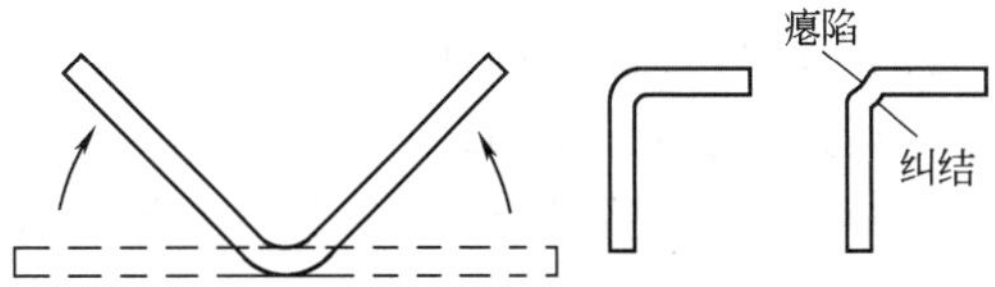

图 2-6　玻璃管的弯曲

加工后的玻璃管应及时做退火处理，方法是趁热在弱火焰中加热片刻，然后离开火焰，在石棉网上冷却至室温。否则，玻璃管因急速冷却而使内部产生应力，有破裂的可能。

三、玻璃管的拉制

取一根一定长度的洁净、干燥的玻璃管，左手握住玻璃管的一端，右手托住另一端，将玻璃管的中部置于酒精喷灯焰上，先用小火烘，再加大火焰（这样可避免玻璃管爆裂）加热，同时向同一方向不停地转动，使其受热均匀，加热时要保持玻璃管平直（见图 2-5)。待玻璃管变黄变软，立即将玻璃管从火焰中取出，两手向左右平拉［如图 2-7(a) 所示]，直至拉成所需细度。拉好后两手不能马上松开，要向两边微微用力，直至玻璃管完全硬化。将玻璃管垂直提起，在拉细的适当部位折断。这时玻璃管仍很热，应置于石棉网上自然冷却。拉出的细管应与原玻璃管在同一轴上，不能歪斜。用此方法可制滴管和毛细管等。

四、熔点管、沸点管和玻璃沸石的拉制

取一根清洁干燥、直径约为 1cm、壁厚约为 1mm 左右的玻璃管，用上述方法拉制，开始拉时要慢些，然后再用较快的速度拉长，使之成为内径约 1mm 的毛细管。将毛细管截成约 15cm 的小段，两端用小火封闭。封闭时毛细管的断口呈 45°角，在火焰的边沿上转动加热，至顶端熔化收拢成黄色点状即可（火焰不能太大，否则毛细管会烧弯)。制好的毛细管冷却后放在试管中备用，使用时将毛细管从中间断开，即成两根熔点管。

用上法拉成内径 3～4mm 的毛细管，截成长 7～8cm，一端用小火封闭，作为沸点管的外管。另将内径约 1mm 的毛细管在中间部位封闭，自封闭处一端截取约 5mm（作为沸点管

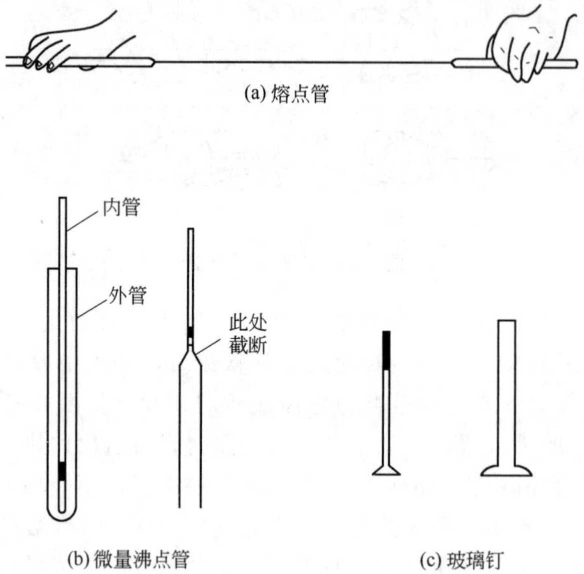

图 2-7　熔点管、沸点管和玻璃钉

内管的下端），另一端约长 8cm，总长度约 9cm，作为内管。由此两根内径不同的毛细管构成沸点管，见图 2-7(b)。

将不合格的毛细管、玻璃管在火焰上反复熔拉，拉长后再对叠在一起，造成空隙，如此操作数十次后，再熔拉成玻璃段，冷却后截成约 1cm 长，即可做沸石用。

五、玻璃钉的制备

将一段玻璃棒（glass rod）在酒精喷灯焰上加热，火焰由小到大，并不断均匀转动，加热至发黄变软时取出，拉成直径为 2～3mm 的玻璃棒。冷却后从较粗的一端截取长约 6cm，将较粗的一端在氧化焰边缘烧红软化后，在石棉网上按一下，即成玻璃钉［见图 2-7(c)］。

第三节　有机化学反应的常用装置

一、回流装置

许多有机化学反应的反应物需要在较长时间内保持沸腾，反应才能完成。为了防止蒸气逸出，通常使用回流冷凝装置（见图 2-8）。在反应中，蒸气不断蒸出的同时，经冷凝管冷凝又不断地流回反应器中。

对于需要干燥的反应，可在冷凝管上连接内装干燥剂的干燥管［见图 2-8(a)］；如果反应过程中会产生有毒气体，可加装气体吸收装置［见图 2-8(b)］；图 2-8(c)的装置适用于边滴液边回流。

回流加热前应先加入沸石，根据瓶内液体的沸点，选用水浴、油浴、石棉网直接加热等方式。冷凝水应从冷凝管下端入口通入。回流速度应控制在蒸气上升的高度不超过冷凝管的 1/3 为宜。

二、蒸馏装置

蒸馏是分离两种以上沸点相差较大的液体和除去有机溶剂的常用方法。图 2-9 是几种常用的蒸馏装置。蒸馏装置主要由汽化、冷凝和接收三部分组成。如果蒸馏过程需要防潮，需在接

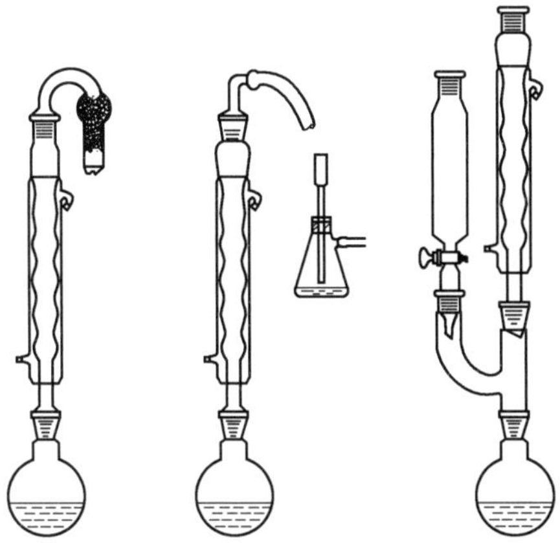

(a) (b) (c)

图 2-8 回流冷凝装置

收部分与大气相通位置安装干燥管。如果被蒸馏物质的沸点在 140℃以上，用空气冷凝管［如图 2-9(c)］蒸馏。如使用直型冷凝管，通水后，可能会由于液体蒸气温度过高而使冷凝管炸裂。

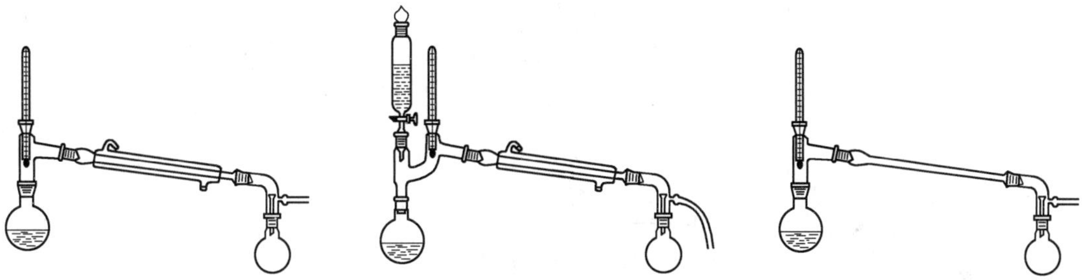

(a) (b) (c)

图 2-9 常用蒸馏装置

三、减压蒸馏装置

减压蒸馏是分离、提纯沸点较高或稳定性较差的液态有机化合物的重要方法。图 2-10 是常用的减压蒸馏装置，主要由蒸馏、接收、减压、保护和测压等几部分组成。

四、水蒸气蒸馏装置

水蒸气蒸馏是分离和纯化有机化合物的常用方法，尤其是混合物中有大量树脂状杂质时，效果较一般蒸馏或重结晶好。图 2-11 是实验室中水蒸气蒸馏的常用装置，包括水蒸气发生器、蒸馏部分、冷凝部分和接收器四个部分。

五、气体吸收装置

在有机化学反应中，常常会产生一些有毒、有害、有刺激性的气体，这些气体会对人体和环境造成伤害，气体吸收装置可以去除这些有害气体。图 2-12 中(a)和(b)可用于少量水溶性气体的吸收。图 2-12(a)中的玻璃漏斗略微倾斜，漏斗口一半在水中，一半在水面上，这样既能防止气体逸出，又能防止水被倒吸至反应瓶中。若反应过程中有大量气体生成或气体逸出很快时，可使用图 2-12(c)的装置，装置中水（可使用冷凝管流出的水）自上端流入抽滤瓶中，在恒定的平面上溢出。粗玻璃管恰好伸入水面，被水封住，使气体不能逸出大气。对于水溶性较差的有害气体，如一氧化氮等，可使用浓碱水吸收。

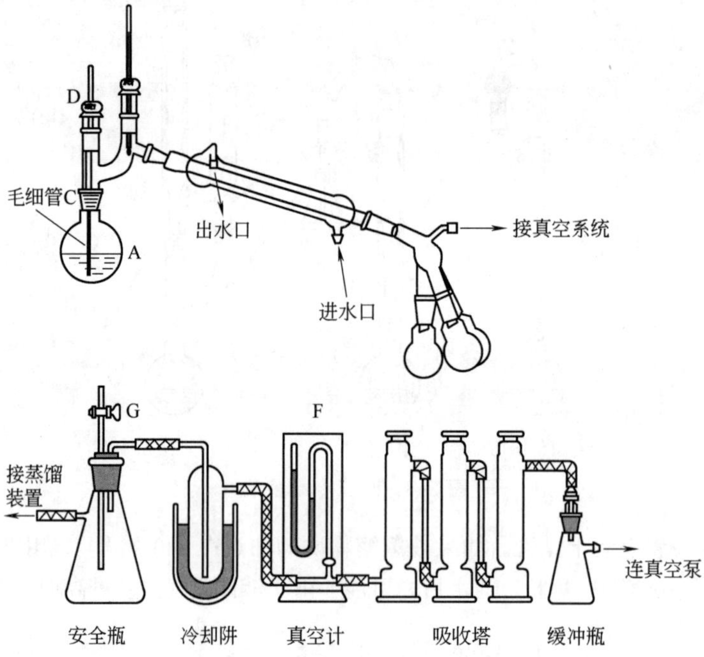

图 2-10　减压蒸馏装置

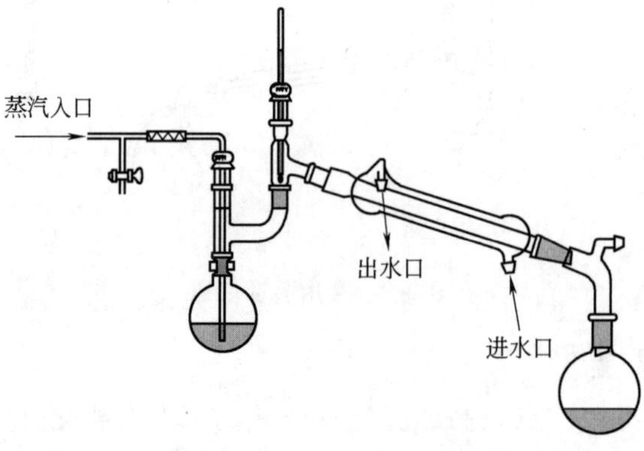

图 2-11　水蒸气蒸馏装置

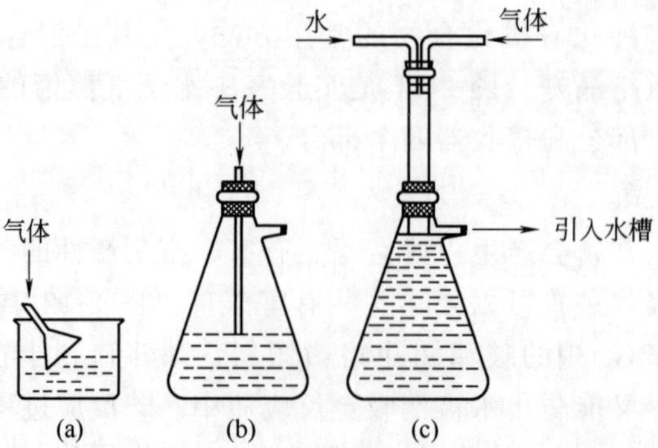

图 2-12　气体吸收装置

六、搅拌装置

有机化学反应的效率取决于反应物粒子间的分散程度，在均相溶液中的反应一般不需搅拌。如果是非均相反应体系，就必须搅拌。在许多合成实验中使用搅拌不但可以较好地控制反应温度，同时也能缩短反应时间和提高产率。常用搅拌装置见图 2-13。

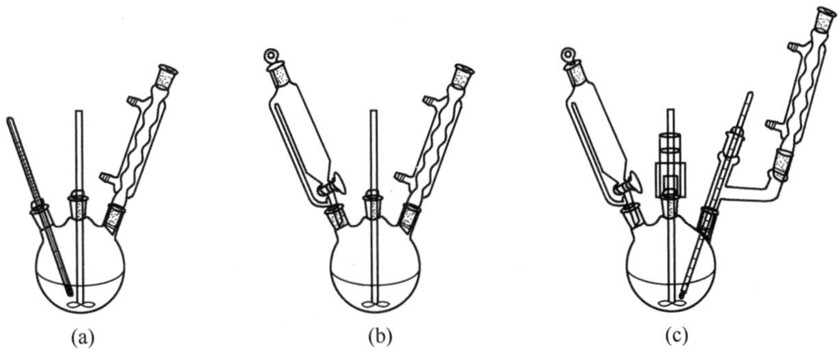

图 2-13 常用搅拌装置

为避免有机化合物蒸气或反应中生成的有害气体污染环境，搅拌处通常使用密封装置。图 2-14 是简易密封装置。

简易密封装置的制作方法为在三颈瓶的中口配制软木塞，在软木塞的中心打孔，插入长 6～7cm、内径比搅拌棒略粗的玻璃管。取一段长约 2cm、内径与搅拌棒紧密接触、弹性较好的橡胶管套于玻璃管上端。然后自玻璃管下端插入已制好的搅拌棒。这样，固定在玻璃管上端的橡皮管与搅拌棒紧密接触而达到了密封的效果。在搅拌棒和橡皮管之间滴入几滴甘油，可以起到密封和润滑作用。搅拌棒的上端用橡皮管与固定在搅拌器上的一短玻璃棒连接，搅拌棒下端接近三颈瓶底部不可相碰。搅拌时，要避免搅拌棒与塞中的玻璃管相碰。简易密封装置在一般减压（1.3kPa）情况下可以使用。

目前有机实验广泛使用的是由聚四氟乙烯制成的密封塞（见图 2-15），它由上面的螺旋盖、中间的硅橡胶密封圈和下面的标准口塞组成。使用时只需将搅拌棒插入标准口塞与垫圈孔中旋上螺旋口至松紧合适，并把标准口塞塞紧在烧瓶上即可。

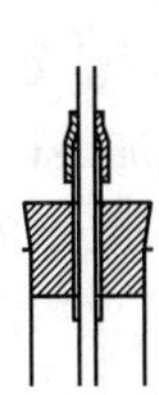

图 2-14 简易密封装置

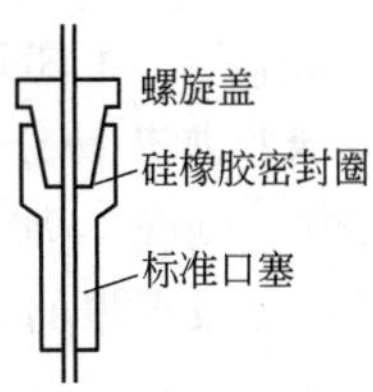

图 2-15 聚四氟乙烯密封

搅拌棒有玻璃棒和不锈钢棒，常见形状见图 2-16。其中图(a)、(b)可由学生自己烧制，图(c)、(d)、(e)可直接购得。其中（d）可以伸入较窄的瓶颈中，转动时搅拌可以张开，搅拌效果较好。(e)为筒形搅拌棒，适用于两相不混溶的体系，其优点是搅拌平稳，效果好。

七、抽滤装置

将结晶从母液中分离出来，一般采用布氏漏斗进行抽气过滤（见图 2-17）。

八、加热装置

为了提高反应速率，在有机化学实验中，经常要对反应体系进行加热，在分离、纯化等

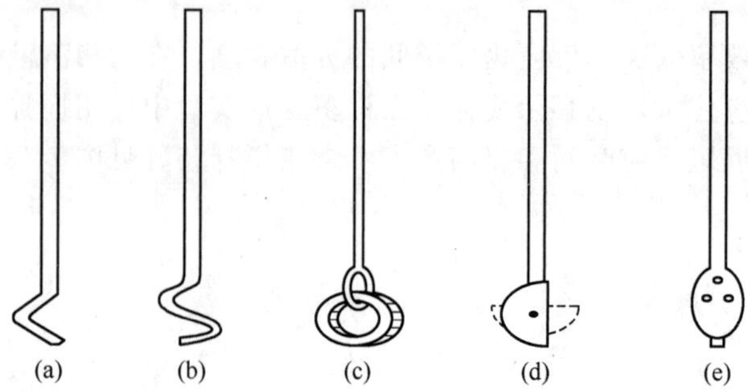

图 2-16 搅拌棒

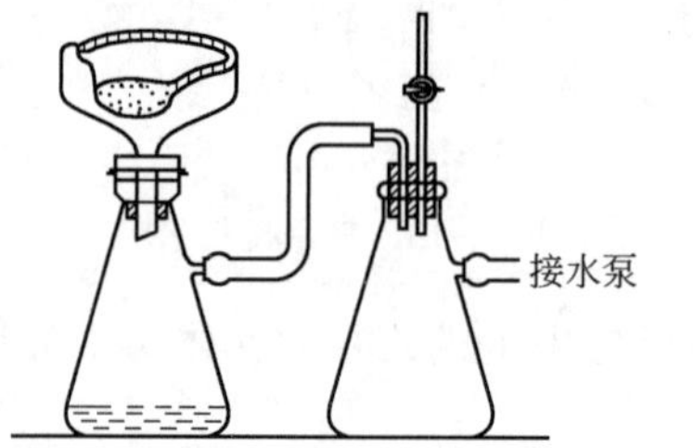

图 2-17 抽气过滤装置

操作中也常常需要加热。玻璃仪器（除试管和 Thiele 管外）应放在石棉网上加热，不能直接用火加热，否则仪器容易受热不均匀而破裂。

为了控制加热温度，增大受热面积，避免局部过热分解，可用适当的热浴加热。根据被加热液体的沸点，选择不同的加热方式。

1. 水浴

水浴（water bath）适用于温度小于 100℃的反应。对于乙醚等低沸点的易燃溶剂，不能用明火加热，应用已加热好的水浴加热。

2. 油浴

加热温度在 100～250℃时，可用油浴（oil bath）。油的种类不同所能达到的温度也不同。甘油和邻苯二甲酸二丁酯适用于加热到 140～150℃，温度过高易分解。植物油可加热到 160～170℃，长期加热易分解，可在其中加入 1%对苯二酚以增加热稳定性。液体多聚乙二醇可加热到 180～200℃，加热时无蒸气逸出，遇水不会爆沸或喷溅，多聚乙二醇溶于水，烧瓶很容易洗净，是较理想的加热溶液。液体石蜡可以加热到 200℃左右，温度再高，挥发较快，会污染空气，也易燃烧。硅油可加热到 250℃，热稳定性好，但价格较贵。

3. 砂浴

砂浴（sand bath）是把清洁干燥的细砂置于铁制的容器中而构成的，可加热到 350℃。使用时将需要加热的容器埋入砂中，砂浴下用火加热。砂浴使用方便，但砂子传热慢，散热快，不易控制温度，较少使用。

九、冷却装置

有机化学实验中常常需要冷却（cooling）。冷却可以除去放热反应中放出的热，使反应不至于因温度剧升而造成危险或产生其他副反应，也可以使重结晶后的有机化合物结晶析出更为完全。某些需在较低温度下进行的反应，必须进行冷却。

反应体系进行冷却的最简单的方法是把容器置于冷水浴中。如果需要冷却的温度在室温至0℃之间，常用冰水浴。若需冷却到0℃以下，可以用下列方法：

(1) 冰-食盐混合物冷却　用1份食盐和3份碎冰均匀混合，可冷却至－15～－5℃。

(2) 冰-六水合氯化钙混合物冷却　用5份六水合氯化钙和4份碎冰均匀混合，可冷却至－35～－20℃。

(3) 干冰-丙酮混合物冷却　将干冰溶于丙酮中，最低可达－70℃左右。

(4) 液氮冷却　可冷至－188℃。

使用温度低于－38℃的冷浴时，不能用水银温度计，需要乙醇、正戊烷等制成的低温温度计。

十、仪器安装方法

有机化学实验常用的玻璃仪器装置通常用铁夹将仪器依次固定于铁架上。铁夹的双钳应贴有橡皮、绒布等软性物质或缠上石棉绳、布条等。若铁钳直接夹住玻璃仪器，则容易将仪器夹坏。在夹玻璃器皿时，先用左手手指将双钳夹紧，用右手拧紧铁夹上的螺丝，待左手指感到螺丝触到双钳时，停止旋动，做到夹物不紧不松。

以回流冷凝装置（见图2-8）为例，安装仪器时先根据热源高度（一般以三脚架高度为准），用铁夹将圆底烧瓶垂直固定在铁架上。铁架正对实验台外面，不能歪斜。然后将球形冷凝管下端正对烧瓶口用铁夹垂直固定于烧瓶上方，再放松铁夹，将冷凝管放下，把其下端置入烧瓶瓶颈，将铁夹稍旋紧。于冷凝管中部偏上一些另用一铁夹将其固定。最后按图2-8(a) 在冷凝管顶端装置干燥管。

总之，仪器安装应先下后上、从左到右，做到正确、整齐、稳妥。

第四节　干燥和干燥剂

一、基本原理

干燥（drying）是指除去固体、液体或气体中所含少量水分和少量有机溶剂的过程，它是实验室中最常用的重要操作之一，可分为物理干燥法和化学干燥法两种。

1. 物理干燥法

物理方法通常是用吸附、分馏、共沸蒸馏、冷冻、加热、离子交换树脂和分子筛等物理过程去水干燥。近年来常用离子交换树脂和分子筛等进行脱水干燥。

离子交换树脂是一种不溶于水、酸、碱和有机溶剂的高分子聚合物，如苯磺酸钾型离子交换树脂，颗粒内有很多孔隙，可以吸附水分子。使用后将其加热至150℃以上，被吸附的水分子又将释出，所以可反复使用。

分子筛是含水硅铝酸盐的晶体，当把它加热到一定温度，水被脱去，晶体内部就形成许多孔径大小均一的孔道和占本身体积一半左右的许多孔穴，它允许小的分子“躲”进去以达到将不同大小的分子“筛分”的目的。吸附水分子后的分子筛可加热至350℃以上进行解吸后重新使用。未用过的分子筛使用前应先活化脱水，活化温度为(550±10)℃，常压下加热2h，活化后待温度降到200℃左右应立即取出存放在干燥器内备用。分子筛用于除去微量水分，若水分过多，则应用其他干燥剂先进行去水，而后再用分子筛干燥。

2. 化学干燥法

化学干燥法通常是用干燥剂与水反应达到干燥的目的。根据干燥剂的去水作用不同，可分为两类：第一类是能够与水可逆地结合生成水合物的干燥剂，使用后的干燥剂作适当处理，可以再次使用，如无水氯化钙、无水硫酸镁等；第二类是与水发生不可逆的化学反应生成新化合物的干燥剂，如金属钠、五氧化二磷等。目前第一类干燥剂应用最为广泛。

例如：

$$CaCl_2 + 6H_2O \rightleftharpoons CaCl_2 \cdot 6H_2O \text{（第一类干燥剂）}$$

$$2Na + H_2O \longrightarrow 2NaOH + H_2 \text{（第二类干燥剂）}$$

使用干燥剂时，应考虑干燥剂的干燥效能、吸水容量、干燥速度等基本性能。干燥效能是指达到平衡时液体干燥的程度。对于形成水合物的无机盐干燥剂，其干燥效能是用在一定温度下形成的水合物达到平衡时的水蒸气压表示。水蒸气压越低，则干燥效能越强，干燥得越彻底，常用干燥剂水蒸气压见表 2-1。干燥剂的吸水容量是指单位质量干燥剂所吸收的水量。干燥剂结合的水分子越多，其吸水容量越大，干燥能力也越强，如硫酸钠，可形成 $Na_2SO_4 \cdot 10H_2O$ 的水合物，吸水容量为 1.27，故干燥能力较强。干燥速度当然越快越好。

有机化合物常用干燥剂性能与使用范围见表 2-2。

表 2-1 常用干燥剂水蒸气压（20℃）

干燥剂	水蒸气压/Pa	干燥剂	水蒸气压/Pa
P_2O_5	2.7×10^{-3}	CaO	27.0
KOH(经过熔融)	2.7×10^{-1}	$CaCl_2$	27.0
$CaSO_4$	5.3×10^{-1}	H_2SO_4	6.5×10^{-1}
硅胶	8.0×10^{-1}	Al_2O_3	4.0×10^{-1}
NaOH(经过熔融)	20.0		

表 2-2 有机化合物常用干燥剂性能与使用范围

干燥剂	吸水作用	吸水容量	干燥效能	干燥速度	适用范围	注
氯化钙	$CaCl_2 \cdot nH_2O$ $n=1,2,4,6$	0.97($CaCl_2 \cdot 6H_2O$)	中等	较快	烃、烯烃、丙酮、醚、中性气体	不适用醇、酚、胺、酰胺，某些醛、酮，及酸性液体
硫酸钠	$Na_2SO_4 \cdot 10H_2O$	1.27($Na_2SO_4 \cdot 10H_2O$)	弱	缓慢	中性，有机液体的初步干燥	$Na_2SO_4 \cdot 10H_2O$ 在 38℃以上失水
硫酸镁	$MgSO_4 \cdot nH_2O$ $n=1,2,4,5,6,7$	0.05($MgSO_4 \cdot 7H_2O$)	较低	较快	中性，可部分代替 $CaCl_2$，并用于不能用 $CaCl_2$ 干燥的化合物	$MgSO_4 \cdot 7H_2O$ 在 49℃以上失水；$MgSO_4 \cdot 6H_2O$ 在 38℃以上失水
硫酸钙	$2CaSO_4 \cdot H_2O$ $CaSO_4 \cdot 2H_2O$	0.066	强	快	中性，与硫酸钠(镁)配合使用，做最后干燥	$2CaSO_4 \cdot H_2O$ 在 80℃以上失水
碳酸钾	$K_2CO_3 \cdot 2H_2O$	0.26	较低	较慢	弱碱性，醇、酮、酯、胺及杂环等碱性化合物	不能用于酸、酚及酸性化合物
氢氧化钾(钠)	极易吸潮		强	快	强碱性，胺、杂环等碱性化合物	不能用于醇、酯、醛、酮、酸、酚等的干燥
金属钠	$Na + H_2O \longrightarrow NaOH + \frac{1}{2}H_2$		强	快	醚、叔胺中痕量水	不能用于氯代烃、醇类
氧化钙(碱石灰类同)	$CaO + H_2 \longrightarrow Ca(OH)_2$		中等	较快	中性及碱性气体、醇、胺、乙醚	不能用于酸类和酯类
五氧化二磷	$P_2O_5 + 3H_2O \longrightarrow 2H_3PO_4$		强	快	烃、卤代烃、腈及中性、酸性气体	不适于酮、酸、胺、醇、醚、HCl、HF

续表

干燥剂	吸水作用	吸水容量	干燥效能	干燥速度	适用范围	注
分子筛	物理吸附	约 0.2	强	快	流动气体、有机溶剂等	不能用于不饱和烃
硅胶		0.4～0.9	强	快	干燥器中使用	不能用于 HF

二、液体有机化合物的干燥

1. 干燥剂的选择

液体有机化合物的干燥，通常是将干燥剂直接加入被干燥的液体有机化合物中进行干燥。选择合适的干燥剂至关重要，选择干燥剂时应注意以下几个问题：

(1) 干燥剂不与被干燥的液体有机化合物发生化学反应，也不溶解于该有机化合物。酸性化合物不能用碱性化合物干燥。同样，碱性化合物也不能用酸性化合物干燥。有些干燥剂能与被干燥的有机物生成配合物，如氯化钙能与醇、胺类形成配合物。有些强碱性干燥剂如氯化钙、氢氧化钠能催化某些醛或酮类发生缩合反应、自动氧化反应，也可使酯或酰胺发生水解反应。因此不能用于干燥这些化合物。各类有机物常用干燥剂见表 2-3。

表 2-3 各类有机物常用的干燥剂

化合物类型	干燥剂
烃、醚	$CaCl_2$、Na、P_2O_5
卤代烃	$CaCl_2$、$MgSO_4$、Na_2SO_4、P_2O_5
醇	K_2CO_3、$MgSO_4$、Na_2SO_4、CaO
醛、酸、酚	$MgSO_4$、Na_2SO_4
酮	K_2CO_3、$MgSO_4$、Na_2SO_4、$CaCl_2$
酯	K_2CO_3、$MgSO_4$、Na_2SO_4
胺	KOH、NaOH、K_2CO_3、CaO
硝基化合物	$CaCl_2$、$MgSO_4$、Na_2SO_4

(2) 使用干燥剂时，要综合考虑干燥剂的各种性能，以达到最好效果。例如硫酸钠形成10个结晶水的水合物，其干燥容量达 1.27，而氯化钙最多能形成 6 个结晶水的水合物，其吸水容量为 0.97。两者在 25℃时水蒸气压分别为 256Pa 和 40Pa。因此硫酸钠的吸水容量较大，但干燥效能较弱，而氯化钙吸水容量较小，但干燥效能较强。所以在干燥含水量较多而又不易干燥的化合物时，常先用吸水量较大的干燥剂除去大部分水分，然后再用干燥效能强的干燥剂。通常第二类干燥剂的干燥效能较第一类高，但吸水量较小，因此先用第一类干燥剂干燥后，再用第二类干燥剂除去残留的微量水分，只是在需要彻底干燥的情况下才使用第二类干燥剂。

(3) 考虑干燥剂的干燥速度和价格等因素。

2. 干燥剂的用量

由于干燥剂同时会吸收一部分有机液体，使产品的产量受到影响，所以应控制干燥剂的用量。

干燥剂的最低用量可根据水在液体中的溶解度和干燥剂的吸水量进行计算。例如室温时，水在乙醚中的溶解度为 1%～1.5%，若用氯化钙干燥 100mL 含水的乙醚，氯化钙的吸水容量为 0.97，即 1g 无水氯化钙大约可吸去 0.97g 水。故可以算出至少需要氯化钙 1g。但实际用量却远远超过最低用量，才能使干燥基本完成。这是因为萃取时，醚层的水分不可能完全分净。另外，要达到最高水合物需要的时间较长，往往不能达到它应有的吸水量。所以干燥剂的实际用量大大超过计算量。一般每10mL样品约需加入干燥剂0.5～1.0g。必要时可先加入少量干燥剂静置一定时间，过滤后再加入新的干燥剂。

由于液体中水分的含量、干燥剂的质量、颗粒大小和干燥温度的不同，实际操作中很难确定具体的数量。以上介绍的数据及方法供实验中参考。操作者在实际工作中应不断积累这方面的经验。

3. 干燥时间

由于水合反应达到平衡需要较长时间，因此加入干燥剂后，不断振摇使其充分接触，并需放置30min（甚至过夜）以上。

4. 干燥方法

（1）用干燥剂去水　干燥剂适用于干燥含有少量水的液体有机化合物，如果含水量较多，必须在干燥前设法除去大部分水，不应有任何可见的水层及悬浮水珠。干燥时，置被干燥液体于锥形瓶中，加入颗粒大小合适、均匀的干燥剂，用塞子塞紧，振摇片刻，同时观察干燥剂脱水情况。如干燥剂附在瓶壁互相黏结，通常说明干燥剂用量还不够，需补加少量新干燥剂；如发现出现少量水层，先将水层分去，再加入一些新的干燥剂。放置半小时以上，最好过夜。有时在干燥前液体呈现浑浊，干燥后澄清透明，且干燥剂棱角分明，说明水分基本除去。当然也有液体虽然澄清透明，但不一定不含水分，因为是否透明与水在该有机物中溶解度有关。经过干燥的有机液体通过玻璃漏斗（漏斗颈口需铺一薄层棉花）直接滤入蒸馏烧瓶中进行蒸馏。

（2）利用分馏和生成共沸混合物脱水　对于不与水生成共沸混合物的液体有机化合物，如甲醇和水，由于沸点相差较大，用精密分馏柱即可完全分开。对于某些可与水形成二元或三元共沸物的有机物液体，其共沸点均低于该物质本身的沸点。可直接进行蒸馏，把含水共沸物蒸出，剩下无水液体有机物。

例如，已知由29.6%水和70.4%苯组成的二元共沸混合物沸点为69.3℃，而纯苯的沸点为80.3℃，如将含水的苯进行蒸馏，当温度升至69.3℃时，蒸出含水的二元共沸物，水便被除去，温度升到80.3℃时，就可得到无水的纯苯。

三、固体有机化合物的干燥

固体有机化合物的干燥主要是除去残留在固体上的少量低沸点溶剂。如水、乙醇、乙醚、丙酮、苯等。由于固体有机物的挥发性较溶剂小，所以可采用蒸发和吸附的方法达到干燥的目的。蒸发法有自然晾干、加热干燥和冷冻干燥。吸附法是把固体有机物放入装有各种类型干燥剂的干燥器中，使其中的溶剂被吸附。有时蒸发和吸附两法同时并用，例如用真空恒温干燥器。

1. 自然晾干

把被干燥固体放在表面皿或敞开容器中，并摊开为一薄层，在室温下放置。一般需要过夜或数天才能彻底干燥。适用稳定、不分解、不吸潮的有机物。注意防灰尘落入。

2. 加热干燥

对于熔点较高、遇热不分解的固体有机化合物，可使用烘箱或红外灯烘干。加热温度应低于固体有机物的熔点（放置温度计），随时翻动，不能有结块现象。

3. 冷冻干燥

冷冻干燥是使物质的水溶液或混悬液在高度真空的容器中冷冻至固体状态，而后升华脱水。冷冻干燥多用于受热易破坏或易吸潮物质的干燥。如生物活性物质的脱水，微生物菌种的保存通常采用冷冻干燥法。

4. 干燥器干燥

对易分解或升华的有机固体化合物，应在干燥器内干燥。

(1) 干燥器的种类　实验室常见的有普通干燥器、真空干燥器、真空恒温干燥器及真空恒温干燥箱等。

普通干燥器和真空干燥器下部装有干燥剂，上面是一块瓷板，以盛放被干燥的样品，磨口处涂有一层很薄的凡士林，使之密封。普通干燥器一般适用于保存易吸潮药品。但干燥样品所费时间较长，干燥效率不高。真空干燥器干燥效率较高。使用时真空度不宜过高，以防干燥器炸裂，一般用水泵抽气，抽真空时，外面套以铁丝网或以布包裹，以防玻璃炸裂伤人。新干燥器应先试抽，检验是否耐压。抽气时应有防止倒吸的安全装置。取样放气不宜太快，以防止空气流入太快将样品冲散。真空恒温干燥器适用于小量样品的干燥，如被干燥化合物的量较大，可采用真空恒温干燥箱。

(2) 干燥器内干燥剂的选择　根据待除去溶剂的性质而定，同时不与被干燥的固体有机物质发生作用。干燥器内常用干燥剂见表 2-4。

表 2-4　干燥器内常用干燥剂

干燥剂	吸附的溶剂	干燥剂	吸附的溶剂
CaO	水、醋酸、氯化氢	P_2O_5	水、醇
$CaCl_2$	水、醇	石蜡片	醇、酚、石油醚、苯、甲苯、氯仿、四氯化碳
NaOH	水、醋酸、氯化氢、醇、酚	硅胶	水
H_2SO_4	水、醋酸、醇		

(3) 干燥器操作的注意事项　①打开干燥剂时，以一只手轻轻扶住干燥器，另一只手沿水平方向推动盖子，以便把它打开或盖上。当干燥器长期放置而打不开时，可让整个干燥器均匀受热，再用薄铁片在缝中轻轻撬开；真空干燥器的活塞转不动时，可以用布包裹该部位，而后慢慢淋些热水，再扭动活塞。②对于温度很高的物体（如灼烧后的坩埚），应冷却后（不必放到室温）再放入干燥器中，并要在短时间内把干燥器的盖子打开一或两次，以防止因干燥器内空气受热而增大压力将盖子掀掉，或因干燥器内的空气冷却而使其中的压力降低，致使盖子难以打开。③使用新的减压干燥器前，应检验是否耐压，试压时，用铁丝和布包裹干燥器，以防止玻璃炸裂伤人。④使用水泵抽气减压时，水泵与干燥器之间要连接一个缓冲瓶，以防止水倒吸。减压干燥器内部恢复常压时，不要一下把活塞全部打开，应缓慢放入空气，否则干燥的试样会被气流吹得飞溅。⑤对于易吸湿的试样，最好在干燥器的活塞口连接一氯化钙干燥管，避免已干燥的试样再吸湿。

四、气体的干燥

在有机分析和合成实验中，常常用到氮、氧、氢、氯、氨、二氧化碳等气体，有时对这些气体纯度要求很严格。例如对有机化合物作元素分析时要除去氧气中的二氧化碳和水等，这就需要对气体进行干燥。通常采用装有干燥剂的干燥管、干燥塔、U 形管和各种不同形式的洗气瓶干燥气体。前三种内装固体干燥剂，洗气瓶装液体干燥剂。根据被干燥气体的性质、用量、潮湿程度以及反应条件选择不同的仪器。一般气体干燥时所用干燥剂见表 2-5。

表 2-5　气体干燥剂

干燥剂	可干燥气体
碱石灰、CaO、NaOH、KOH	NH_3 类
$CaCl_2$	H_2、HCl、O_2、CO、CO_2、SO_2、N_2、低级烷烃、醚、烯烃、卤代烷
P_2O_5	H_2、O_2、CO、CO_2、SO_2、N_2、烷烃、乙烯
浓 H_2SO_4	H_2、HCl、CO_2、Cl_2、N_2、烷烃
$CaBr_2$、$ZnBr_2$	HBr

干燥气体的注意事项：①用无水氯化钙、生石灰、钠石灰干燥气体时，均应选用颗粒状，切忌用粉末状，以防吸潮后结块堵塞；装填时尽量紧密，不留大的空隙。②用浓硫酸干燥时，用量要适当，太少影响干燥效果，太多则压力大，气体不易通过。③若对干燥程度要求较高，可同时连接两个或多个干燥装置，根据被干燥气体的性质，选用相同或不同的干燥剂。④用气体洗瓶时，其进出口管不能接错。通入气体的速度不宜太快，以防止干燥效果不好。尤其要注意的是当开启气体钢瓶时，应先调好气流速度后，再通入反应瓶中，切不可用钢瓶直接通入气体，以免气流太急，发生危险。在干燥器与反应瓶之间连接一个安全瓶，防止倒吸。在停止通气时，应减慢气流速度，打开安全瓶活塞，再关闭钢瓶。如干燥剂还可以继续使用，用完即将通路塞住，以防吸潮。

第五节　色谱分离技术

色谱法（chromatography）是分离、提纯和鉴定有机化合物的重要方法之一，具有极其广泛的用途。色谱法因早期用于分离有色物质，得到颜色不同的色谱而得名。后来由于引入各种显色、鉴定技术，被分离的物质不管有无颜色，色谱法都可应用。因此，色谱一词早已超出了原来的含义。

色谱法种类很多，但基本原理是一致的，即都是利用待分离的混合物中各组分在某一物质（称为固定相）中的吸附或溶解（即分配）性能的不同，使混合物溶液（称为流动相）流经该物质，进行反复的吸附或分配等作用，从而将各组分分离开来。

与经典的分离提纯手段（重结晶、升华、萃取和蒸馏等）相比，色谱法具有微量、快速、简便和高效率等优点。根据被分离组分在固定相中的作用原理不同，色谱法可分为吸附色谱、分配色谱、离子交换色谱、排阻色谱等类型；根据操作条件的不同，又可分为薄层色谱、柱色谱、纸色谱、气相色谱及高压液相色谱等类型。下面主要介绍薄层色谱、柱色谱和纸色谱。

一、薄层色谱法

1. 基本原理

薄层色谱法（thin layer chromatography，简称 TLC）是一种微量、快速和高效的分离方法。TLC 常用于有机化合物的分离与鉴定，在有机合成反应中还可用来监测反应过程。在柱色谱分离中，常常利用 TLC 来确定其分离条件和监控分离的进程。TLC 既能分离微量样品，也能分离较大量（500mg）的样品，因此又可用于精制样品。TLC 特别适用于挥发性较小或在高温下易发生变化而不能用气相色谱分离的化合物。

薄层色谱是在洗净的玻璃板（10cm×3cm）上均匀地涂上一层吸附剂或支持剂，经干燥、活化后将样品溶液滴加到离薄层板一端约 10mm 处的起点线上，待溶剂晾干或吹干后用展开剂进行展开。当展开剂前沿离顶端约 5mm 附近时，将薄层板取出，干燥后喷以显色剂，或在紫外灯下显色。记录原点至主斑点中心及展开剂前沿的距离，计算比移值（R_f）：

$$R_f=\frac{\text{溶质的最高浓度中心至原点中心的距离}}{\text{溶剂前沿至原点中心的距离}}$$

每个有机化合物在相同的实验条件下，其 R_f 值是确定的。因此，可利用和标准样品的 R_f 值进行比较来鉴定有机化合物。

薄层色谱常用的吸附剂是硅胶和氧化铝，常用的黏合剂是煅石膏、羧甲基纤维素钠等。硅胶中掺入13%的煅石膏后称为硅胶G，没有掺煅石膏的叫硅胶H，有的含有荧光物质如硅胶 HF_{254}，可在波长254nm紫外光下观察荧光。氧化铝的极性比硅胶大，较适用于分离极性较小的化合物（烃、醚、醛、酮、卤代烃等），因为极性化合物被氧化铝较强烈地吸附，分离较差，R_f 值较小；相反，硅胶适用于分离极性较大的化合物（羧酸、醇、胺等），而非极性化合物在硅胶板上吸附较弱，分离较差，R_f 值较大。

黏合剂除煅石膏和羧甲基纤维素钠（CMC）外，还可用淀粉、聚乙烯醇。使用时，一般配成5%的水溶液。如羧甲基纤维素钠的质量分数一般为0.5%～1%，最好是0.7%。淀粉的质量分数为5%。加黏合剂的薄板称为硬板，不加黏合剂的薄板称为软板。

2. 操作方法

（1）薄层板的制备　薄层板（thin-layer plate）的制备方法有两种，一种是干法制板，另一种是湿法制板。

干法制板常用氧化铝作吸附剂，将氧化铝倒在玻璃板上，取一根玻璃棒，将两端用胶布缠好，在玻璃板上滚压，把吸附剂均匀地铺在玻璃板上。这种方法操作简便，展开快，但是样品展开点易扩散，制成的薄板不易保存。

实验室最常用的是湿法制板。取2g硅胶G，加入5～7mL 0.7%的羧甲基纤维素钠水溶液，调成糊状。将糊状硅胶均匀地倒在三块载玻片上，先用玻璃棒铺平，然后用手轻轻震动至平。大量铺板或铺较大板时，也可使用涂布器。薄层板制备的好与坏直接影响色谱分离的效果，在制备过程中应注意：①铺板时，尽可能将吸附剂铺均匀，不能有气泡或颗粒等；②铺板时，吸附剂的厚度不能太厚也不能太薄，太厚展开时会出现拖尾，太薄样品分不开，一般厚度为0.5～1mm；③板铺好后，应放在比较平的地方晾干，然后转移至试管架上慢慢地自然干燥，千万不要快速干燥，否则薄层板会出现裂痕。

（2）薄层板的活化　将涂好的薄层板室温下水平放置晾干后，放入烘箱内加热活化（activation），活化条件根据需要而定。硅胶板一般在烘箱中渐渐升温，维持105～110℃活化30min。氧化铝板在200～220℃烘4h可得活性Ⅱ级的薄板。150～160℃烘4h可得活性Ⅲ～Ⅳ级的薄板。薄板的活性与含水量有关，其活性随含水量的增加而下降。

氧化铝板活性的测定：将偶氮苯30mg、对甲氧基偶氮苯、苏丹黄、苏丹红和对氨基偶氮苯各20mg，溶于50mL无水四氯化碳中，以毛细管吸取少量溶液滴加在氧化铝薄板上，用无水四氯化碳展开，测定各染料的位置，算出比移值，根据表2-6中所列的各染料的比移值确定其活性等级。

表2-6　氧化铝活性与各偶氮染料比移值的关系

偶氮染料名称	勃劳克曼活性级的 R_f 值			
	活性级别Ⅱ	活性级别Ⅲ	活性级别Ⅳ	活性级别Ⅴ
偶氮苯	0.59	0.74	0.85	0.95
对甲氧基偶氮苯	0.16	0.49	0.69	0.389
苏丹黄	0.01	0.25	0.57	0.78

续表

偶氮染料名称	勃劳克曼活性级的 R_f 值			
	活性级别Ⅱ	活性级别Ⅲ	活性级别Ⅳ	活性级别Ⅴ
苏丹红	0.00	0.10	0.33	0.56
对氨基偶氮苯	0.00	0.03	0.08	0.19

硅胶板活性的测定：取对二甲氨基偶氮苯、靛酚蓝和苏丹红三种染料各 10mg，溶于 1mL 氯仿中，将此混合液滴于薄层上，用正己烷-乙酸乙酯（体积比 9∶1）展开。若能将三种染料分开，并且比移值按对二甲氨基偶氮苯、靛酚蓝、苏丹红的顺序递减，则硅胶板和Ⅱ级氧化铝的活性相当。

（3）点样　固体样品通常溶解在合适的溶剂中配成 1%～5%的溶液，用内径小于 2mm 的平口毛细管吸取样品溶液点样，如图 2-18 所示。点样前可用铅笔在距薄层板一端约 1cm 处轻轻地画一条横线作为“起始线”。然后将样品溶液小心地点在“起始线”上。样品斑点的直径一般不应超过 3mm。如果样品溶液太稀需要重复点样时，须待前一次点样的溶剂挥发之后再点样。点样时毛细管的下端应轻轻接触吸附剂层。如果用力过猛，会将吸附剂层戳成一个孔，影响吸附剂层的毛细作用，从而影响样品的 R_f 值。若在同一块板上点两个以上样点时，样点之间的距离不应小于 1cm。点样后待样点上溶剂挥发干净才能放入展开槽中展开。

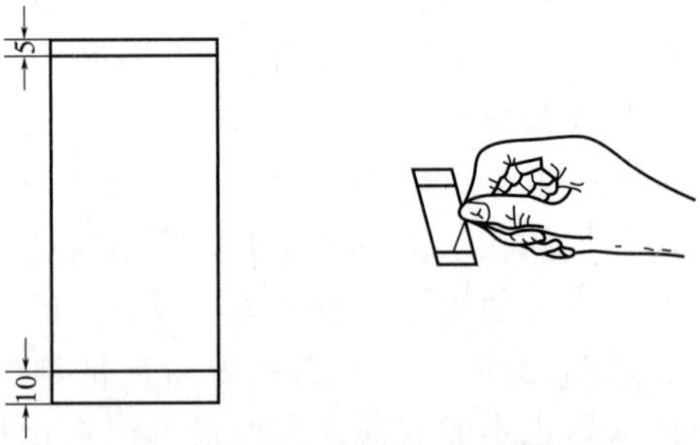

图 2-18　薄层板及薄层板的点样方法

（4）展开　展开剂带动样点在薄层板上移动的过程叫展开（developing）。展开过程是在充满展开剂蒸气的密闭的展开槽中进行的。展开的方式通常有直立式、卧式、斜靠式、下行式、双向式等。

直立式展开是在立式展开槽中进行的。用于含黏合剂的色谱板，将色谱板垂直于盛有展开剂的容器中。先在展开槽中装入深约 0.5cm 的展开剂，盖上盖子放置片刻，使蒸气充满展开槽。然后将点好样的薄层板小心放入展开槽，使其样点一端向下（注意样点不要浸泡在展开剂中），盖好盖子。由于吸附剂的毛细作用展开剂不断上升，当展开剂前沿到达距薄层板上端约 1cm 处时，取出薄层板并标出展开剂前沿的位置。分别测量前沿及各样点中心到起始线的距离，计算样品中各组分的比移值。如果样品中各组分的比移值都较小，则应该换用极性大一些的展开剂；反之，如果各组分的比移值都较大，则应换用极性小一些的展开剂。每次更换溶剂，必须等展开槽中的前一次的溶剂挥发干净后，再加入新的溶剂。更换溶剂后，必须更换薄层板并重新点样、展开，重复整个操作过程。直立式展开只适合于硬板。

卧式展开如图 2-19(a)所示，薄层板倾斜 15°放置，操作方法同直立式，只是展开槽中展开剂应更浅一些。卧式展开既适用于硬板，也适用于软板。斜靠式展开如图 2-19(b)所示，薄层板的倾斜角度为 30°～90°之间，一般也只适合于硬板。下行式展开如图 2-19(c)所示。薄层板竖直悬挂在展开槽中，一根滤纸条或纱布条搭在展开剂和层析板上沿，靠毛细作用引导展开剂自薄层板的上端向下展开。此法适合比移值较小的化合物。

(a)　　(b)　　(c)

图 2-19　薄层板在不同展开槽中展开的方式

双向式展开是采用方形玻璃板铺制薄层，样品点在角上，先向一个方向展开，然后转动 90°再换一种展开剂向另一方向展开。此法适合于成分复杂或较难分离的混合物样品。用于分离的大块薄层板，是在起点线上将样液点成一条线，使用足够大的展开槽展开，展开后成为带状，用不锈钢铲将各色带刮下分别萃取，各自蒸去溶剂，即可得到各组分的纯品。

(5) 显色　分离和鉴定无色物质，必须先经过显色（visualization）才能观察到斑点的位置，判断分离情况。常用的显色方法有如下几种：

① 碘蒸气显色法　由于碘能与很多有机化合物（烷和卤代烷除外）可逆地结合形成有颜色的配合物，所以先将几粒碘的结晶置于密闭的容器中，碘蒸气很快地充满容器，此时将展开后的薄层板（溶剂已挥发干净）放入容器中，有机化合物即与碘作用而呈现出棕色的斑点。将薄层板自容器中取出后，应立即标记出斑点的形状和位置（因为薄板放在空气中，碘挥发棕色斑点在短时间内即会消失），计算比移值。

② 紫外光显色法　如果被分离（或分析）的样品本身是荧光物质，可以在暗处在紫外灯下观察到荧光物质的亮点。如果样品本身不发荧光，可以在制板时，在吸附剂中加入适量的荧光剂或在制好的板上喷上荧光剂，制成荧光薄层板。荧光板经展开后取出，标记好展开剂的前沿，待溶剂挥发干净后，放在紫外灯下观察，有机化合物在亮的荧光背景上呈暗红色斑点。标记出斑点的形状和位置，计算比移值。

③ 试剂显色法　除了上述显色法之外，还可以根据被分离（分析）化合物的性质，采用不同的试剂进行显色，一些常用显色剂及被检出物质列在表 2-7 中。操作时，先将薄层板展开、风干，然后用喷雾器将显色剂直接喷到薄层板上，被分开的有机物组分便呈现出不同颜色的斑点。及时标记出斑点的形状和位置。

表 2-7　一些常用显色剂及被检出物质表

显色剂	配制方法	被检出物质
硫酸*	使用 20%的硫酸	通用试剂，大多数有机物在加热后显黑色斑点
香兰素-浓硫酸	1%香兰素的浓硫酸溶液	冷时可检出萜类化合物，加热时为通用显色剂
四氯邻苯二甲酸酐	2%四氯邻苯二甲酸酐溶液 溶剂：丙酮：氯仿＝10：1	可检出芳香烃
硝酸铈铵	6%硝酸铈铵的 2mol/L 硝酸溶液	检出醇类

续表

显色剂	配制方法	被检出物质
铁氰化钾-三氯化铁	1%铁氰化钾水溶液与2%的三氯化铁水溶液使用前等体积混合	检出酚类
2,4-二硝基苯肼	0.4% 2,4-二硝基苯肼的2mol/L盐酸溶液	检出醛酮
溴酚蓝	0.05%溴酚蓝的乙醇溶液	检出有机酸
茚三酮	0.3g茚三酮溶于100mL乙醇中	检出胺、氨基酸
三氯化锑	三氯化锑的氯仿饱和溶液	甾体、萜类、胡萝卜素等
二甲氨基苯胺	1.5g二甲氨基苯胺溶于25mL甲醇、25mL水及1mL乙酸组成的混合溶液中	检出过氧化物

* 以CMC为黏合剂的硬板不宜用硫酸显色，因硫酸也会使CMC碳化变黑，整板黑色而显不出斑点位置。

（6）比移值 R_f 的计算　在展开过程中，当样品斑点随着展开剂前进至薄层板上边的终点线时，立刻取出薄层板。将薄层板上分开的样品点用铅笔圈好，计算比移值 R_f。

图2-20(b)给出了某化合物的展开过程及 R_f 值。对于一种化合物，当展开条件相同时，R_f 值是一个常数。因此，可用 R_f 作为定性分析的依据。但是，由于影响 R_f 值的因素较多，如展开剂、吸附剂、薄层板的厚度、温度等均能影响 R_f 值，因此同一化合物的 R_f 值与文献值会相差很大。在实验中我们常采用的方法是，在一块板上同时点一个已知物和一个未知物，进行展开，通过计算 R_f 值来确定是否为同一化合物。

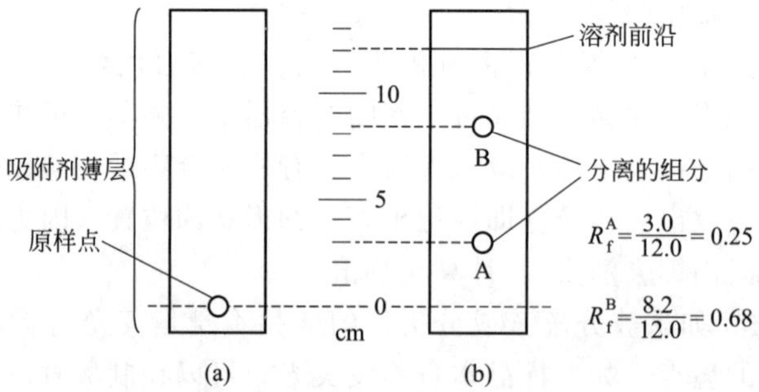

图2-20　某组分TLC展开过程及 R_f 值的计算

二、柱色谱

柱色谱（column chromatography）一般有吸附柱色谱和分配柱色谱两类。吸附柱色谱常用氧化铝和硅胶作固定相。分配柱色谱常用硅胶、硅藻土和纤维素作为支持剂。在此主要介绍实验室常用的吸附柱色谱。吸附柱色谱的分离原理与薄层色谱基本相同。

1. 吸附剂

常用的吸附剂（adsorbent）有氧化铝、硅胶、氧化镁、碳酸钙和活性炭等。实验室一般使用氧化铝或硅胶。供柱色谱使用的氧化铝有酸性、中性和碱性三种。酸性氧化铝的pH约为4，适用于分离酸性有机物；碱性氧化铝的pH约为10，用于胺或其他碱性化合物的分离；中性氧化铝的pH约为7.5，应用最为广泛，常用于分离中性有机物，如醛、酮、酯、醌等。

吸附剂的活性取决于吸附剂的含水量。含水量越高，吸附剂的活性越低，吸附能力越弱；反之，含水量越低，吸附剂的活性越高，吸附能力越强。通常按含水量的不同将氧化铝和硅胶的活性分成Ⅰ～Ⅴ级，如表2-8所示。一般选用Ⅱ级或Ⅲ级，偶尔使用Ⅳ级。Ⅰ级吸附作用太强，Ⅴ级吸附作用太弱，都不适用。

表 2-8 吸附剂的含水量和活性等级的关系

活性等级	Ⅰ	Ⅱ	Ⅲ	Ⅳ	Ⅴ
氧化铝含水量	0	3%	6%	10%	15%
硅胶含水量	0	5%	15%	25%	38%

2. 有机物的极性与吸附能力的关系

有机物的吸附性与它们的极性成正比。极性越大，吸附性也越强。氧化铝对各种有机物的吸附活性顺序为：酸和碱＞醇、胺、硫醇＞酯、醛、酮＞芳族化合物＞卤代物、醚＞烯＞饱和烃。

例如，邻硝基苯胺和对硝基苯胺的混合物可利用柱色谱将它们分离开来，就是根据它们的极性不同。邻硝基苯胺的偶极矩为 4.45D，而对硝基苯胺则为 7.1D。邻硝基苯胺的极性小，因而首先被洗脱出来。

3. 洗脱剂

在柱色谱分离中，洗脱剂（elution solvent）的选择也是一个重要的因素。一般洗脱剂的选择是通过薄层色谱实验来确定的。具体方法：先用少量溶解好（或提取出来）的样品，在已制备好的薄层板上点样，用少量展开剂展开，观察各组分点在薄层板上的位置，并计算 R_f 值。哪种展开剂能将样品中各组分完全分开，即可作为柱色谱的洗脱剂。有时，单纯一种展开剂达不到所要求的分离效果，可考虑选用混合展开剂。

选择洗脱剂的另一个原则是：洗脱剂的极性不能大于样品中各组分的极性，否则会由于洗脱剂在固定相上被吸附，迫使样品一直保留在流动相中。在这种情况下，组分在柱中移动得非常快，很少有机会建立起分离所要达到的化学平衡，影响分离效果。

不同的洗脱剂使给定的样品沿着固定相相对移动的能力，称为洗脱能力。一般来说，在反向色谱中，洗脱能力按以下顺序排列：

在非极性固定相上洗脱剂能力顺序为：水＞甲醇＞乙醇＞1-丙醇＞丙酮＞乙酸乙酯＞乙醚＞氯仿＞二氯甲烷＞甲苯＞环己烷＞己烷＞石油醚；

在极性固定相上洗脱剂能力顺序为：水＜甲醇＜乙醇＜1-丙醇＜丙酮＜乙酸乙酯＜乙醚＜氯仿＜二氯甲烷＜甲苯＜环己烷＜己烷＜石油醚；

在正向色谱中的洗脱能力刚好与之相反。

4. 柱色谱装置

色谱柱是一根带有下旋塞或无下旋塞的玻璃管，如图 2-21 所示。一般来说，吸附剂的质量应是待分离物质质量的 25～30 倍，所用柱的高度和直径比应为 8∶1。表 2-9 给出了样品质量、吸附剂质量、柱高和直径之间的关系，实验者可根据实际情况参照选择。

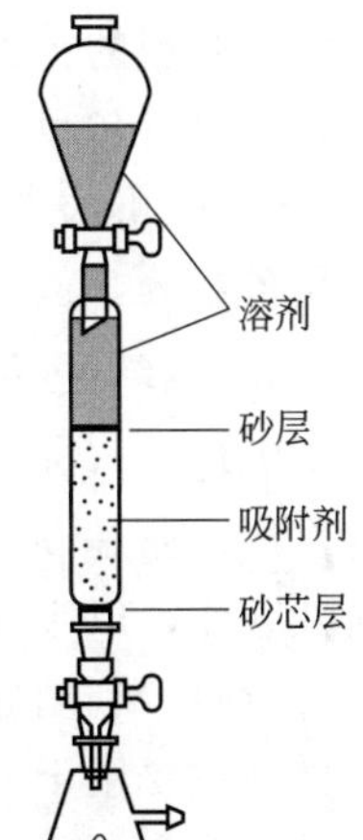

图 2-21 柱色谱装置图

5. 操作方法

(1) 装柱 装柱前应先将色谱柱洗干净，进行干燥。在柱底铺一小块脱脂棉，再铺约 0.5cm 厚的石英砂，然后进行装柱。装柱分为湿法装柱和干法装柱两种，下面分别加以介绍。

湿法是将备用的溶剂装入管内，约为柱高的 3/4，而后将氧化铝和溶剂调成糊状，慢慢地倒入管中。此时应将管的下端旋塞打开，控制流出速度为每秒 1 滴。

表 2-9 色谱柱大小、吸附剂量及试样量

试样量/g	吸附剂量/g	柱的直径/mm	柱高/mm
0.01	0.3	3.5	30
0.10	3.0	60	75
1.00	30.0	16.0	130
10.00	300.0	35.0	280

用木棒或套有橡皮管的玻璃棒轻轻敲击柱身，使装填紧密，当装入量约为柱的3/4时，在上面加一层0.5cm后的石英砂或一小圆滤纸、玻璃棉或脱脂棉，以保证氧化铝上端顶部平整，不受流入溶剂干扰，如果氧化铝顶端不平，将易产生不规则的色带。操作时应保持流速，注意不能使液面低于砂子的上层，上面装一分液漏斗。整个装填过程中不能使氧化铝有裂缝或气泡，否则影响分离效果。

干法是在管的上端放一干燥漏斗，使氧化铝均匀地经干燥漏斗成一细流慢慢流入管中，中间不应间断，并不断轻敲柱身，使装填均匀，全部加入后，再加入溶剂，使氧化铝全部润湿。另外也可先将溶剂加入管内，约为柱高的3/4处，而后将氧化铝通过一粗颈玻璃漏斗慢慢倒入并轻轻敲击柱身。此法较简便。

(2) 样品的加入及色谱带的展开　液体样品可以直接加入色谱柱中，如浓度低可浓缩后再进行分离。固体样品应先用最少量的溶剂溶解后再加入柱中。在加入样品时，应先将柱内洗脱剂排至稍低于石英砂表面后停止排液，用滴管沿柱内壁把样品一次加完。加入样品时，应注意滴管尽量向下靠近石英砂表面。样品加完后，打开下旋活塞，使液体样品进入石英砂层后，再加入少量的洗脱剂将壁上的样品洗下来，待这部分液体进入石英砂层后，再加入洗脱剂进行淋洗，直至所有色谱带被展开。

色谱带的展开过程也就是样品的分离过程。在此过程中应注意：①洗脱剂要连续不断地加入，并保持液面有一定的高度。整个操作过程中不要使吸附剂表面的洗脱剂流干，否则会使色谱柱中产生气泡和裂缝，影响分离效果。②要控制洗脱剂的流出速度。一般为每分钟5～10滴。流速太快或太慢均会影响分离效果。③洗脱时，先用极性小的洗脱剂，然后逐渐加大洗脱剂的极性，这样可以在色谱柱内形成不同的色带环。④收集洗脱液时，如果被分离的各组分有颜色，可按不同的色带分别进行收集；如果没有颜色，则采用等份（每份一般为50mL）收集法进行收集，再用薄层色谱法逐一鉴定，合并相同组分的收集液，蒸除溶剂，即得各组分，从而将混合物分离开来。

三、纸色谱

纸色谱（paper chromatography）属于分配色谱的一种。它的分离作用不是靠滤纸的吸附作用，而是以滤纸（是由高纯度的纤维素制造，纤维素是高分子量的多羟基化合物）作为惰性载体，以吸附在滤纸上的水或有机溶剂作为固定相，流动相是被水饱和过的有机溶剂（展开剂），利用样品中各组分在两相中分配系数的不同达到分离的目的。纸色谱和薄层色谱一样，主要用于分离和鉴定有机化合物。纸色谱多用于多官能团或高极性化合物如糖、氨基酸等的分离。它的优点是操作简单，价格便宜，所得到的色谱图可以长期保存。缺点是展开时间较长，因为在展开过程中，溶剂的上升速度随着高度的增加而减慢。

1. 纸色谱的装置

常用的纸色谱装置如图2-22所示。此装置是由展开槽、橡皮塞、钩子组成的。钩子被固定在橡皮塞上，展开时将滤纸挂在钩子上。

2. 操作

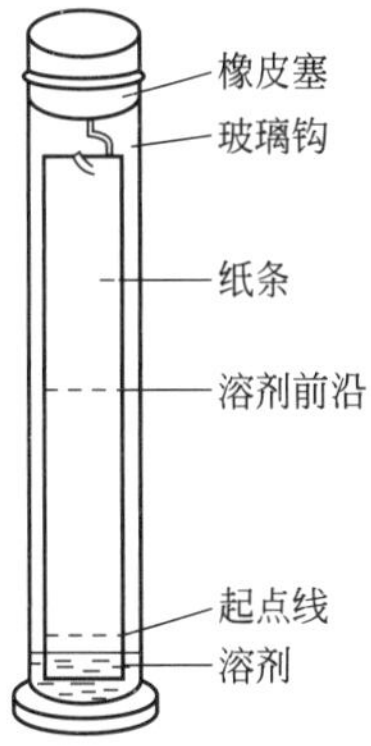

图 2-22　纸色谱装置

纸色谱操作过程与薄层色谱一样，所不同的是薄层色谱需要吸附剂作为固定相，而纸色谱只用一张滤纸，或在滤纸上吸附相应的溶剂作为固定相。在操作和选择滤纸、固定相、展开剂过程中应注意以下几点：

（1）滤纸选择　所选用滤纸的薄厚应均匀，无折痕，滤纸纤维松紧适宜。将滤纸切成纸条，大小可自行选择，一般约为 3cm×20cm、5cm×30cm 或 8cm×50cm 等。

（2）展开剂　根据被分离物质的不同，选用合适的展开剂。展开剂应对被分离物质有一定的溶解度，溶解度太大，被分离物质会随展开剂跑到前沿；太小，则会留在原点附近，使分离效果不佳。

选择展开剂应注意下列几点：①能溶于水的化合物以吸附在滤纸上的水做固定相，以与水能混溶的有机溶剂（如醇类）做展开剂。②难溶于水的极性化合物以非水极性溶剂（如甲酰胺、*N*,*N*-二甲基甲酰胺等）做固定相，以不能与固定相混溶的非极性溶剂（如环己烷、苯、四氯化碳、氯仿等）做展开剂。③不溶于水的非极性化合物以非极性溶剂（如液体石蜡、α-溴萘等）做固定相，以极性溶剂（如水、含水的乙醇、含水的酸等）做展开剂。

当一种溶剂不能将样品全部展开时，可选择混合溶剂。常用的混合溶剂有正丁醇-水（一般用饱和的正丁醇）；正丁醇-醋酸-水，可按 4∶1∶5 的比例配制，混合均匀，充分振荡，放置分层后，取出上层溶液作为展开剂。以上几点只供参考，要选择合适的展开剂，一方面需要查阅有关资料，另一方面还要通过实验验证。

（3）点样　取少量试样，用水或易挥发的有机溶剂（如乙醇、丙酮、乙醚等），将它完全溶解，配制成约 1%的溶液。用铅笔在滤纸上画线，标明点样位置，以毛细管吸取少量试样溶液，在滤纸上按照已写好的编号分别点样，控制点样直径为 2～4mm。然后将其晾干或在红外灯下烘干。

（4）展开　于展开槽中注入展开剂，将已点样的滤纸晾干后悬挂在展开槽内，将点有试样的一端放入展开剂液面下约 1cm 处，但试样斑点的位置必须在展开剂液面之上。见图 2-22。

（5）显色　展开完毕，取出层析滤纸，画出前沿。另一种方法是先画出前沿，然后展开，但应随时注意展开剂是否已到达画出的前沿。如果化合物本身有颜色，就可直接观察到斑点。如本身无色，可在紫外灯下观察有无荧光斑点，用铅笔在滤纸上画出斑点位置，形状大小。通常可用显色剂喷雾显色，不同类型化合物可用不同的显色剂。对于未知试样显色剂的选择，可先取试样溶液 1 滴，点在滤纸上，而后滴加显色剂，观察有无色点产生。

（6）比移值——R_f 的计算　在展开过程中，当样品斑点随着展开剂前进至层析滤纸上边的终点线时，立刻取出层析滤纸。将层析滤纸上分开的样品点用铅笔圈好，计算比移值 R_f。

对于一种化合物，当展开条件相同时，R_f 值是一个常数。因此，可用 R_f 作为定性分析的依据。但是，由于影响 R_f 值的因素较多，如展开剂、吸附剂、层析滤纸的厚度、温度等均能影响 R_f 值，因此同一化合物的 R_f 值与文献值会相差很大。在实验中我们常采用的方法是，在一块板上同时点一个已知物和一个未知物，进行展开，通过计算 R_f 值来确定是否为同一化合物。

第三章 基本操作实验

实验 3-1 简单玻璃工操作和塞子的钻孔

一、实验目的

练习玻璃管、玻璃棒的简单加工及塞子的钻孔。

二、实验用品

玻璃管、玻璃棒、煤气灯或酒精喷灯、三角锉刀、钻孔器、压塞器。

三、实验步骤

根据第二章第二节的有关操作方法，完成下列实验。

1. 制作玻璃弯管

制作 75°和 30°角度的玻璃弯管各 1 支。

2. 拉制熔点管

用直径为 1cm 的薄壁玻璃管拉制成长约 15cm、直径约 1mm，两端封口的毛细管 10 根，装入大试管备用。

3. 制作玻璃钉和搅拌棒

(1) 用直径 5mm、长 5～6cm 的玻璃棒制作玻璃钉。

(2) 用长约 18cm 的玻璃棒 2 根，两端在火焰中烧圆，作搅拌棒。

4. 塞子钻孔

取橡皮塞和软木塞各 1 个，分别打孔。

思考题

1. 在拉制玻璃弯管和毛细管时，为什么玻璃管必须均匀转动加热？
2. 在强热玻璃管或玻璃棒之前，应先用小火加热，在加工完毕后，还需经弱火“退火”，这是为什么？
3. 塞子钻孔时，橡皮塞和软木塞选用钻孔器的要求有什么不同？为什么？

实验 3-2 熔点测定及温度计校正

一、实验目的

1. 了解熔点测定的意义，掌握测定熔点的方法及操作。

2. 了解温度计校正的意义，学习温度计校正的方法。

二、实验原理

一般地，固体物质加热到一定温度时，即从固态转为液态，此时的温度就是该化合物的熔点（melting point）。熔点的严格定义为：在大气压力（100kPa）下，固液两相达到平衡状态时的温度。纯粹的有机化合物一般都有固定的熔点。在一定压力下，固液两相间的变化是非常敏锐的，初熔至全熔的温度不超过 0.5～1℃（熔点范围或称熔程）。如含有杂质则熔点下降，熔程较长，这对于鉴定固体有机化合物具有很大的价值，根据熔程的长短可定性反映该化合物的纯度。

1. 纯物质的熔点

理想状态下，纯物质的熔点和凝固点是一致的。从图 3-1 可见，当加热纯固体物质时，在一段时间内温度上升，固体并不熔化。当固体开始熔化时，温度不会上升，直到所有固体都转变为液体，温度才上升。反之，纯液体物质冷却时，在一段时间内温度下降，液体并不固化。当开始出现固体时，温度不会下降，直到液体全部固化后，温度才会继续下降。

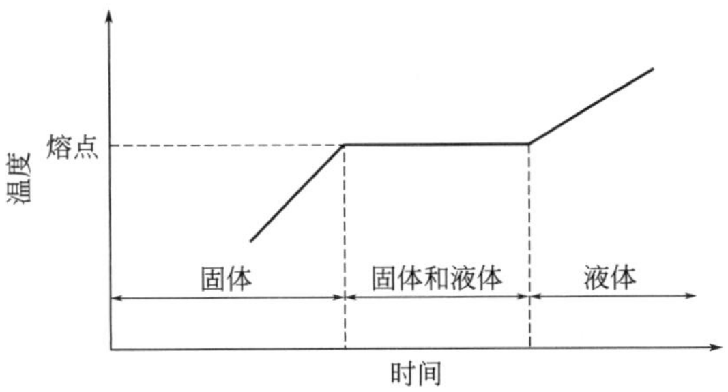

图 3-1　纯物质的相态与时间和温度的关系

在一定温度和压力下，将某物质的固液两相置于同一容器中，这时可能发生三种情况：(1) 固相迅速转化为液相（固体熔化）；(2) 液相迅速转化为固相（液体固化）；(3) 固液两相并存。为了判断在某一温度时哪一种情况占优势，可以从物质的蒸气压与温度的曲线图来理解。图 3-2(a)表示固体的蒸气压随温度升高而增大的曲线；图 3-2(b)表示该液态物质的蒸气压温度关系曲线。如把曲线(a)和(b)加合，即得到图 3-2(c)曲线。由于固相的蒸气压随温度变化的速率较相应的液相大，最后两曲线相交，在交叉点 M 处，固液两相可同时并存，此时的温度 T_M 即为物质的熔点。当温度高于 T_M 时，固相的蒸气压已较液相的蒸气压大，固相将全部转化为液相；若低于 T_M 时，则由液相转变为固相。只有当温度等于 T_M 时，固液两相的蒸气压才相等，此时固液两相共存。这就是纯粹有机化合物有固定而又敏锐熔点的原因。当温度超过 T_M 时，即便是很小的变化，如有足够的时间固体也可全部转化为液体。因此，要精确测定熔点，在接近熔点时加热速度一定要慢，每分钟温度升高不能超过 1～2℃。只有这样才能使整个熔化过程尽可能接近于两相平衡的条件。

2. 杂质对熔点的影响

当有杂质存在时，根据拉乌尔定律，在一定温度和压力下，溶质的增加会导致溶剂的蒸气分压降低（图 3-3 中 M_1L_1），因此该化合物的熔点必然下降。例如，纯 α-萘酚的熔点为 95.5℃，在此温度下加入少量的萘（熔点为 80℃），萘会溶解到液体的 α-萘酚中，导致液相中 α-萘酚的蒸气压下降，α-萘酚固液两相的平衡点被打破，固相迅速转变为液相。只有温度下降才能使固液两相重新达到平衡。

从图 3-3 中可以看出，固体 α-萘酚的蒸气压曲线和萘的 α-萘酚溶液中 α-萘酚的蒸气压曲线在 M_1 处相交，此时液相中 α-萘酚的蒸气压才能与其纯固相的蒸气压一致。当温度高于 T_{M_1}（全熔点）时，即全部转变为液相，因此它较纯 α-萘酚的熔点要低。如果将 α-萘酚与萘以

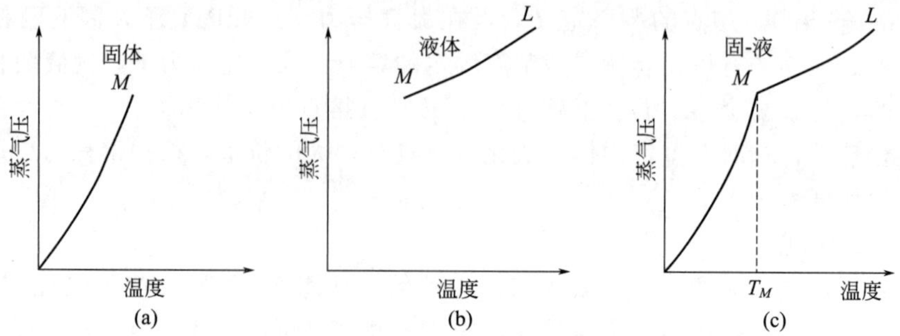

图 3-2　纯物质的温度与蒸气压曲线图

不同比例混合，对测得的熔点作图，可得一曲线（见图 3-4），曲线上的点为全熔点）。曲线 AC 表示在 α-萘酚中逐渐加入萘，直至萘的物质的量分数为 0.605 时 α-萘酚熔点下降。曲线 BC 表示在萘中逐渐加入 α-萘酚，直至 α-萘酚的物质的量分数为 0.395 时萘熔点下降。曲线中的交叉点 C 为最低共熔点，这时的混合物能像纯物质一样在一定的温度下熔化。

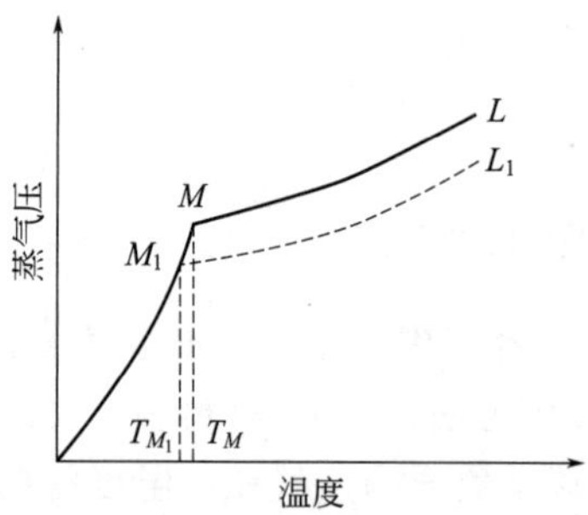

图 3-3　α-萘酚混有少量萘时的蒸气压与温度的关系

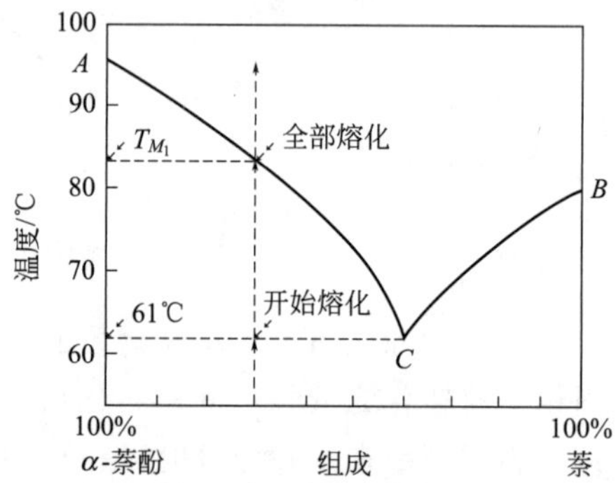

图 3-4　α-萘酚与萘的组成与熔点的关系

仔细考察一下含有少量萘的 α-萘酚（设其全熔温度为 T_{M_1}）的熔化过程，就会发现很有趣。当此混合物加热到 61℃时开始熔化。固相中只剩下 α-萘酚，继续加热熔化时，由于纯α-萘酚不断熔化，液相组成也在不断改变，萘的相对含量在不断降低，故固液平衡所需的温度也随之上升，当温度超过 T_{M_1} 时即全部熔化。由此可见，若有杂质存在，固液平衡时不是一个温度点，而是 61℃～T_{M_1} 这么一段，其间固液两相平衡时的相对含量在不断改变。这说明杂质的存在不但使初熔温度降低，还会使熔程变宽，且杂质含量越少，熔程越宽。但在实际测定过程中，杂质含量很少时往往观察不到真正的初熔过程，测得的熔程反而不一定很宽。当有杂质存在时，根据拉乌尔定律可知，在一定的压力和温度下，在溶剂中增加溶质的物质的量，导致溶液蒸气压降低，因此该化合物的熔点必定比纯化合物低。

三、基本操作

1. 熔点管的制备

选取外径约 1～1.2mm、长约 70～75mm 的毛细管，在酒精喷灯火焰上将其一端烧熔封闭，即制成熔点管。

2. 样品的装填

取少许（约 0.1g）研细的待测熔点的干燥粉末样品于干净的表面皿上并聚成一堆。将熔点管开口一端向下插入粉末堆中，然后再将熔点管开口一端朝上轻轻在桌面上敲击，或取一支长约 30～40cm 干净干燥的玻璃管，垂直于桌面上，将熔点管（开口一端朝上）从玻璃管上端自由落下，如此重复数次。一次不宜装入太多，否则不易夯实。沾于管外的粉末要擦去，以免污染浴液。

3. 熔点测定装置

（1）提勒（Thiele）管　又称 b 形管，如图 3-5(a)所示。管口装有开口软木塞，温度计插入其中，刻度面应位于木塞开口处，其水银球位于提勒管上下两叉管之间。熔点管附于温度计下端［图 3-5(c)，(d)］。熔点管中的样品部分位于水银球侧面中部。提勒管中装入浴液，用量以略高于 b 形管的侧管上口为宜。在图示部位加热，受热的浴液沿管壁上升，促使整个提勒管内浴液对流循环，使得浴液温度均匀。

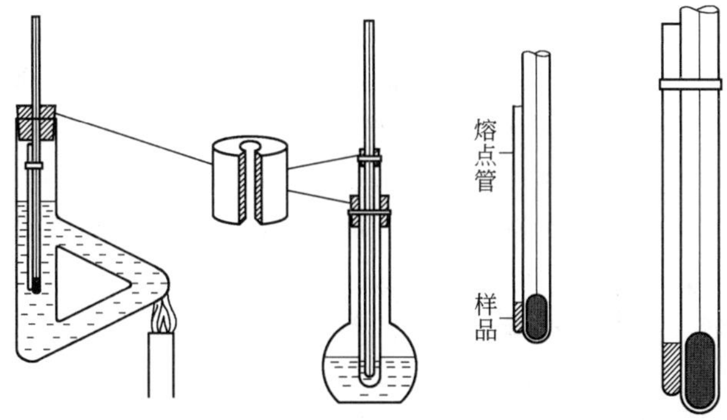

图 3-5　熔点测定装置

（2）双浴式熔点测定器　如图 3-5(b)所示。将试管经一个开口软木塞插入 250mL 平底（或圆底）烧瓶内，直至离瓶底约 1cm 处，试管口也配一个小开口软木塞，插入温度计，其水银球应距试管底 0.5cm 左右。瓶内装入约占烧瓶 2/3 体积的浴液，试管内也放入一些浴液，其液面高度应与烧瓶内相同。熔点管中的样品部分位于水银球侧面中部。

4. 浴液的选择

浴液可根据待测物质的熔点选择。一般用液体石蜡、甘油、浓硫酸、硅油等。其中液体石蜡、浓硫酸最为常用。凡样品熔点在 220℃以下的，均可采用浓硫酸作为浴液。如果将浓硫酸和硫酸钾按一定比例混合，则可用于更高的温度范围。例如将 7 份浓硫酸和 3 份硫酸钾或 5.5 份浓硫酸和 4.5 份硫酸钾一起加热，直至固体溶解，这样的浴液则可用于 220～320℃的温度范围。若将 6 份浓硫酸和 4 份硫酸钾混合，则可使温度达到 365℃。但此类溶液不宜用于测定低熔点的化合物，因为它们在室温下呈半固态或固态。

5. 熔点的测定

将提勒管垂直夹于铁架台上，注入浴液。按上述方法装配完毕，将粘附有熔点管的温度计小心地伸入浴液中，以小火在图示部位缓缓加热。开始升温速度可以较快，到距熔点 10～15℃时，调整火焰使每分钟上升约 1～2℃。愈接近熔点，升温速度应愈慢（掌握升温速度是准确测定熔点的关键），一方面是为了保证有充分的时间让热量由管外传至管内，以便固体熔化；另一方面因观察者不能同时观察温度计所示度数和样品的变化情况，只有缓慢加热，才能使此项误差减小。记下样品开始塌落并有液相产生时（初熔）和固体完全消失时（全熔）的温度计读数，即为此化合物的熔程。例如一物质在 120℃时开始萎缩，在 121℃时有液滴出现，在

122℃时全部液化，应记录如下：熔点 121～122℃，120℃时萎缩。固体样品的熔化过程参见图 3-6。要特别注意观察在初熔前是否有萎缩、软化、变色、发泡、升华或炭化等现象。

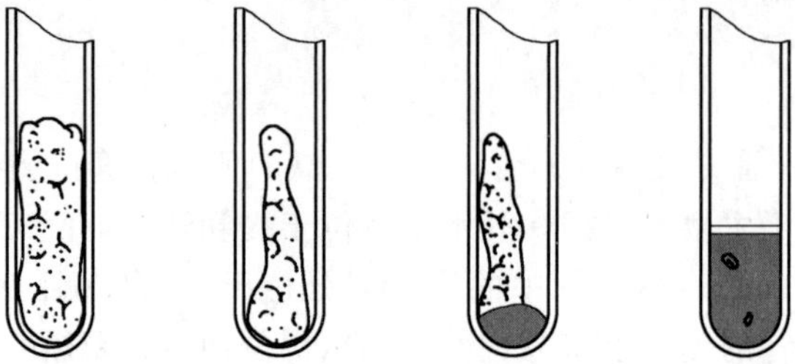

图 3-6　固体样品的熔化过程

熔点的测定，至少应重复两次，每一次测定都必须用新的熔点管重新装入样品，而且必须待浴液冷却至化合物熔点 30℃以下，才能进行下一项测定。不能将已用过的熔点管冷却，使样品固化再作第二次测定。测定升华物质的熔点时，将熔点管的开口端封闭，以免升华。在测定未知物的熔点时，先对样品粗测一次，加热可以稍快，知道大致熔点范围，再用上述方法精测。

样品：萘、苯甲酸、尿素、乙酰苯胺、二苯胺。

6. 温度计的校正

用上述方法测定熔点时，温度计上的熔点读数与真实熔点之间常有一定的偏差，这是由温度计的误差所引起。产生误差的原因较多。首先，一般温度计中的毛细孔径不一定很均匀，有时刻度也不很精确。其次，温度计有全浸式和半浸式两种。全浸式温度计的刻度是在温度计的汞线全部均匀受热的情况下刻出来的，而在测定熔点时仅有部分汞线受热，因而所测得的熔点值必然偏低；另外长期使用的温度计，玻璃有可能发生体积变形而使刻度不准。因此，要精确测定物质的熔点，就必须校正温度计。校正温度计的方法有以下两种：

（1）比较法　选用一标准温度计与待校正温度计在同一条件下测定温度，比较它们所指示的温度值。

（2）定点法　选择数种已知熔点（T_{M_1}）的纯化合物作为标准样品（见表 3-1），测出它们的熔点，以实测熔点（T_{M_2}）作纵坐标，实测熔点与已知熔点的差值（$A_T=T_{M_2}-T_{M_1}$）作横坐标，画成曲线。在任一温度时的校正值可直接从曲线中读出（图 3-7）。

表 3-1　标准化合物的熔点

样品名称	标准熔点/℃	样品名称	标准熔点/℃
蒸馏水-冰	0	α-萘胺	0
二苯胺	53～54	对二氯苯	53
苯甲酸苯酯	70	萘	80
间硝基苯	89～90	二苯乙二酮	95～96
乙酰苯胺	114.3	苯甲酸	122.4
尿素	135	二苯基羟基乙酸	151
水杨酸	159	对苯二酚	170～171
3,5-二硝基苯甲酸	205	蒽	216.2～216.4
酚酞	262～263		

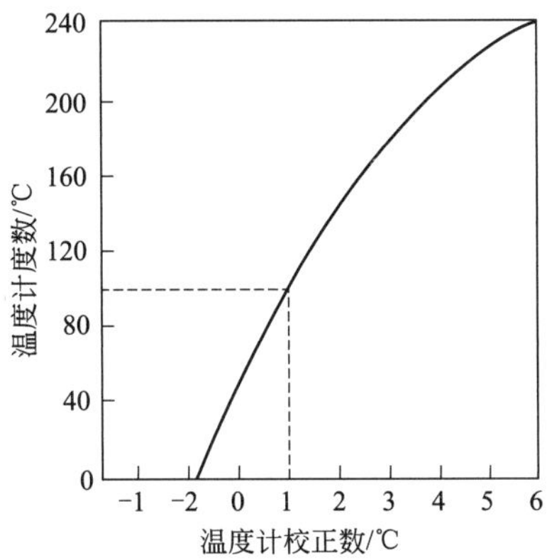

图 3-7　定点法温度计读数校正曲线

实验 3-3　蒸馏和沸点的测定

一、实验目的

1. 了解测定沸点的意义。

2. 掌握常量法（即蒸馏法）及微量法测定沸点的原理和方法。

3. 熟练掌握简单蒸馏装置的组装和基本操作。

二、实验原理

沸点是有机化合物的重要物理常数之一。在液体有机化合物的分离和纯化以及溶剂回收过程中具有重要意义。

某液体受热时其蒸气压随温度的升高而增大，当蒸气压增大到与外界大气压相等时，液体开始沸腾，此时的温度就是该液体的沸点。根据液体的蒸气压-温度曲线可知，物质的沸点与外压有关。外压越大，液体的沸点越高。

因此，讨论或报道某一化合物的沸点时，一定要注明沸点测定时外界的大气压，以便与文献值相比较。通常所说的沸点，是指在 101.3kPa（760mmHg）压力下液体沸腾时的温度。例如水的沸点为 100℃，是指在 101.3kPa 压力下水在 100℃时沸腾。在其他压力下应注明压力。如在 12.3kPa（92.5mmHg）时，水在 50℃ 沸腾，这时水的沸点可表示为 50℃/12.3kPa。

蒸馏就是将液体混合物加热至沸腾，使其汽化，然后将蒸气冷凝为液体的过程。通过蒸馏可以使混合物中各组分得到部分或全部分离。但各组分的沸点必须相差较大（一般在 30℃以上）才可得到较好的分离效果。

纯的液体有机化合物在一定的压力下具有一定的沸点。但具有固定沸点的液体不一定都是纯的有机化合物。因为某些有机化合物常常和其他组分形成二元或三元共沸混合物，它们也有一定的沸点。

三、简单蒸馏操作和沸点的测定

1. 简单蒸馏装置

简单蒸馏装置由蒸馏瓶、蒸馏头、温度计套管、温度计、直形冷凝管、接液管、接收瓶等组装而成。在装配仪器过程中应注意以下几点：(1) 安装仪器时，一般在操作台上放一块厚约 2cm 的垫板，将电热套放在垫板上，再将蒸馏瓶置于电热套中，使二者间相距约 1cm 左右，然后按自上而下，从左到右的顺序安装仪器，做到横平竖直，美观整齐。(2) 为了保证温度测量的准确性，应使温度计水银球上限与蒸馏头支管下限处在同一水平线上。(3) 任何蒸馏装置都不能密封起来，否则将引起爆炸。(4) 在具体操作时，可根据馏分沸点的不同，使用不同的冷凝管。当馏分沸点在 140℃以下时，一般采用水冷凝管，见图 2-9(a)；当馏分沸点高于 140℃时，宜采用空气冷凝管，见图 2-9(c)。当蒸馏溶剂量较大时，可用图 2-9(b) 装置，由于液体可从滴液漏斗中不断加入，既可调节滴入和蒸出的速度，又可避免使用较大的蒸馏瓶。

2. 简单蒸馏操作

(1) 加料　仪器安装好后，取下温度计套管和温度计，在蒸馏头上放一长颈漏斗，慢慢将蒸馏液体倒入蒸馏瓶中，注意漏斗下口处的斜面应超过蒸馏头支管的下限。根据蒸馏物的量，选择大小合适的蒸馏瓶，蒸馏液体一般不要超过蒸馏瓶容积的 2/3，也不能少于 1/3。

(2) 加沸石　为防止液体暴沸，加入 2～3 粒沸石 (zeolite)。如果加热中断，再加热时，须重新加入沸石。当添加新的沸石时，必须等烧瓶内的液体冷却到室温以后才可加入，否则有发生急剧沸腾的危险。沸石只能使用一次，当液体冷却之后，原来加入的沸石即失去作用。

(3) 加热　在加热前，应检查仪器装配是否正确，原料、沸石是否加好，冷凝水是否接通，一切无误后再开始加热。当液体沸腾温度计水银球部位出现液滴时，适当调节电压，使温度计水银球上始终保持有液滴存在，蒸馏速度以每秒 1～2 滴为宜[1]。

(4) 馏分收集　收集馏分时，沸程越小馏出物越纯，当温度超过沸程范围时，应停止接收[2]。注意接收器应预先干燥、称重。

(5) 停止蒸馏　当馏分蒸完后，应先关掉电源停止加热，将电压调节至零点。待馏出物不再流出时，关掉冷凝水，取下接收器称重，保存好产物。最后从右至左，从上到下拆除仪器，并清洗干净[3]。

3. 简单蒸馏实验[4]

用简单蒸馏方法，按简单蒸馏装置，将工业乙醇提纯为 95％的乙醇。

4. 微量测定沸点的方法

微量法测定沸点的装置见图 3-8。

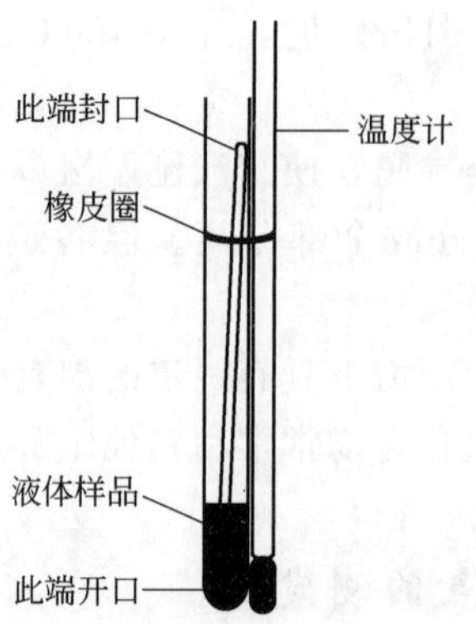

图 3-8　微量法测定沸点的装置

取 1～2 滴液体样品置于沸点管中，使液柱高约 1cm。再放入一端封好的毛细管，并使封口朝上，然后将沸点管用小橡皮圈附在温度计旁，放入提勒管的热浴中进行加热。加热时，由于气体膨胀，毛细管中会有小气泡缓缓逸出，在到达该液体的沸点时，将有一连串的小气泡快速地逸出。此时可停止加热，使浴温自行下降，气泡逸出的速度即渐渐减慢，在气泡不再冒出而液体刚要进入毛细管的瞬间（即最后一个气泡刚欲缩回至毛细管中时），表示毛细管内的蒸气压与外界压力相等，此时的温度即为该液体的沸点。为校正起见，待温度降低几度后再非常缓慢地加热，记下刚出现大量气泡时的温度。两次温度计读数相差应该不超过1℃。

微量法测定沸点应注意：(1) 加热不能过快，被测液体不宜太少，以防液体全部汽化；(2) 正式测定前，让毛细管里有大量气泡冒出，以此带出空气；(3) 观察要仔细及时，并重复几次，其误差不得超过1℃。

样品：丙酮、乙酸乙酯。

四、注释

[1] 加热前，先向冷凝管缓缓通入冷水，把上口流出的水引入水槽中。然后加热，最初宜用小火，以免蒸馏烧瓶因局部受热而破裂。慢慢增大火力使之沸腾进行蒸馏，调节火焰或调整加热电炉的电压，使蒸馏速度以每秒钟滴下1～2滴馏液为宜。收集所需温度范围的馏分。

[2] 如果维持原来加热温度，不再有馏液蒸出，温度突然下降时，就应停止蒸馏，即使杂质量很少，也不能蒸干。否则，容易发生意外事故。

[3] 蒸馏完毕，先停火，后停止通水。拆卸仪器，其程序和装配时相反，即按次序取下接收器、接液管、冷凝管和蒸馏烧瓶。

[4] 当蒸馏易挥发和易燃的物质（如乙醚）时，不能用明火（如酒精灯、煤气灯）加热。否则，容易引起火灾事故，故要用热浴，一般热水浴即可。

思考题

1. 在蒸馏装置中，若把温度计水银球插至液面上或者在蒸馏烧瓶支管口上是否正确？这样会发生什么问题？
2. 为什么蒸馏时最好控制流出液的速度为每秒1～2滴为宜？
3. 蒸馏时，为什么要放入沸石？如果加热后才发觉未加沸石，应该怎样处理？
4. 测沸点（微量法）时，如遇到以下情况将会如何？(1) 毛细管空气未排除干净；(2) 毛细管未封好；(3) 加热太快。
5. 测得某种液体有固定的沸点，能否认为该液体是单纯物质？为什么？

实验3-4 简单分馏

一、实验目的

1. 了解分馏的原理和意义，学习分馏柱的种类和选用方法。
2. 学习实验室常用分馏的操作方法。

二、实验原理

分馏（fractional distillation）的基本原理与蒸馏相似。不同之处是在装置上多一个分馏柱，使汽化、冷凝的过程由一次改进为多次。简单地说，分馏即是多次蒸馏。

对于各组分沸点（或者说是挥发度）相差较大（30℃）的混合物，用普通蒸馏可以将各组分比较好地分离开。然而沸点相近的混合物用普通蒸馏的方法很难把各组分分离开。若要获得良好的分离效果，应采用分馏的方法。分馏是通过在分馏柱中进行多次的部分汽化和冷凝，既能克服多次普通蒸馏的缺点，又可有效地分离沸点相近的混合物。分馏已在实验室和化学工业中广泛应用。现在最精密的分馏设备已能将沸点相差1～2℃的混合物分开。

为了简化，仅从混合物为二组分的理想溶液的特定条件来进行讨论。所谓理想溶液，就是指各组分在混合时无热效应产生，体积没有变化，遵守拉乌尔定律（Raoult's law）的溶液。这时，溶液中每一组分的蒸气压等于此纯物质的蒸气压和它在溶液中摩尔分数的乘积。

$$p_A = p_A^* x_A \qquad p_B = p_B^* x_B$$

p_A、p_B 分别为溶液中 A 和 B 组分的分压；p_A^* 和 p_B^* 分别为纯 A 和纯 B 的蒸气压；x_A 和 x_B 分别表示 A 和 B 在溶液中的摩尔分数。

溶液的蒸气压：

$$p = p_A + p_B$$

根据道尔顿分压定律（Dalton's law of partial pressures），气相中每一组分的蒸气压和它的摩尔分数成正比。所以在气相中各组分蒸气的成分为：

$$x_A^{气} = \frac{p_A}{p_A + p_B} \qquad x_B^{气} = \frac{p_B}{p_A + p_B}$$

从上式可以推知，组分 B 在气相中的相对摩尔分数为：

$$\frac{x_B^{气}}{x_B} = \frac{p_B}{p_A + p_B} \cdot \frac{p_B^*}{p_B} = \frac{1}{\dfrac{p_A^*}{p_B^*} \cdot x_A + x_B}$$

溶液中 $x_A + x_B = 1$，若 $p_A^* = p_B^*$，则 $x_B^{气}/x_B = 1$。
表明这时液相成分和气相成分相等，所以 A 和 B 不能用蒸馏（或分馏）的方法进行分离。如 $p_B^* > p_A^*$，则 $x_B^{气}/x_B > 1$。

这表明沸点较低的 B 在气相中的摩尔分数比在液相中大（在 $p_B^* < p_A^*$ 时可作类似的讨论），将蒸气冷凝后所得到的液体中，B 的组成比在原来的液体中多。如果将所得的液体再行汽化、冷凝，B 组分的摩尔分数又会有所提高。如此多次反复，最终即可将两组分分开（能形成共沸混合物者除外）。分馏就是应用分馏柱使几种沸点相近的混合物分离的方法。分馏柱是一较长的直玻璃管，柱身为空管或在管中填以特制的填料，其目的是增大气-液接触面积以提高分离效果。在同一分馏柱不同高度的各段，其组分是不同的。操作得当，从柱顶可以得到较纯的组分。

三、简单分馏操作

根据对产品的要求，选择好分馏柱[1]，见图 3-9 及相应的全套仪器，包括蒸馏瓶、分馏柱、冷凝管和接收器等部分。装置见图 3-9 及图 3-10。安装操作与蒸馏相似，自下而上，先夹住蒸馏瓶，再装上分馏柱和蒸馏头，调节夹子，使分馏柱垂直，装上冷凝管并在合适位置夹好夹子，将接液管和接收瓶装好，再在接受瓶底部垫上支撑架，以防意外。分馏时把待分馏的混合物放入圆底烧瓶中，加入助沸物，仔细检查后进行加热。液体开始沸腾时，调节浴温（加热浴均要插温度计），使蒸气慢慢升入分馏柱。当蒸气上升至柱顶时，温度计水银球即出现液滴。此时调节浴温，使蒸气仅到柱顶而不进入支管就被全部冷凝回流。这样维持 5 分钟后，再将浴温调高一些，使馏出液体的速度控制在每 2～3 秒 1 滴，这样可以得到较好的分离效果。待低沸点组分蒸完后，温度计水银柱骤然下降，再逐渐升温，按各组分的沸点分馏出各组分的液体有机化合物。如操作合理，使分馏柱发挥最大能力，可把液体混合物一一分馏出来。

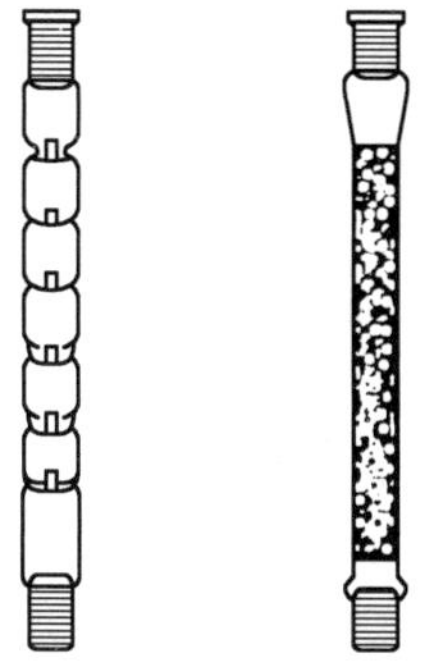

图 3-9 简单分馏柱

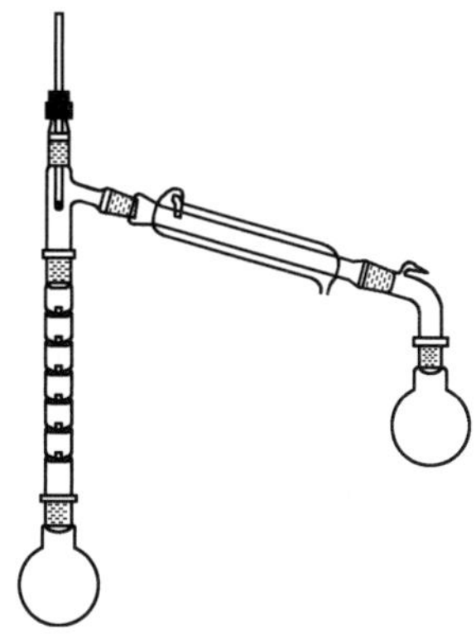

图 3-10 简单分馏装置图

操作时应注意下列几点：(1) 分馏一定要缓慢进行，应控制恒定的蒸馏速度。(2) 保持分馏柱内温度梯度是通过调节馏出液速度来实现，若加热速度快，蒸出速度也快，柱内温度梯度变小，影响分离效果；若加热速度太慢，蒸出速度也慢或上升蒸气把液体冲入冷凝管中，会使柱身被冷凝液阻塞，产生液泛现象。因此，要有足够量的液体从分馏柱流回烧瓶，选择合适的回流比，回流比越大，分离效果越好。(3) 必须尽量减少分馏柱的热量散失和波动。

四、实验步骤

甲醇和水的分馏　在 25mL 圆底烧瓶中，加入 8mL 甲醇和 8mL 水的混合物，加入几粒沸石，按图 3-10 装好分馏装置。用水浴慢慢加热，蒸馏瓶内液体开始沸腾后，蒸气慢慢进入分馏柱中，此时要仔细控制加热速度，使温度慢慢上升，以保持分馏柱中有一个均匀的温度梯度。当冷凝管中有蒸馏液流出时，迅速记录温度计所示温度。控制加热速度，使馏出液慢慢地均匀地以每分钟约 10～15 滴的速度流出。当柱顶温度维持在 65℃时，约收集 3mL 馏出液(A)。随着温度上升，分别收集 65～70℃(B)、70～80℃(C)、80～90℃(D)、90～95℃(E) 的馏分。90～95℃的馏分很少，需要隔石棉网直接进行加热。量出不同馏分的体积，以馏出液体积为横坐标，温度为纵坐标，绘制分馏曲线，见图 3-11。本实验约需 3h。

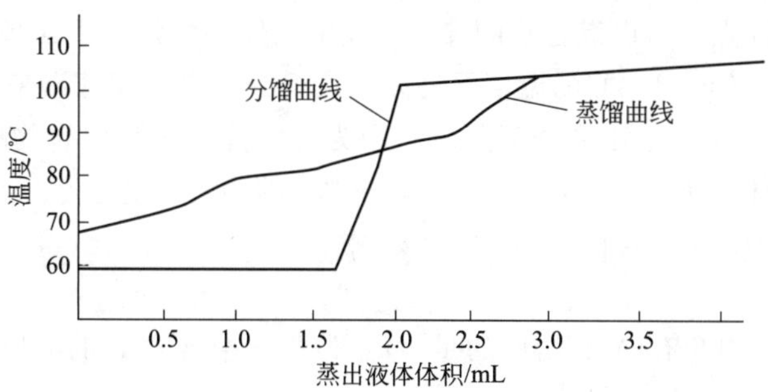

图 3-11 甲醇-水混合物 (1∶1) 的蒸馏和分馏曲线

五、注释

[1] 分馏柱的种类较多，常用的有刺形分馏柱和填充式分馏柱（见图 3-9）。填充式分馏柱是在柱内填入各种惰性材料，以增加表面积。填料包括玻璃珠、玻璃管、陶瓷环等，其效率较高，适合于分离一些沸点差距较小的化合物。刺形分馏柱结构简单，且较填充式沾附的液体少，但与同样长度的填充式分馏柱相

比，分馏效率低，适合于分离少量且沸点差距较大的化合物。

思考题

1. 若分馏时加热太快，馏出液每秒钟的滴数超过要求量，用分馏法分离两种液体的能力会显著下降，为什么？
2. 为什么分馏柱必须保持回流液？
3. 在分离两种沸点相近的液体时，为什么装有填料的分馏柱比不装填料的效率高？
4. 什么是共沸混合物？为什么不能用分馏法分离共沸混合物？
5. 根据甲醇-水混合物的蒸馏和分馏曲线，哪一种方法分离混合物各组分的效率较高？

实验 3-5 水蒸气蒸馏

一、实验目的

1. 学习水蒸气蒸馏的原理及其应用。
2. 认识水蒸气蒸馏的主要仪器，掌握水蒸气蒸馏的装置及其操作方法。

二、实验原理

水蒸气蒸馏（steam distillation）是纯化分离有机化合物的重要方法之一。此法常用于下列几种情况：(1) 反应混合物中含有大量树脂状杂质或不挥发性杂质；(2) 要求除去易挥发的有机物；(3) 从固体多的反应混合物中分离被吸附的液体产物；(4) 一般蒸馏会发生分解的高沸点有机物，采用水蒸气蒸馏可在 100℃以下蒸出。但使用这种方法，被提纯化合物应具备以下列条件：①不溶或难溶于水，如溶于水则蒸气压显著下降，例如丁酸比甲酸在水中的溶解度小，所以丁酸比甲酸易被水蒸气蒸馏出来，虽然纯甲酸的沸点（101℃）较丁酸的沸点（162℃）低得多；②在沸腾下与水不起化学反应；③在 100℃左右时，具有一定的蒸气压［一般不小于 13.33kPa(10mmHg)］。

当水和难溶于水的化合物一起存在时，整个体系的蒸气压力根据道尔顿分压定律，应为各组分蒸气压之和，即 $p=p_A+p_B$，其中 p 为总的蒸气压，p_A 为水的蒸气压，p_B 为不溶于水的化合物的蒸气压。当混合物中各组分的蒸气压总和等于外界大气压时，混合物开始沸腾，这时的温度即为它们的沸点。所以混合物的沸点比其中任何一组分的沸点都要低。因此，常压下应用水蒸气蒸馏，能在低于 100℃的温度下将高沸点组分与水一起蒸出来。蒸馏时混合物的沸点保持不变，直到其中一组分几乎全部蒸出（因为总的蒸气压与混合物中二者相对量无关）。混合物蒸气压中各气体分压之比（p_A，p_B）等于它们的物质的量之比。即

$$\frac{n_A}{n_B}=\frac{p_A}{p_B}$$

式中，n_A 为蒸气中含有 A 的物质的量；n_B 为蒸气中含有 B 的物质的量。而

$$n_A=\frac{m_A}{M_A} \qquad n_B=\frac{m_B}{M_B}$$

式中，m_A、m_B 为 A、B 在容器中蒸气的质量；M_A、M_B 为 A、B 的摩尔质量。因此

$$\frac{m_A}{m_B}=\frac{M_A n_A}{M_B n_B}=\frac{M_A p_A}{M_B p_B}$$

两种物质在馏出液中相对质量（也就是在蒸气中的相对质量）与它们的蒸气压和摩尔质量成

正比。以溴苯为例，溴苯的沸点为 156.12℃，常压下与水形成混合物于 95.5℃时沸腾，此时水的蒸气压力为 86.1kPa（646mmHg），溴苯的蒸气压为 15.2kPa（114mmHg）。总的蒸气压＝86.1kPa＋15.2kPa＝101.3kPa（760mmHg）。因此混合物在 95.5℃沸腾，馏出液中二物质质量之比为：

$$\frac{m_{水}}{m_{溴苯}}=\frac{18\times86.1}{157\times15.24}=\frac{6.5}{10}$$

即馏出液中有水 6.5g，溴苯 10g，溴苯占馏出物 61%。这是理论值，实际蒸出的水量要多一些，因为上述关系式只适用于不溶于水的化合物，但在水中完全不溶的化合物是没有的，所以这种计算只是个近似值。又例如苯胺和水在 98.5℃时，蒸气压分别为 5.7kPa（43mmHg）和 95.5kPa（717mmHg），从计算得到馏出液中苯胺的含量应占 23%，但实际得到的较低，主要是苯胺微溶于水所引起的。用过热水蒸气蒸馏可以提高馏液中化合物的含量，例如苯甲醛（沸点 178℃），进行水蒸气蒸馏，在 97.9℃沸腾［这时 p_A＝93.7kPa（703.5mmHg），p_B＝7.5kPa（56.5mmHg）］，馏出液中苯甲醛占 32.1%。若导入 133℃过热蒸汽，这时苯甲醛的蒸气压可达 29.3kPa（220mmHg）。因而水的蒸气压只要 71.9kPa（540mmHg）就可使体系沸腾。因此馏出液中二物质质量之比为：

$$\frac{m_A}{m_B}=\frac{71.9\times18}{29.3\times106}=\frac{41.7}{100}$$

这样馏出液中苯甲醛的含量提高到 70.6%。操作中蒸馏瓶应放在比蒸气温度约高 10℃的热浴中。

在实际操作中，过热蒸气还适用于在 100℃时仅具有 0.133～0.666kPa（1～5mmHg）蒸气压的化合物。例如在分离苯酚的硝化产物中，邻硝基苯酚可用水蒸气蒸馏出来，在蒸馏完邻位异构体以后，再提高蒸气温度也可以蒸馏出对位产物。

三、实验步骤

1. 实验装置

水蒸气蒸馏装置见图 3-12。包括水蒸气发生器、蒸馏部分、冷凝部分和接收器四个部分，有时用三口瓶代替圆底烧瓶，更为方便。在水蒸气蒸馏装置图中，A 是水蒸气发生器，通常盛水量以其容积的 3/4 为宜。如果瓶中液体太满，沸腾时水将冲至烧瓶。安全玻璃管 B 几乎插到发生器 A 的底部。当容器内气压太大时，水可沿着玻璃管上升，以调节内压。如果系统发生阻塞，水便会从管的上口喷出，此时应检查导管是否被阻塞。

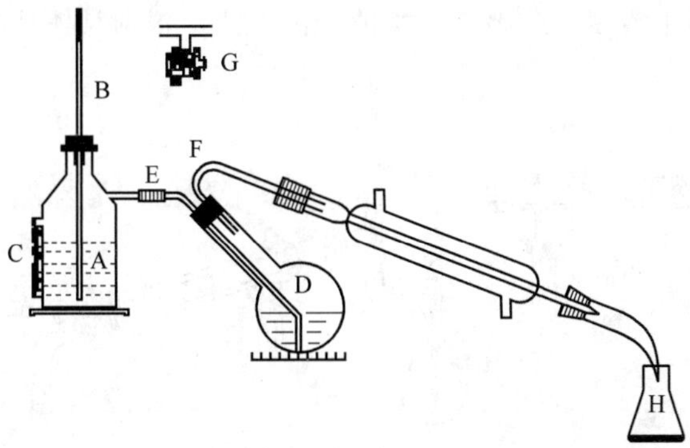

图 3-12 水蒸气蒸馏装置

蒸馏部分通常是用 50mL 以上的长颈圆底烧瓶。为了防止瓶中液体因跳溅而冲入冷凝管内，故将烧瓶的位置向发生器的方向倾斜 45°。瓶内液体不宜超过其容积的 1/3。蒸汽导入管 E 的末端应弯曲，使之垂直地正对瓶底中央并伸到接近瓶底。蒸汽导出管 F（弯角约 30°）孔径最好比管 E 大一些，一端插入双孔木塞，露出约 5mm，另一端和冷凝管连接。馏液通过接液管进入接收器 H，接收器外围可用冷水浴冷却。水蒸气发生器与盛物的圆底烧瓶之间应装上一个 T 形管。在 T 形管下端连一个弹簧夹 G，以便及时除去冷凝下来的水滴。应尽量缩短水蒸气发生器与盛物的圆底烧瓶之间距离，以减少水气的冷凝。

2. 水蒸气蒸馏操作

进行热水蒸气蒸馏时，先将溶液（混合液或混有少量水的固体）置于 D 中，加热水蒸气发生器，直至接近沸腾后才将弹簧夹夹紧，使水蒸气均匀地进入圆底烧瓶。为了使蒸气不致在 D 中冷凝而积聚过多，必要时可在 D 下置一石棉网，用小火加热。必须控制加热速度，使蒸气能全部在冷凝管中冷凝下来。如果随水蒸气挥发的物质具有较高的熔点，冷凝后易于析出固体，则应调小冷凝水的流速，使它冷凝后仍然保持液态。假如已有固体析出，并且接近阻塞时，可暂时停止冷凝水的流通，甚至需要将冷凝水暂时放去，以使物质熔融后随水流入接收器中。万一冷凝管已被阻塞，应立即停止蒸馏，并设法疏通（如用玻璃棒将阻塞的晶体捅出或用电吹风的热风吹化结晶，也可在冷凝管夹套中灌以热水使之熔出）。

在蒸馏需要中断或蒸馏完毕后，一定要先打开弹簧夹使通大气，然后方可停止加热，否则 D 中的液体将会倒吸到 A 中。在蒸馏过程中，如发现安全管 B 中的水位迅速上升，则表示系统中发生了堵塞。此时应立即打开弹簧夹，然后移去热源。待排除了堵塞后再继续进行水蒸气蒸馏。如仅需 5mL 以下水量就可以完成的水蒸气蒸馏，则可用简易水蒸气蒸馏装置，即将 5mL 水加入烧瓶中，煮沸蒸馏就可达到很好的效果。对于需 5～10mL 以上水量才能完成的水蒸气蒸馏，用常量水蒸气蒸馏的微缩装置即可。

少量物质的水蒸气蒸馏，可用克氏蒸馏瓶代替圆底烧瓶，见图 3-13。在蒸馏过程中，如由于水蒸气的冷凝而使烧瓶内液体量增加，以至超过烧瓶容积的 2/3 时，或者水蒸气蒸馏速度不快时，则将蒸馏部分隔石棉网加热。但要注意瓶内蹦跳现象，如果蹦跳剧烈，则不应加热，以免发生意外。蒸馏速度为 2～3 滴/秒。在蒸馏过程中，必须经常检查安全管中的水是否正常，有无倒吸现象，蒸馏部分混合物飞溅是否厉害。一旦发生异常，应立即旋开螺旋夹，移去热源，找原因排故障，当故障排除后，才能继续蒸馏。如果待蒸馏物的熔点高，冷凝后析出固体，则应调小冷凝水的流速或停止冷凝水流入，甚至将冷凝水放出，待物质熔化后再小心而缓慢地通入冷却水。当馏出液澄清透明，不再含有油珠状的有机物时，即可打开弹簧夹，移去热源，停止蒸馏。馏出物和水的分离方法，根据具体情况而定。

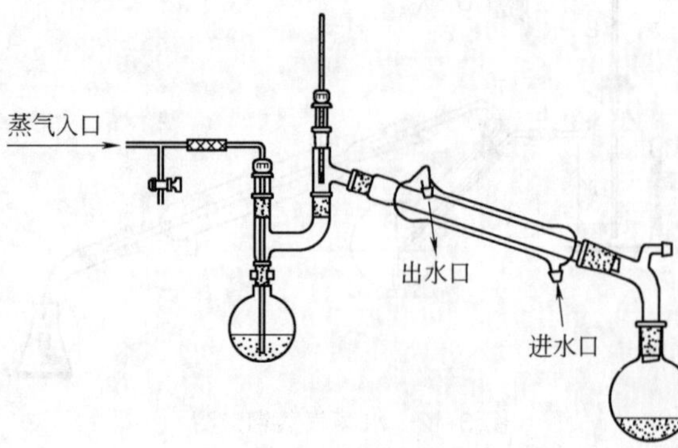

图 3-13 用克氏蒸馏瓶（头）进行少量物质的水蒸气蒸馏

思考题

1. 用水蒸气蒸馏苯胺和水的混合物，试计算馏出液中苯胺和水所占的质量百分比。
2. 蒸馏瓶所装液体体积应为瓶容积的多少？蒸馏中需停止蒸馏或蒸馏完毕后的操作步骤是什么？

实验 3-6 减压蒸馏

一、实验目的

1. 学习减压蒸馏的基本原理。
2. 掌握减压蒸馏的实验操作和技术。

二、实验原理

某些有机化合物特别是沸点较高的有机化合物，在其沸点附近易于受热分解、氧化或聚合，它们不适合用常压蒸馏的方法来分离纯化。此时，需要采用降低体系内的压力，以降低其沸点来达到蒸馏纯化的目的，这就是减压蒸馏（vacuum distillation）。减压蒸馏是分离提纯有机化合物的一种重要基本操作。

液体有机化合物的沸点随外界压力的降低而降低，所以设法降低外界压力，便可以降低液体的沸点。沸点与压力的关系可近似地用下式求出：

$$\lg p = A + \frac{B}{T}$$

式中，p 为蒸气压；T 为沸点（热力学温度）；A，B 为常数。如以 $\lg p$ 为纵坐标，$\frac{1}{T}$ 为横坐标，可以近似地得到一直线。从二组已知的压力和温度算出 A 和 B 的数值，再将所选择的压力代入上式即可算出液体的沸点。但实际上许多化合物沸点的变化不是如此，主要是化合物分子在液体中缔合程度不同。在实际减压蒸馏中，可以参阅图 3-14，估计化合物的沸点与压力的关系。

表 3-2 列出了一些化合物在不同压力下的沸点，从表中可以粗略地看出，当压力降低到 2.666kPa(20mmHg)时，大多数有机化合物的沸点比常压下［101.3kPa(760mmHg)］的沸点低 100～120℃左右，当减压蒸馏在 1.333～3.332kPa(10～25mmHg)之间进行时，大体上压力每相差 0.1333kPa(1mmHg)，沸点相差约 1℃。在进行减压蒸馏时，预先估计出相应的沸点对具体操作有一定的参考价值。

三、实验操作

1. 减压蒸馏装置

常用的减压蒸馏系统如图 2-10 所示。整个系统可分为蒸馏、抽气（减压）以及在它们之间的保护和测压装置三部分组成。

(1) 蒸馏部分　A 是减压蒸馏瓶［又称克氏（Claisen）蒸馏瓶，在磨口仪器中用克氏蒸馏头配圆底烧瓶代替］有两个颈，其目的是避免减压蒸馏时瓶内液体由于沸腾而冲入冷凝管中。瓶的一颈中插入温度计，另一颈中插入一根毛细管 C。其长度恰好使其下端距瓶底 1～2mm。毛细管上端连有一段带螺旋夹 D 的橡皮管。螺旋夹用以调节进入空气的量，使有极少量的空气进入液体，呈微小气泡冒出，作为液体沸腾的汽化中心，使蒸馏平衡进行。

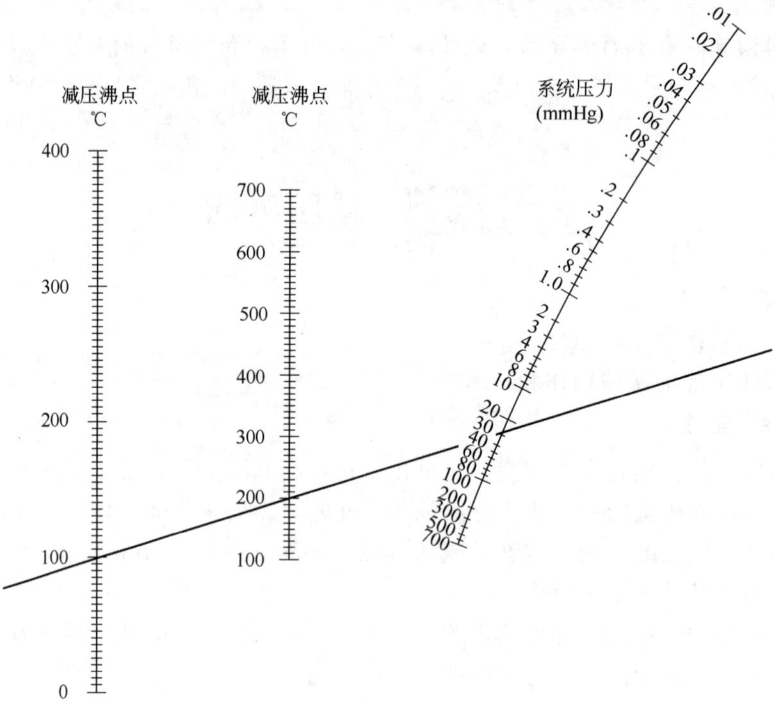

图 3-14　液体在常压、减压下的沸点近似关系（1mmHg≈133Pa）

表 3-2　一些化合物在不同压力下的沸点

沸点/℃ 压力/Pa(mmHg)	化合物					
	水	氯苯	苯甲醛	水杨酸乙酯	甘油	蒽
101325(760)	100	132	179	234	290	354
6665(50)	38	54	95	139	204	225
3999(30)	30	43	84	127	192	207
3332(25)	26	39	79	124	188	201
2666(20)	22	34.5	75	119	182	194
1999(15)	17.5	29	69	113	175	186
1333(10)	11	22	62	105	167	175
666(5)	1	10	50	95	156	159

接收器可用蒸馏瓶，但切不可用平底烧瓶或锥形瓶。蒸馏时若要收集不同的馏分而又不中断蒸馏，则可用两尾或多尾接液管，多尾接液管的几个分支管与圆底烧瓶（或厚壁试管）相连接。转动多尾接液管，就可使不同的馏分进入指定的接收器中。根据蒸出液体的沸点不同，选用合适的热浴和冷凝管。如果蒸馏的液体量不多而且沸点很高，或是低熔点的固体，也可不用冷凝管而将克氏蒸馏头的支管通过接液管直接插入接收瓶的球形部分。蒸馏沸点较高的物质时，最好用石棉绳或石棉布包裹蒸馏瓶的两颈，以减少散热。控制热浴的温度，使它比液体的沸点高 20～30℃左右。

(2) 抽气部分　实验室通常用水泵或油泵进行减压。

(3) 保护及测压装置部分　当用油泵进行减压时，为了防止易挥发的有机溶剂、酸性物质和水气进入油泵，必须在馏液接收器与油泵之间顺次安装冷却阱和几种吸收塔，以免污染油泵用油、腐蚀机件致使真空度降低。吸收塔又称干燥塔，通常设二个，前一个装无水氯化钙(或硅胶)，后一个装粒状氢氧化钠。有时为了吸除烃类气体，可再加一个装石蜡片的吸收塔。

实验室通常采用水银压力计来测量减压系统的压力。水银压力计有封闭式（见图 3-15）和开口式两种。

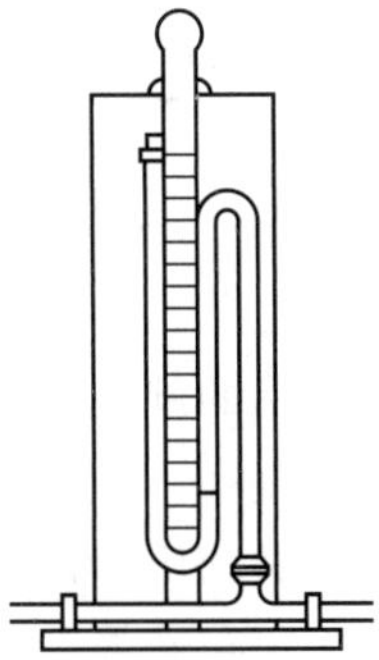

图 3-15　封闭式水银压力计

在泵前还应接上一个安全瓶，瓶上的两通活塞 G 供调节系统压力及放气之用。减压蒸馏的整个系统必须保持密封不漏气。

2. 减压蒸馏操作

当被蒸馏物中含有低沸点的物质时，应先进行普通蒸馏，然后用水泵减压蒸去低沸点物质，最后再用油泵减压蒸馏。在克氏蒸馏瓶中，放置待蒸馏的液体（不超过二分之一）。装好仪器，旋紧毛细管上的螺旋夹 D，打开安全瓶上的二通活塞 G，然后开泵抽气（如用水泵，这时应开至最大流量）。逐渐关闭 G，从真空计 F 上观察系统所能达到的真空度。如果是因为漏气（而不是因水泵、油泵本身效率的限制）而不能达到所需的真空度，可检查各部分的连接是否紧密。必要时可用熔融的固体石蜡密封（密封应在解除真空后才能进行）。如果超过所需的真空度，可小心地旋转活塞 G，慢慢地引入少量空气，以调节至所需的真空度，调节螺旋夹 D，使液体中有连续平稳的小气泡通过（如无气泡可能因毛细管已阻塞，应予更换）。开启冷凝水，选用合适的热浴加热蒸馏。加热时，克氏瓶的圆球部位至少应有 2/3 浸入浴液中。在浴液中放一温度计，控制浴温比待蒸馏液体的沸点约高 20～30℃，使每秒钟馏出 1～2 滴。在整个蒸馏过程中，都要密切注意瓶颈上的温度计和压力的读数。经常注意蒸馏情况和记录压力、沸点等数据。纯物质的沸点变化范围一般不超过 1～2℃，如果起始蒸出的馏液比要收集物质的沸点低，则在蒸至接近预期的温度时需要调换接收器。此时先移去热源，取下热浴，待稍冷后，渐渐打开二通活塞 G，使系统与大气相通（注意：一定要慢慢地旋开活塞，使压力计中的汞柱缓缓地恢复原状。否则，汞柱急速上升，有冲破压力计的危险。为此，可将 G 的上端拉成毛细管，即可避免）。然后松开毛细管上的螺旋夹 D（这样可防止液体吸入毛细管）。切断油泵电源，卸下接受瓶，装上另一洁净的接受瓶，再重复前述操作：开泵抽气，调节毛细管空气流量，加热蒸馏，收集所需产物。显然，如有多尾接液管，则只要转动其位置即可收集不同馏分，就可免去这些繁杂的操作。

要特别注意真空泵的转动方向。如果真空泵接线位置搞错，会使泵反向转动，导致水银冲出压力计，污染实验室。蒸馏完毕时，和蒸馏过程中需要中断时（例如调换毛细管、接受瓶）一样，灭去火源，撤去热浴，待稍冷后缓缓解除真空，使系统内外压力平衡后，方可关闭油泵。否则，由于系统中的压力较低，油泵中的油就有吸入干燥塔的可能。

四、实验示例

1. 乙酰乙酸乙酯的蒸馏

市售的乙酰乙酸乙酯中常含有少量的乙酸乙酯、乙酸和水，由于乙酰乙酸乙酯在常压蒸馏时容易分解产生去水乙酸，故必须通过减压蒸馏进行提纯。表 3-3 列出了不同压力下乙酰乙酸乙酯的沸点。

表 3-3 乙酰乙酸乙酯沸点与压力的关系

压力/mmHg	760	80	60	40	30	20	18	14	12
沸点/℃	181	100	97	92	88	82	78	74	71

在 10mL 蒸馏瓶中，加入 20mL 乙酰乙酸乙酯，按减压蒸馏装置图装好仪器，通过上述减压蒸馏操作进行纯化。纯粹乙酰乙酸乙酯的沸点为 180.4℃，折射率为 $n_D^{20}=1.4192$。

2. 苯甲醛、呋喃甲醛或苯胺的蒸馏

用蒸馏乙酰乙酸乙酯同样的方法，通过减压蒸馏提纯苯甲醛、呋喃甲醛或苯胺。减压蒸馏苯甲醛时，要避免被空气中的氧所氧化。在蒸馏之前，应先从手册上查出它们在不同压力下的沸点，供减压蒸馏时参考。

思考题

1. 具有什么性质的化合物需用减压蒸馏进行提纯？
2. 使用水泵减压蒸馏时，应采取什么预防措施？
3. 使用油泵减压时，要有哪些吸收和保护装置？其作用是什么？
4. 当减压蒸完所要的化合物后，应如何停止减压蒸馏？为什么？

实验 3-7 萃取法从苯酚水溶液中提取苯酚

一、实验目的

1. 学习萃取法提纯有机化合物的知识。
2. 掌握萃取操作的基本方法。

二、实验原理

萃取（extraction）是分离和纯化有机化合物的常用方法之一。利用萃取可以从固体或液体混合物中分离出所需要的物质，也可以利用同样的方法洗去混合物中的少量杂质，后者称为洗涤。

萃取是利用混合物中各组分在两种互不相溶（或微溶）的溶剂中溶解度或分配系数的不同，将混合物中某一组分从一种溶剂转移到另一种溶剂中，从而达到分离、提取或纯化目的一种操作。经过反复多次萃取，将绝大部分的化合物提取出来。

物质在不同的溶剂中有着不同的溶解度。某种可溶性物质能分别溶解于两种互不相溶的溶剂中，在一定温度下，该物质在两种溶剂中不发生分解、电解、缔合和溶剂化等作用，不论其物质的量为多少，它在两相中的浓度比是一个定值，用公式表示为 $c_A/c_B=k$。c_A、c_B 分别表示化合物在两种互不相溶的溶剂中的物质的量浓度（也可近似地看作是溶解度）。k

是一个常数，称为分配系数。上述关系式称为分配定律。

根据分配定律，如果在溶剂 A 的某物质溶液中，加入能溶解此物质而与 A 互不相溶的溶剂 B，为了维持一定的分配关系，必有一定量的溶质向溶剂 B 转移。由于混合物中各组分在两相中有不同的分配系数，因此用萃取法可将混合物中各组分分离。各组分在两相中的分配系数相差越大，分配速度越快，效率也越高。常用作萃取的溶剂有乙醚、苯、氯仿、石油醚、四氯化碳和乙酸乙酯等，一般它们的沸点都较低，便于用蒸馏法除去。

根据分配定律，用一定量的溶剂一次加入溶液中萃取，则不如将同量的溶剂分成几份作多次萃取效率高。用下列推导说明。

设 V_1 为原溶液体积，m 为萃取前化合物的总量，m_1 为萃取 1 次后化合物剩余量，m_2 为萃取 2 次后化合物剩余量，m_n 为萃取 n 次后化合物剩余量，V_2 为萃取溶剂的体积，n 为萃取次数。

经一次萃取后，原溶液中该物质的浓度为 m_1/V_1，而萃取溶液中含该物质的浓度为 $(m-m_1)/V_2$，两者之比等于 k，即：

$$\frac{m_1/V_1}{(m-m_1)/V_2}=k, \quad m_1=m\frac{kV_1}{kV_1+V_2}$$

同样，经二次提取后：

$$m_2=m_1\frac{kV_1}{kV_1+V_2}=m\left(\frac{kV_1}{kV_1+V_2}\right)^2$$

因此，经 n 次提取后：

$$m_n=m\left(\frac{kV_1}{kV_1+V_2}\right)^n$$

用一定量溶剂萃取时，当然是在原溶液中化合物的剩余量越少越好。而上述式子中 $kV_1/(kV_1+V_2)$ 总是小于 1，所以 n 越大，m_n 就越小。说明把溶剂分成数份作多次萃取，比用全部溶剂作一次萃取的效果好。

例如，在 100mL 水中含有 4g 正丁酸，该溶液在 15℃时用 100mL 苯萃取。已知在 15℃时正丁酸在水和苯中的分配系数 $k=1/3$。用 100mL 苯一次萃取后在水中剩余量为：

$$m_1=4\times\frac{\frac{1}{3}\times 100\text{mL}}{\frac{1}{3}\times 100\text{mL}+100\text{mL}}=0.5\text{g}$$

如果将 100mL 苯以每次 33.3mL 萃取 3 次，则剩余量为：

$$m_3=4\times\left(\frac{\frac{1}{3}\times 100\text{mL}}{\frac{1}{3}\times 100\text{mL}+33.3\text{mL}}\right)^3=0.5\text{g}$$

从上面的计算可以看出 100mL 苯一次萃取可提取出 3g（75%）的正丁酸，而分三次萃取时，则可提取出 3.5g（87.5%）的正丁酸。所以用同体积的溶剂，分多次萃取比一次萃取的效率高。但当溶剂的总量不变时，萃取次数 n 增加，V_2 就要减少。例如当 $n=5$ 时，$m_5=0.38\text{g}$。当 $n>5$ 时，n 和 V_2 两个因素的影响就几乎相互抵消了。n 继续增加，$m_n/$

m_{n+1} 的变化很小，无实际意义。通过计算也可证明这一点。所以一般同体积溶剂分为3～5次萃取即可。

在实验中用得最多的是水溶液中物质的萃取，即液-液萃取。

三、仪器与试剂

仪器：60mL分液漏斗、50mL小烧杯、50mL量筒、点滴板。

试剂：5%苯酚水溶液、乙酸乙酯、1% $FeCl_3$。

四、实验步骤

液-液萃取通常用分液漏斗进行，操作时应选择容积较液体体积大一倍以上的分液漏斗。

1. 分液漏斗的使用方法

（1）萃取前的准备　检查玻璃塞和旋塞是否漏水。若活塞漏水，先将旋塞拔出，用滤纸把毛玻璃部分擦干，并在旋塞小孔两边均匀地涂上一层凡士林，注意不可涂入旋塞小孔中，然后将其小心插入旋塞套中，轻轻地旋转至灵活即可。若玻璃塞漏水，则应更换分液漏斗。分液漏斗的塞子和活塞最好能用细绳子（或橡皮筋）套扎在漏斗上，以免滑出打碎或拿错。

（2）装液　关好分液漏斗的下旋活塞，将待萃取液和萃取剂（一般为溶液体积的1/3～1/2）依次自上口倒入分液漏斗中，塞好玻璃塞（此塞子不能涂油，塞好后可再旋紧一下，使塞上的孔隙与漏斗颈上的小孔错开，以免漏液）。

（3）萃取振摇　为了使两种互不相溶的液体尽可能充分混合，使之尽快达到萃取平衡，需振摇分液漏斗，振荡时右手手掌顶住漏斗上口玻璃活塞，手指自然握住漏斗体，将其倒转，左手握住分液漏斗的下口旋塞部分，大拇指和食指按住旋塞柄，中指垫在塞座下边，反复振摇。振摇时将漏斗稍倾斜，漏斗的活塞部分向上，这样便于从活塞放气（见图3-16）。

（4）倾斜放气　开始时振摇要慢，每摇几次以后，就要将漏斗向上倾斜（朝无人处），打开旋塞，放出内部由于溶剂汽化而产生的过量蒸气，平衡内外压力，此操作称为放气（见图3-17）。如果不经常放气，塞子就可能被顶开而出现漏液。待漏斗中过量的气体逸出后，将活塞关闭，再进行振摇。如此重复至放气时只有很小压力后，再剧烈振摇2～3min，将漏斗放回铁圈上静置。

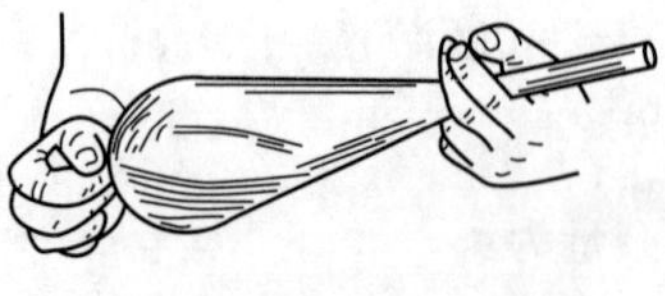

图3-16　分液漏斗的振摇

图3-17　分液漏斗的放气方法

（5）静置分离[1]　旋转上口玻璃塞，使玻璃塞上的孔隙对准颈上的小孔，使分液漏斗内液体通大气，放置数分钟，待两相之间产生清晰的界面后，再慢慢旋开下旋塞，将下层液体从下口放出。分液时一定要尽可能分离干净，有时在两相间出现一些絮状物[2]也应同时放去。然后将上层液体从分液漏斗的上口倒出，切不可也从下口放出，以免被残留在下口颈中的下层液体玷污。将分出的待萃液倒回分液漏斗中，再用新的萃取剂萃取。

萃取3～5次，将所有的萃取液合并，加入合适的干燥剂干燥。萃取所得的有机物视其性质可利用蒸馏、重结晶等方法纯化。

通常第一次萃取时萃取剂为样品溶液的 1/3～1/2，以后的用量可以少一些，一般为 1/4～1/5。

2. 用乙酸乙酯做萃取剂从苯酚水溶液中萃取苯酚

(1) 将分液漏斗置于铁架台的铁环上，关紧旋塞。取 5%苯酚溶液 20mL 加入分液漏斗中，再加入 10mL 乙酸乙酯，盖好玻璃塞，按分液漏斗萃取的操作规程，振荡分液漏斗 3～5min，使两液层充分接触、放气。反复多次操作后将分液漏斗放在铁环上静置，待溶液分成两层后，再将下旋塞慢慢旋开，放出下层水溶液于小烧杯中，上层乙酸乙酯从上口倒入一锥形瓶中。再将分离后的下层水溶液倒入分液漏斗中，用 5mL 乙酸乙酯再萃取一次，分出乙酸乙酯层，弃去水层，合并两次乙酸乙酯提取液，倒入回收瓶中。

(2) 取未经萃取的苯酚溶液和第一次、第二次萃取后下层水溶液各 2 滴于点滴板上，各加 1%的三氯化铁溶液 1～2 滴，比较颜色的深浅。

五、注释

[1] 分液时应正确判断有机层和水层，一般根据密度来确定。但有时会发生变化，给辨认带来困难，此时可任取一层的少量液体，置于试管中，并滴加少量水，若分为两层，说明该液体为有机层。若加水后不分层，则为水层。

[2] 絮状物可能是乳化层。在萃取过程中，当溶液呈碱性时，很容易产生乳化现象。有时由于存在少量轻质沉淀或溶剂互溶、两液相的密度相差较小等原因，使两液相不能清晰地分开。可通过适当延长静置时间解决。若因两种溶剂能部分互溶而发生乳化，可以加入少量电解质（如氯化钠），利用盐析作用破坏乳化；若两相密度相差很小时，也可加入氯化钠，以增加水相的密度；若因溶液呈碱性而产生的乳化，常可加入少量稀硫酸或采用过滤等方法除去。

思考题

1. 影响萃取效率的因素有哪些？怎样才能正确地选择萃取剂？
2. 将乙醚加入盛有醋酸水溶液的分液漏斗中，乙醚溶液在哪一层？怎样从分液漏斗中转移出乙醚溶液？
3. 使用分液漏斗进行萃取时，应注意哪些事项？
4. 实验中 $FeCl_3$ 显色的深浅说明什么问题？

实验 3-8 液体化合物折射率的测定

一、实验目的

1. 了解阿贝折光仪的构造和折射率测定的基本原理。
2. 掌握用阿贝折光仪测定液态有机化合物折射率的方法。

二、实验原理

折射率（refractive index）是液体有机化合物的重要常数之一。作为液体物质纯度的标准，它比沸点更为可靠。利用折射率，可以鉴定未知化合物，也可确定液体混合物的组成。

光在两个不同介质中的传播速度不同，当光线从一个介质进入另一个介质时，在界面处发生折射现象（见图 3-18）。根据折射定律，波长一定的单色光线，在确定的外界条件（如温度、压力等）下，从空气（介质 A）进入另一个介质 B 时，入射角 α 和折射角 β 的正弦之比叫折射率 n，可表示为 $n=\sin\alpha/\sin\beta$。

化合物的折射率与它的结构、光线波长、温度和压力等因素都有关系。所以记录折射率

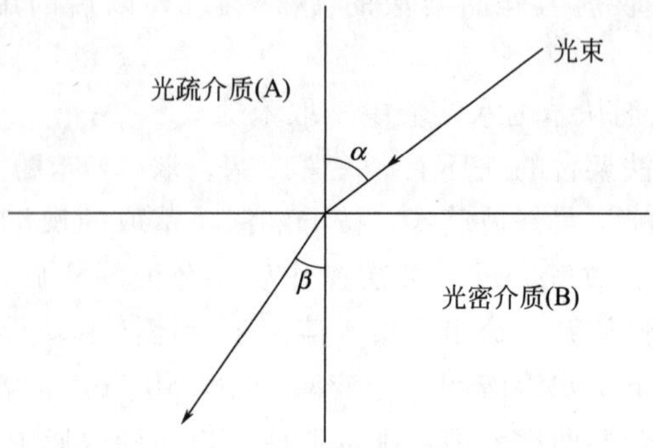

图 3-18 光的折射现象

时要注明所用的光线和测定时的温度，常用 n_D^t 表示。D 是以钠灯的 D 线（589.3nm）作光源，t 是测定折射率时的温度。例如 n_D^{20} 就表示 20℃时，该化合物对钠灯的 D 线的折射率。一般来说，温度每升高（或降低）1℃，液体有机物的折射率就减小（或增加）4.5×10^{-4}。在实际工作中，往往把某一温度下测定的折射率通过下列公式换算成 20℃时的折射率：

$$n_D^{20}=n_D^t-4.5\times10^{-4}(t-20)$$

由于大气压对折射率的影响并不显著。只有在很精密的工作中，才考虑大气压的影响。

三、仪器与试剂

仪器：阿贝（Abbe）折光仪。

试剂：丙酮、丁酮。

四、实验内容

1. 仪器的准备

（1）将阿贝折光仪置于实验台上，装上温度计，连接折光仪与恒温水浴，调节至所需温度。

（2）分开直角棱镜，用丝绢或擦镜纸蘸少量乙醇或丙酮轻轻沿同一方向擦洗上下镜面。待乙醇或丙酮挥发后使用。

2. 读数校正

加一滴蒸馏水于镜面上，关闭棱镜，调节反光镜使镜内视场明亮，转动棱镜直到镜内观察到有界线或出现彩色光带；若出现彩色光带，则调节色散，使明暗界线清晰，再转动直角棱镜使界线恰巧通过“十”字的交点。记录读数与温度，重复两次测得纯水的平均折射率与纯水的标准值（$n_D^{20}=1.33299$）比较，可求得折光仪的校正值，然后以同样方法测求待测液体样品的折射率。校正值一般很小，若数值太大时，整个仪器必须重新校正。

3. 样品的测定

（1）将棱镜表面擦净、晾干。取待测液用滴管滴加 1～2 滴于磨砂面上，滴加样品时应注意切勿使滴管尖端直接接触镜面，以防造成伤痕。关紧棱镜。

（2）调节反光镜，使光线射入。

（3）旋转棱镜转动手轮，直至目镜内出现明暗分界线。若出现色散光带，可旋转消色散棱镜手轮，消除色散，使明暗界线清晰，再旋转棱镜转动手轮，使明暗分界线恰好通过“十”字交叉点。记录读数与温度。重复测定 2～3 次，取其平均值即为样品的折射率。

（4）测完后，应立即用乙醇或丙酮擦洗两棱镜表面，晾干后再关闭保存。

按上述步骤进行如下测定：

① 判断已知物纯度。取前一实验中分馏产物的第一馏分，测其折射率，判断其纯度。

② 鉴别未知物。实验中有一失去标签的纯净液态有机物，据估计可能为丙酮或丁酮，测其折射率加以区别（由手册知丙酮 $n_D^{20}=1.3586$，丁酮 $n_D^{20}=1.3788$）。

附注——阿贝（Abbe）折光仪的工作原理及使用方法

1. 仪器工作原理

当光线由介质 A 进入介质 B 时，如果介质 A 相对于介质 B 是光疏物质，即 $n_A<n_B$，则折射角 β 必定小于入射角 α。当入射角 α 为 90℃时，$\sin\alpha=1$，这时折射角达到最大值，称为临界角，用 β_0 表示。显然，在一定波长与一定温度条件下，β_0 也是一个常数，它与折射率的关系是 $n=1/\sin\beta_0$。可见只要测得临界角 β_0，就可以得到介质的折射率，这也是阿贝折光仪的基本工作原理。

2. 阿贝折光仪的结构

阿贝折光仪的结构如图 3-19 所示。阿贝折光仪采用“半明半暗”的方法来测定临界角。即让单色光由 0°～90°的所有角度从介质 A 射入介质 B，这时介质 B 中临界角以内的整个区域均有光线通过，因而是“亮”的；而临界角以外的全部区域均没有光线通过，因而是“暗”的。明暗两区的界线非常清晰。如果在介质 B 的上方用一目镜观测，就可看见一个界线十分清晰的半明半暗的象。介质不同，临界角就不同，目镜中明暗两区的明暗界线位置也就不一样。如果在目镜中刻上一“十”字，通过改变介质 B 与目镜的相对位置，使每次明暗两区的界线总能与“十”字中的交叉点重合，通过测定其临界角，并经换算，便可得到折射率。实际上，从阿贝折光仪的标尺上读出的读数就是换算后的折射率。阿贝折光仪装有消色散装置，可将日光转变为单色光。因此，可直接使用日光测定折射率，所得数值与用钠光时所测得的数值一样。

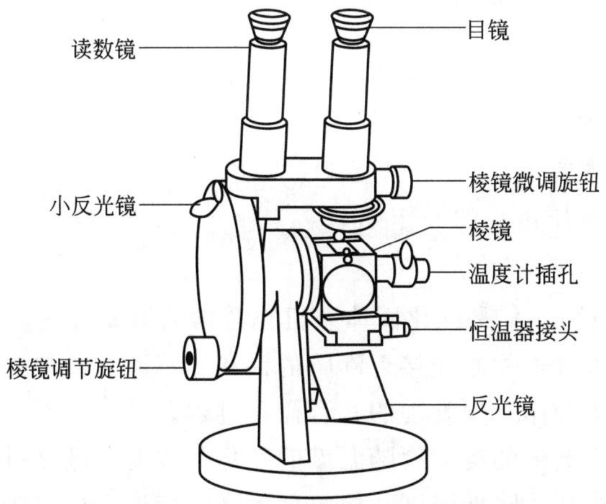

图 3-19 阿贝折光仪的结构

阿贝折光仪，具有如下的优越性：(1) 直接由仪器测得精密度为±0.0001 的折射率，折射率的量程从 1.3000 至 1.7000；(2) 只需要 1～2 滴液体；(3) 可用白炽灯为光源，而实际上测得 D 钠线的折射率；(4) 棱镜温度可用恒温槽控制。

3. 阿贝折光仪的使用方法

先使折光仪与恒温槽相连接，升温后，分开直角棱镜，用丝绢或擦镜纸蘸少量乙醇或丙酮轻轻擦洗上下镜面。待乙醇或丙酮挥发后，加一滴蒸馏水于下面镜面上，关闭棱镜，调节反光镜使镜内视野明亮，转动棱镜直到镜内观察到有界线或出现彩色光带；若出现彩色光带，则调节色度，使明暗界线清晰，再转动直角棱镜使界线恰巧通过“十”字的交点，记录读数与温度，重复两次测得纯水的平均折射率与纯水的标准值（$n_D^{20}=1.33299$）比较，可求得折射仪的校正值，然后以同样方法测求待测液体样品的折射率。校正值一般很小，若数值太大时，整个仪器应重新校正。

4. 注意事项

（1）使用或存放仪器时，应避免日光直接照射，平时应用黑布覆盖。

（2）注意保护仪器的棱镜，不能在镜面上造成刻痕。滴加液体时，滴管的末端切不可触及棱镜。

（3）滴加样品前应洗净镜面；测试结束后，也要用丙酮或95%乙醇洗净镜面，待晾干后再合上棱镜。

（4）对棱镜玻璃、保温套金属及其间的胶合剂有腐蚀或溶解作用的液体，均应避免使用。

最后还应指出，阿贝折光仪不能在较高温度下使用，对于易挥发或易吸水样品的测量有些困难。对样品的纯度要求也较高。

思考题

1. 测定有机化合物折射率的意义是什么？
2. 每次测定前为何要擦拭镜面？擦洗时应注意什么？
3. 假定测得松节油的折射率为$n_D^{30}=1.4710$，在25℃时其折射率的近似值应是多少？

实验 3-9 重结晶及过滤

一、实验目的

1. 学习重结晶的基本原理。
2. 掌握重结晶的基本操作。
3. 学习常压过滤和减压过滤的操作技术。

二、实验原理

重结晶（recrystallization）是纯化固体有机化合物的重要方法之一。它是用适当的溶剂把含有杂质的晶体物质溶解，配制成接近沸腾的饱和热溶液，趁热滤去不溶性杂质，使滤液冷却析出结晶，收集晶体并作干燥处理的联合操作过程。

一般固体有机物在溶剂中的溶解度随温度的变化而改变。温度升高溶解度增大，反之则溶解度降低。热的饱和溶液，降低温度，溶解度下降，溶液变成过饱和而析出结晶。利用溶剂对被提纯化合物及杂质的溶解度的不同，以达到分离纯化的目的。

具体步骤为：（1）将被纯化的化合物在已选好的溶剂中配制成沸腾或接近沸腾的饱和溶液；（2）如溶液含有有色杂质，可加活性炭煮沸脱色，将此饱和溶液趁热过滤，以除去有色杂质及活性炭；（3）将滤液冷却，使结晶析出；（4）将结晶从母液中过滤分离出来；（5）洗涤，干燥；（6）测定熔点；（7）回收溶剂，当溶剂蒸出后，残液中析出含有较多杂质的固体，根据情况重复上述操作，直到熔点不再改变。

必须注意，杂质含量过多对重结晶极为不利，影响结晶速率，有时甚至妨碍晶体的生成。重结晶一般只适用于杂质含量约为百分之几的固体有机物，所以在结晶之前根据不同情况，分别采用其他方法进行初步提纯，如水蒸气蒸馏、减压蒸馏、萃取等，然后再进行重结晶处理。

三、操作方法

1. 选择溶剂

在进行重结晶时，选择合适的溶剂是一个关键问题。有机化合物在溶剂中的溶解性往往与其结构有关，结构相似者相溶，不似者不溶。如极性化合物一般易溶于水、醇、酮和酯等极性溶剂中，而在非极性溶剂如苯、四氯化碳等中要难溶解得多。这种相似相溶虽是经验规律，但对实验工作有一定的指导作用。选择适宜的溶剂应注意下列条件：(1) 不与被提纯化合物起化学反应。(2) 在降低和升高温度时，被提纯化合物的溶解度应有显著差别。冷溶剂对被提纯化合物溶解度越小，回收率越高。(3) 溶剂对可能存在的杂质溶解度较大，可把杂质留在母液中，或对杂质溶解度很小，难溶于热溶剂中，趁热过滤以除去杂质。(4) 能生成较好的结晶。(5) 溶剂沸点不宜太高，容易挥发，易与结晶分离。(6) 价廉易得，无毒或毒性很小。

在具体重结晶操作过程中，按照重结晶对溶剂的要求，首先从文献查出重结晶有机化合物的溶解度数据或从被提纯物结构导出的关于溶解性能的推论，作为选择溶剂的参考，最后溶剂的选定还要根据试验。选择溶剂的试验方法如下：

(1) 单一溶剂的选择

取 0.1g 样品置于干净的小试管中，用滴管逐滴滴加某一溶剂，并不断振摇，当加入溶剂量达 1mL 时，可在水浴上加热，观察溶解情况，若该物质 (0.1g) 在 1mL 冷的或温热的溶剂中很快全部溶解，说明溶解度太大此溶剂不适用。如果该物质不溶于 1mL 沸腾的溶剂中，则可逐步添加溶剂，每次约 0.5mL，加热至沸，若加溶剂量达 4mL 时，而样品仍然不能全部溶解，说明溶剂对该物质的溶解度太小，必须寻找其他溶剂。若该物质能溶解 1～4mL 沸腾的溶剂中，冷却后观察结晶析出情况，若没有结晶析出，可用玻璃棒擦刮管壁或者辅以冰盐浴冷却，促使结晶析出。若晶体仍然不能析出，则此溶剂也不适用。若有结晶析出，还要注意结晶析出量的多少，并要测定熔点，以确定结晶的纯度。最后综合几种溶剂的实验数据，确定一种比较适宜的溶剂。这只是一般的方法，实际情况往往复杂得多，选择一个合适的溶剂需要进行多次反复的实验。常用重结晶溶剂的物理常数见表 3-4。

表 3-4 常用重结晶溶剂的物理常数

溶 剂	沸点/℃	冰点/℃	相对密度	与水的混溶性	易 燃 性
水	100	0	1.00	+	0
甲醇	64.96	<0	0.79	+	+
乙醇(95%)	78.1	<0	0.80	+	++
冰醋酸	117.9	16.7	1.05	+	+
丙酮	56.2	<0	0.79	+	+++
乙醚	34.51	<0	0.71	−	++++
石油醚	30～60	<0	0.64	−	++++
乙酸乙酯	77.06	<0	0.90	−	++
苯	80.1	5	0.88	−	++++
氯仿	61.7	<0	1.48	−	0
四氯化碳	76.54	<0	1.59	−	0

（2）混合溶剂的选择

① 固定配比法。将良溶剂与不良溶剂按各种不同的比例相混合，分别像单一溶剂那样试验，直至选到一种最佳的配比。

② 随机配比法。先将样品溶于沸腾的良溶剂中，趁热过滤除去不溶性杂质，然后逐滴滴入热的不良溶剂并摇振，直到浑浊不再消失为止。再加入少量良溶剂并加热使之溶解变清，放置冷却使结晶析出。如冷却后析出油状物，则需调整比例再进行试验或另换别的混合溶剂。

混合溶剂一般是以两种能以任何比例互溶的溶剂组成，其中一种对被提纯的化合物溶解度较大，而另一种溶解度较小，一般常用的混合溶剂如下：

乙醇-水、丙酮-水、乙醚-甲醇、乙醚-石油醚、醋酸-水、吡啶-水、乙醚-丙酮、苯-石油醚等。

2. 溶样

溶样，又称热溶或配制热溶液。溶样的装置因所用溶剂不同而不同。并且根据溶剂的沸点和易燃情况，选择适当的热浴方式加热。

当用有机溶剂进行重结晶时，使用回流装置。将样品置于圆底烧瓶或锥形瓶中，加入比需要量略少的溶剂，投入几粒沸石，开启冷凝水，开始加热并观察样品溶解情况。若未完全溶解可分次补加溶剂，每次加入后均需再加热使溶液沸腾，直至样品全部溶解。此时若溶液澄清透明，无不溶性杂质，即可撤去热源，室温放置，使晶体析出。

在以水为溶剂进行重结晶时，可以用烧杯溶样，在石棉网上加热，其他操作同前，只需估计并补加因蒸发而损失的水。如果所用溶剂是水与有机溶剂的混合溶剂，则按照有机溶剂处理。

溶样过程中，要注意判断是否有难溶性杂质存在，以免误加过多的溶剂。若难以判断，宁可先进行热过滤，然后将滤渣再以溶剂处理，并将两次滤液分别进行处理。在重结晶中，若要得到比较纯的产品和比较好的产率，必须注意溶剂的用量。减少溶解损失，应避免溶剂过量，但溶剂太少，又会给热过滤带来很多麻烦，可能造成更大损失，所以要全面衡量以确定溶剂的适当用量，一般比需要量多加 20%左右的溶剂即可。

在溶解过程中，应避免被提纯的化合物成油珠状，若成油珠状，表明混入了杂质和少量溶剂，对纯化产品不利。还要尽量避免溶质的液化。具体方法是：①选择沸点低于被提纯物熔点的溶剂。实在不能选择沸点较低的溶剂，则应在比熔点低的温度下进行溶解。②适当加大溶剂的用量。如乙酰苯胺的熔点为 114℃，则可选择沸点低于此值的水做溶剂，但乙酰苯胺在水中如果 83℃以前没有完全溶解就会呈熔化状态。这种情况将给纯化带来很多麻烦，对于这种情况就不宜把水加热至沸，而应在低于 83℃的情况下进行重结晶。估算溶剂用量时也只能把 83℃乙酰苯胺在水中的溶解度作为参考依据，就是说要适当增大水的用量。溶液稀一些当然会影响重结晶回收率。结晶速率也要慢一些，不过可以及时加入晶种和采取其他措施，必要时还可改用其他溶剂。

3. 脱色

向溶液中加入吸附剂并适当煮沸，使其吸附掉样品中杂质的过程叫脱色（decolorization）。最常使用的脱色剂是活性炭。

活性炭的使用：粗制的有机物常含有有色杂质，在重结晶时杂质虽可溶于有机溶剂，但仍有部分被结晶吸附，因此当分离结晶时常会得到有色产物，有时在溶液中还存在少量树脂状物质或极细的不溶性杂质，经过滤仍出现浑浊，用简单的过滤方法不能除去，如用活性炭煮沸 5～10min，活性炭可吸附色素及树脂状物质（如待结晶化合物本身有色则活性炭不能脱色）。使用活性炭应注意以下几点：(1) 加活性炭以前，首先将待结晶化合物加热溶解在溶剂中。(2) 待热溶液稍冷后，加入活性炭，振摇，使其均匀分布在溶液中。如在接近沸点的溶液中加入活性炭，易引起暴沸，溶液易冲出来。(3) 加入活性炭的量，视杂质多少而定，一般为粗品质量的 1%～5%，加入量过多，活性炭将吸附一部分纯产品。如仍不能脱色可重复上述操作。过滤时选用的滤纸要紧密，以免活性炭透过滤纸进入溶液中，如发现透过滤纸，应加热微沸后重新过滤。(4) 活性炭在水溶液中进行脱色效果最好，它也可在其他溶剂中使用，但在烃类等非极性溶剂中效果较差。除活性炭脱色外，也可采用色谱柱来脱色，如氧化铝吸附色谱等。

4. 热过滤

热过滤即趁热过滤以除去不溶性杂质、脱色剂及吸附于脱色剂上的其他杂质。热过滤的方法有两种，即常压过滤和减压过滤。

(1) 常压过滤　选一颈短而粗的玻璃漏斗放在烘箱中预热，过滤时趁热取出使用。在漏斗中放一折叠滤纸[1]，折叠滤纸向外的棱边，应紧贴于漏斗壁上，见图 3-20(a)。先用少量热的溶剂润湿滤纸，然后加溶液，再用表面皿盖好漏斗，以减少溶剂挥发。如过滤的溶液量较多，则应用热水保温漏斗，而且安装妥当。过滤前预先将夹套内的水烧热，见图 3-20(b)，切忌在过滤时用火加热。若操作顺利，只有少量结晶析出在滤纸上，可用少量热溶剂洗下。若结晶较多，用刮刀刮回原来的瓶中，再加适量溶剂溶解、过滤。滤毕后，将滤液静置冷却。特别注意的是整个热过滤操作中，周围不能有火源，应事先做好准备，操作应迅速。

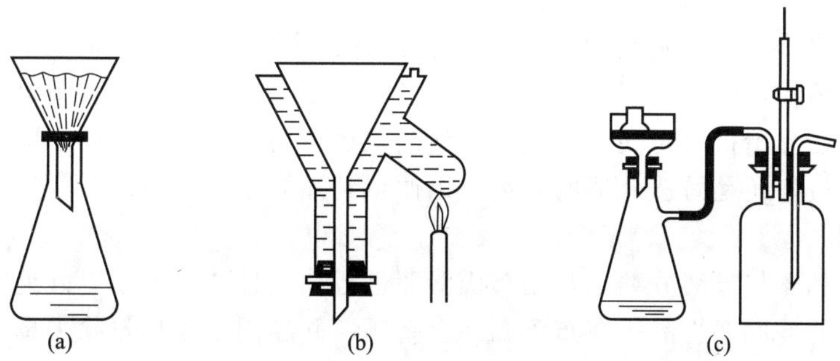

图 3-20　热过滤及减压过滤装置

(2) 减压过滤（吸滤）　减压过滤也称真空过滤，其装置由布氏漏斗、抽滤瓶、安全瓶及水泵组成，如图 3-20(c)所示。减压过滤的最大优点是过滤速度快，结晶一般不易在漏斗中析出，操作亦较简便。其缺点是悬浮的杂质有时会穿过滤纸，漏斗孔内易析出结晶，堵塞其孔，滤下的热溶液，由于减压溶剂易沸腾而被抽走。尽管如此，实验室还较普遍采用。

减压过滤应注意：滤纸不能大于布氏漏斗的底面；在过滤前应将布氏漏斗放入烘箱（或用电吹风）预热；如果以水为溶剂，也可将布氏漏斗置于沸水中预热。

为了防止活性炭等固体从滤纸边吸入抽滤瓶中，在溶液倾入漏斗前必须用同一热溶剂将滤纸润湿后抽滤，使其紧贴于漏斗的底面。当溶剂为水或其他极性溶剂时，只要以同种溶剂将滤纸润湿，适当抽气，即可使滤纸贴紧；但在使用非极性溶剂时，滤纸往往不易贴紧，在这种情况下可用少量水先将滤纸润湿，抽气使贴紧后，再用溶样的溶剂洗去滤纸上的水分，然后倒入溶液抽滤。在抽滤过程中，应保持漏斗中有较多的溶液，待全部溶液倒完后再抽干，否则，吸附有树脂状物质的活性炭可能会在滤纸上结成紧密的饼块阻碍液体透过滤纸。同时，压力亦不可抽得过低，以防溶剂沸腾抽走，或将滤纸抽破使活性炭漏下混入滤液中。

如果由于操作不慎而使活性炭透过滤纸进入滤液，则最后得到的晶体会呈灰色，这时需重新热溶过滤。

5. 冷却结晶

将热滤液冷却，溶解度减小，溶质即可部分析出。此步的关键是控制冷却速度，使溶质真正成为晶体析出并长到适当大小，而不是以油状物或沉淀的形式析出。

一般说来，若将热滤液迅速冷却或在冷却下剧烈搅拌，所析出的结晶颗粒很小，表面积较大，吸附在表面上的杂质较多；若将热滤液在室温或保温静置，让其慢慢冷却，析出的结晶体较大，但往往有母液或杂质包在结晶体之间。

杂质的存在将影响化合物晶核的形成和结晶体的生长，溶液虽已达到饱和状态仍不析出结晶体。为了使化合物结晶析出，通常采取一些必要的措施，帮助其形成晶核，以利结晶体的生长。其方法如下：

① 用玻璃棒摩擦瓶壁，以形成粗糙面或玻璃小点作为晶核，使溶质分子呈定向排列，促使晶体析出。

② 加入少量该溶质的晶体于此过饱和溶液中，结晶体往往很快析出，这种操作称为“接种”或“种晶”。实验室如无此晶种，也可自己制备，取数滴过饱和溶液于一试管中旋转，使该溶液在容器壁表面呈一薄膜，然后将此容器放入冷冻液中，所形成结晶作为“晶种”之用。也可取一滴过饱和溶液于表面皿上，溶剂蒸发而得到晶种。

③ 冷冻过饱和溶液。温度降低，溶解度降低，有利于结晶体的形成。将过饱和溶液放置冰箱内较长时间，促使结晶体析出。

有时被纯化物质呈油状物析出，长时间静置足够冷却，虽也可固化，但固体中杂质较多。用溶剂大量稀释，则产物损失较大。这时可将析出的油状物加热重新溶解，然后慢慢冷却。当发现油状物开始析出时便剧烈搅拌，使油状物在均匀分散的条件下固化，如此包含的母液较少。当然最好还是另选合适的溶剂，以便得到纯的结晶产品。

6. 收集晶体

将析出的结晶体与母液分离，常用布氏漏斗进行抽气过滤。为了更好地将晶体与母液分开，最好用清洁的玻璃塞将晶体在布氏漏斗上挤压，并随同抽气尽量除去母液，结晶体表面残留的母液，可用很少量的溶剂洗涤，这时抽气应暂时停止，用玻璃棒或不锈钢刮刀将晶体挑松，使晶体润湿，稍待片刻，再抽气把溶剂滤去，重复操作 1～2 次。从漏斗上取出晶体时，常与滤纸一起取出，待干燥后，用刮刀轻敲滤纸，注意勿使滤纸纤维附于晶体上，晶体即全部下来。过滤少量的晶体，可用玻璃钉漏斗，以抽滤管代替抽滤瓶，见图 3-21。玻璃

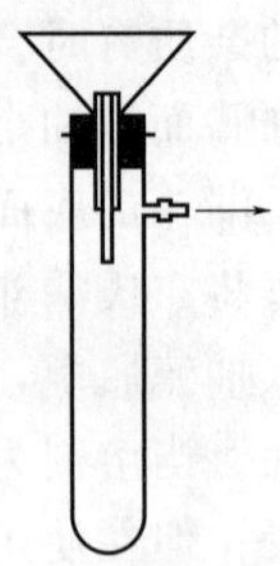

图 3-21 玻璃钉漏斗过滤

钉漏斗上铺的滤纸应较玻璃钉的直径稍大，滤纸用溶剂先润湿后进行抽滤，用玻璃棒或刮刀挤压使滤纸的边沿紧贴于漏斗上。

7. 晶体的干燥

经抽滤洗涤后的晶体，表面上还有少量的溶剂，因此应选用适当方法进行干燥。固体干燥方法很多，可根据晶体的性质和所用的溶剂来选择。不易吸潮的产品，可放在表面皿上，盖上一层滤纸在室温下放置数天，让溶剂自然挥发（即空气晾干），也可用红外灯烘干。对那些数量较大或易吸潮、易分解的产品，可放在真空恒温干燥箱中干燥。如要干燥少量的标准样品或送分析测试样品，最好用真空干燥枪在适当温度下减压干燥 2～4h。干燥后的样品应立即储存在干燥器中。

8. 回收有机溶剂

用蒸馏的方法回收有机溶剂，并计算溶剂回收率。

9. 测定熔点

将干燥好的晶体测定熔点，通过熔点来检验其纯度，以决定是否需要再作进一步的重结晶。

以上是重结晶一般性操作步骤，一个具体的重结晶实验究竟需要多少步，可根据实际情况而定。如果已经指定了溶剂，则选择溶剂一步可省去。如果制成的热溶液没有颜色，也没有树脂状杂质，则脱色一步可省去。如果同时又无不溶性杂质，则热滤一步也可省去。如果确知一次重结晶可以达到要求的纯度，则熔点测定亦可省去。

四、实验步骤

1. 工业品苯甲酸的重结晶

工业苯甲酸一般由甲苯氧化所得，其粗品中常含有未反应的原料、中间体、催化剂、不溶性杂质和有色杂质等，因而呈棕黄色块状并带有难闻的怪气味。可用水为溶剂进行重结晶纯化。

称取 0.6g 工业苯甲酸粗品，置于 50mL 烧杯中，加水约 16mL，放在石棉网上加热并用玻璃棒搅动，观察溶解情况。如至水沸腾时仍有不溶性固体，可分批补加适当水直至沸腾温度下全溶解或基本溶解。然后再补加 3～4mL 水，总用水量约 22mL。与此同时将布氏漏斗放在另一个大烧杯中并加水煮沸预热。

溶液加热稍冷后加入适量活性炭，搅拌使之分散开。重新加热至沸并煮沸约 3min。

取出预热的布氏漏斗，立即放入事先选定的略小于漏斗底面的圆形滤纸，迅速安装好抽滤装置，以数滴沸水润湿滤纸，开泵抽气使滤纸紧贴漏斗底。将热溶液倒入漏斗中，每次倒入漏斗的液体不要太满，也不要等溶液全部滤完再加。在热过滤过程中，应保持溶液的温度，为此，将未过滤的部分继续用小火加热，以防冷却。待所有的溶液过滤完毕后，用少量热水洗涤漏斗和滤纸。滤毕，立即将滤液转入烧杯中用表面皿盖住杯口，室温放置冷却结晶。如果抽滤过程中晶体已在滤瓶中或漏斗尾部析出，可将晶体一起转入烧杯中，将烧杯放在石棉网上温热溶解后在室温下放置结晶，或将烧杯放在热水浴中随热水一起缓缓冷却结晶。

结晶完成后，用布氏漏斗抽滤，用玻璃塞将结晶压紧，使母液尽量除去。打开安全瓶上的活塞，停止抽气，加少量冷水洗涤，然后重新抽干，如此重复 1～2 次。最后将结晶转移到表面皿上，摊开，在红外灯下烘干，测定熔点，并与粗品的熔点作比较。称重，计算回收率。产品 0.3～0.5g，收率 60%～70%，粗品熔点为 112～118℃，产品熔点为 121～122℃（文献值为 122.4℃）。本实验约需 2h。

2. 乙酰苯胺的重结晶

在 50mL 锥形瓶中，加 0.5g 粗乙酰苯胺，17mL 水和几粒沸石。在石棉网上加热至沸，并不断用玻璃棒搅动，使固体溶解[2]，再多加 0.5～1mL 水。然后移去火源，稍冷，加少许活性炭[3]，搅拌使混合均匀，继续加热微沸 3～5min。

加热溶解粗乙酰苯胺的同时，准备好热水漏斗[4]，在漏斗里放一张叠好的折叠滤纸，并用少量热水润湿，将上述热溶液尽快地倾入热水漏斗中，每次倒入的溶液不要太满，也不要等溶液全部滤完后再加。过滤过程中要不停地向夹套补充热水以保持溶液的温度，以便于过滤。所有溶液过滤完毕后，用少量热水洗涤锥形瓶和滤纸。滤毕，用表面皿将盛滤液的锥形瓶盖好，放置冷却结晶[5]。结晶完成后，用布氏漏斗抽滤（滤纸用少量冷水润湿，吸紧），使晶体与母液分离。用玻璃塞挤压晶体，使母液尽量除去。打开安全瓶上的放空旋塞，停止抽气，加少量冷水到漏斗中，用玻璃棒松动晶体，然后重新抽干，这样重复两次，最后把晶体移至表面皿上，摊开放在干燥器中干燥。

测定已干燥的乙酰苯胺熔点，并与粗乙酰苯胺比较，称量并计算回收率[6]。乙酰苯胺纯品熔点为 114.3℃。本实验约需 2h。

3. 用乙醇-水混合溶剂重结晶萘

本实验是用固定配比的乙醇-水混合溶剂对粗萘进行重结晶，用保温漏斗和折叠滤纸进行热过滤，目的在于初步实践非（纯）水溶剂重结晶的操作。

在 25mL 圆底烧瓶中放置 0.5g 粗萘，加入 70%乙醇 4mL，投入 1～2 粒沸石，装上球形冷凝管，开启冷凝水，用水浴加热回流数分钟，观察溶解情况。如不能全溶，移开火源，用滴管自冷凝管口加入 70%乙醇直至恰能完全溶解，再补加 0.5～1mL 乙醇。移开火源，稍冷后拆下冷凝管，加入少量活性炭，装上冷凝管，重新加热回流 3～5min。

在图 3-20(b)所示的保温漏斗中加满水，然后倒出少许，将漏斗安置在铁圈上。在保温漏斗内放置短颈的玻璃三角漏斗和折叠滤纸。在图示位置加热至水沸腾。熄灭灯焰，立即用少量热的 70%乙醇润湿滤纸，趁热将前步制得的沸腾的粗萘溶液注入滤纸内，以 25mL 锥形瓶接收滤出液，并在漏斗上口加盖玻璃以防溶剂过多挥发。

滤完后塞住锥形瓶口，待自然冷却至室温后，再用冷水浴冷却。待结晶完全后用布氏漏斗抽滤，用约 1mL 冷的 70%乙醇洗涤晶体。将晶体转移到表面皿上，在空气中晾干或放入干燥器中干燥。待充分干燥后称重、计算收率并测定熔点。产品质量约 0.35g，收率约 70%，熔点为 80～80.5℃。萘的纯品熔点为 80.55℃。本实验约需 1～2h。

五、注释

[1] 折叠滤纸的方法：将选定的圆滤纸（方滤纸可在折好后再剪）按图 3-22(a)先一折为二，再沿 2、4 折成四分之一。然后将 1、2 的边沿折至 4、2；2、3 的边沿折至 2、4，分别在 2、5 和 2、6 处产生新的折纹［见图 3-22(a)］。继续将 1、2 折向 2、6；2、3 折向 2、5，分别得到 2、7 和 2、8 的折纹［见图 3-22(b)］。同样以 2、3 对 2、6；1、2 对 2、5 分别折出 2、9 和 2、10 的折纹［见图 3-22(c)］。最后在 8 个等分的每一个小格中间以相反方向［见图 3-22(d)］折成 16 等分。结果得到折扇一样的排列。再在 1、2 和 2、3 处各向内折一小折面，展开后即得到折叠滤纸［或称扇形滤纸，见图 3-22(e)］。在折纹集中的圆心处，折时切勿重压，否则滤纸的中央在过滤时容易破裂。在使用前，应将折好的滤纸翻转并整理好后再放入漏斗中，这样可避免被手指弄脏的一面接触滤过的滤液。

[2] 若不全溶，可每次加 3～5mL 热水，加热搅拌至全部溶解。但要注意，每次加水加热搅拌后未溶物并未减少，说明不溶物可能是不溶于水的杂质，就不必再加水。另外，在溶解过程中会出现油珠状物，此油珠不是杂质，而是由于温度超过 83℃时未溶于水的但已熔化的乙酰苯胺。应继续加热或加水直至油状物溶解为止。为了防止过滤时有晶体在漏斗中析出，溶剂用量可比沸腾时饱和溶液所需的用量适当多一些。

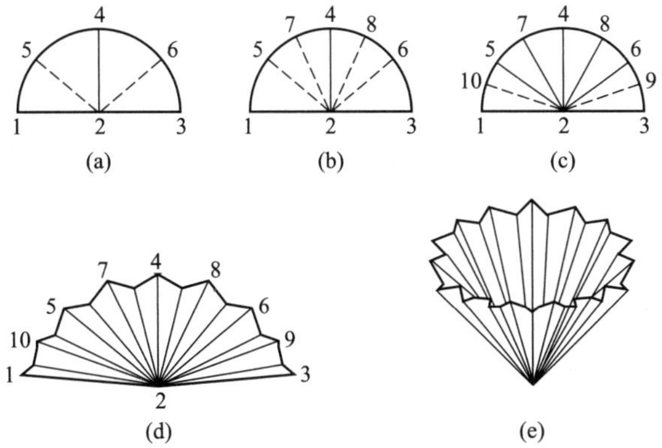

图 3-22 扇形滤纸的折叠

[3] 活性炭绝对不可加到正在沸腾的溶液中，否则会暴沸。加入量约为试样量的1%～5%。

[4] 也可用短颈漏斗，滤前要预热。用热水漏斗时要注意，漏斗夹套中水约为其容积的2/3左右。用水重结晶，过滤时可直接加热夹套，但是如果用易燃溶剂进行重结晶，过滤时切不可用火加热，而要不断地往夹套中加入预先准备的热水。

[5] 稍冷后可以用冷水冷却以使其尽快结晶完全。但是如果需要获得较大颗粒的结晶体，可在滤完后将滤液中析出的晶体重新加热溶解，在室温下，让其慢慢冷却。

[6] 乙酰苯胺的溶解度如表3-5所示。

表 3-5 乙酰苯胺的溶解度

温度/℃	20	25	50	80	100
溶解度/(g/100mL)	0.46	0.56	0.84	3.45	5.5

思考题

1. 活性炭为什么要在固体物质全溶后加入？又为什么不能在溶液沸腾时加入？
2. 在热过滤时，溶剂挥发对重结晶有何影响？如何减少溶剂挥发？
3. 抽气过滤收集晶体时，为什么要先打开安全瓶放空旋塞再关闭水泵？
4. 用有机溶剂重结晶时，在哪些操作上容易着火？应如何防止？
5. 重结晶时，为什么溶剂不能太多，也不能太少？如何正确控制剂量？
6. 重结晶提纯固体有机物时，有哪些步骤？简单说明每一步的目的。

实验 3-10 升 华

一、实验目的

1. 学习升华的基本原理。
2. 掌握常压升华和减压升华的实验操作。

二、实验原理

升华（sublimation）是纯化固体有机化合物的手段之一，它是固体有机物受热直接气化为蒸气，蒸气又直接冷凝为固体的过程。由于升华是由固体直接气化，因此并不是所有的固体物质都能用升华方法来纯化的，而只能适用于那些在不太高的温度下有足够大蒸气压力[高于2.666kPa(20mmHg)]的固体物质。利用升华方法可除去不挥发杂质，或分离不同挥发度的固体混合物。其优点是纯化后的物质纯度比较高，但操作时间长，损失较大。因此实验室里一般用于较少量（1～2g）化合物的纯化。一般对称性较高的固体物质，其熔点较高，并且在熔点温度以下往往具有较高的蒸气压，因此这类物质常常采用升华的方法来提纯。为了深入地了解升华的原理，首先应研究固、液、气三相平衡，见图 3-23。ST 表示固相与气相平衡时固相的蒸气压曲线。TW 是液相与气相平衡时液相的蒸气压曲线。

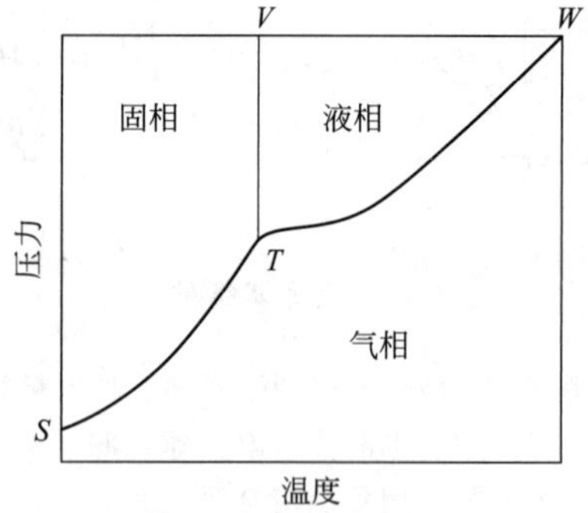

图 3-23　物质三相平衡曲线

TV 为固相与液相的平衡曲线，此曲线与其他两曲线在 T 处相交。T 为三相点，在这一温度和压力下，固、液、气三相处于平衡状态。各化合物在固态、液态相互处于平衡状态时的温度与压力是各不相同的，也就是说各化合物的三相点不相同。严格地说，一个化合物的真正熔点是固、液两相在大气压下处于平衡状态时的温度。在三相点 T 的压力是固、液、气三相处于平衡状态的蒸气压，所以三相点的温度和真正的熔点有些差别。然而这种差别非常小，通常只是几分之一度，因此在一定的压力下，TV 曲线偏离垂直方向很小。

从图 3-23 可见，在三相点以下，化合物只有气、固两相。若温度降低，蒸气就不再经过液态而直接变为固态。所以一般的升华操作在三相点温度以下进行。若某化合物在三相点温度以下的蒸气压很高，则气化速率很大，这样就很容易从固态直接变成蒸气，而且此化合物蒸气压随温度降低而下降，稍一降低温度，即可由蒸气直接变成固体，此化合物在常压下比较容易用升华方法来纯化。例如，六氯乙烷的三相点温度为 186℃，压力为 103.9kPa (780mmHg)。在 185℃时的蒸气压已达 101.3kPa(760mmHg)，因而在低于 186℃时就完全由固相直接挥发成蒸气，中间不经过液态阶段，而樟脑的三相点温度为 179℃，压力为 49.3kPa(370mmHg)。在 160℃时蒸气压为 29.1kPa(218.5mmHg)，未达到熔点时已有相当高的蒸气压，只要缓慢地加热至低于 179℃时，它就可以升华。蒸气遇到冷的表面就凝结于上面，这样蒸气压始终维持在 49.3kPa，直到升华完毕。假使很快地将樟脑加热，蒸气压超过三相点的平衡压力，则开始熔化为液体，所以升华时加热应缓慢。

和液态化合物的沸点相似，固体化合物表面所受压力等于该固体化合物蒸气压时的温度，即为该固体化合物的升华点。

常压下不易升华的物质，如在减压下升华，可得到较满意的结果。也可采用在减压下通入少量空气或惰性气体以加快蒸发的速度，通入气体应注意通入的量，以不影响真空度为好。

1. 常压升华

通用的常压升华装置如图 3-24(a)、(b)、(c)所示，必须注意冷却面与升华物质的距离应尽可能近些。因为升华发生在物质的表面，所以待升华物质应预先粉碎。

将升华物质放入蒸发皿中，见图 3-24(a)，铺均匀，上面覆盖一张穿有很多小孔的滤纸，然后将大小合适的玻璃漏斗倒盖在上面，漏斗颈口塞一点棉花或玻璃毛，减少蒸气外逸。在

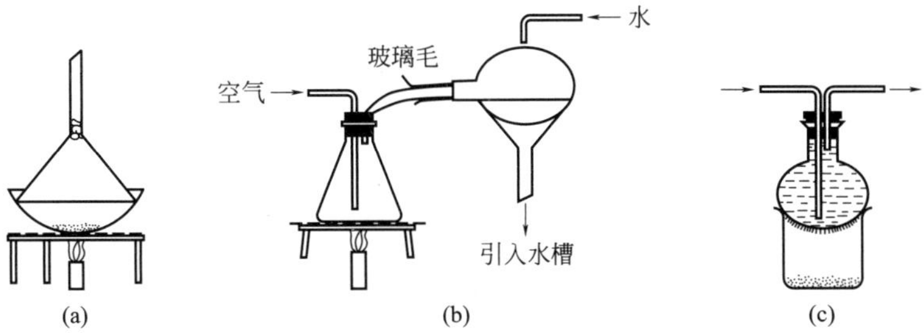

图 3-24　常压升华装置

石棉网上缓慢加热蒸发皿（最好用砂浴或其他热浴），小心调节火焰，控制浴温低于升华物质的熔点，使其慢慢升华。蒸气通过滤纸孔上升，冷却后凝结在滤纸上或漏斗壁。必要时漏斗外可用湿滤纸或湿布冷却。

通入空气或惰性气体进行升华的装置见图 3-24(b)。当物质开始升华时，通入空气或惰性气体，以带出升华物质，遇冷（或自来水冷却）即冷凝于壁上。

2. 减压升华

减压升华装置见图 3-25，把待升华的固体物质放入吸滤管中，将装有“冷凝指”的橡皮塞，严密地塞住管口，利用水泵或油泵减压，吸滤管浸入水浴或油浴中，缓慢加热，升华物质冷凝于指形冷凝管的表面。无论常压或减压升华，加热都应尽可能保持在所需要的温度，一般常用水浴、砂浴和油浴等热浴进行加热较为稳妥。

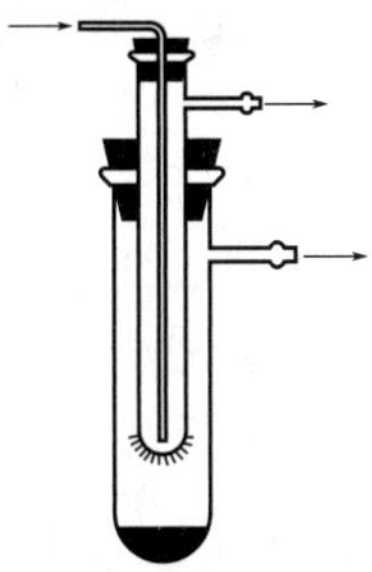

图 3-25　减压升华装置

三、实验操作

在蒸发皿中放入已充分干燥的待升华物质（如粗萘），蒸发皿上盖一张钻有密集小孔的滤纸[1]，滤纸上倒扣一个口径比蒸发皿略小的玻璃漏斗，漏斗颈部塞一点疏松棉花，在砂浴或石棉网上缓缓加热[2]，温度控制在升华物的熔点以下，使其慢慢气化升华。升华物粘附在滤纸或漏斗的内壁上，将产品用刮刀小心地从滤纸及漏斗上轻轻刮下，放在表皿上，称重[3]。

四、注释

[1] 滤纸安放太高，升华物蒸气不易升入滤纸以上结晶；安放太低，则易受杂质污染。

[2] 本实验的关键操作是在整个升华过程中都需用小火间接加热。如温度太高，会使产品发黄，被升华物很快烤焦；温度太低，升华物会在蒸发皿内壁上结出，与残渣混在一起。

[3] 本实验可与茶叶提取咖啡因的实验合在一起做。

思考题

1. 升华有何优缺点？凡固体有机物是否均可用升华方法纯化？

2. 升华中加热温度为什么要控制在升华物熔点以下？

实验 3-11 旋光度的测定

一、实验目的

1. 了解旋光仪的构造和原理。

2. 学会旋光度的测定方法，掌握比旋光度的计算。

3. 熟悉比旋光度法在测定糖类物质含量方面的应用。

二、实验原理

只在一个平面上振动的光叫做偏振光，光学活性物质可以使偏振光向左或向右偏转，偏转的角度加上旋光方向称为旋光度（optical rotation）。旋光度可以用旋光仪来准确测定。

物质旋光性的大小除与物质的本性有关外，还与其溶液的浓度、测定时的温度、液层的厚度、入射光的波长以及溶剂的性质等有关。通常规定在 20℃下，波长为 589.3nm 的光（钠光的 D 线）通过长度 1dm 装有 1g/mL 溶液的样品管时，测得的旋光度称为比旋光度（specific optical rotation）。比旋光度是旋光性物质的特性常数之一，符号为 $[\alpha]_{\mathrm{D}}^{20}$。旋光度 α 与比旋光度 $[\alpha]_{\mathrm{D}}^{20}$ 的关系是

$$[\alpha]_{\mathrm{D}}^{20}=\frac{\alpha}{cl}$$

式中，c 为溶液浓度，g/mL；l 为样品管长度，dm。

旋光仪是测定光学活性物质旋光度的专用仪器。通过旋光度的测定，可以分析某一物质的浓度、含量及纯度等。

旋光度的测定广泛应用于有机化学的各个研究领域。在农业上，可用于农用抗生素、农用激素、微生物农药以及农产品中淀粉含量等的成分分析；在医药上，可用于维生素、葡萄糖、抗生素等的分析及中草药的药理研究等；在生化方面，可进行生物制品（如氨基酸）生产过程的控制及成品检验等；在食品生产方面，可进行食糖、味精、酱油等生产过程的控制等。

三、仪器与试剂

仪器：WZZ-2A 型自动数显旋光仪，上海浦东物理光学仪器厂制造。

试剂：葡萄糖、果糖、麦芽糖、蔗糖。

四、实验步骤

1. 旋光工作曲线的绘制

分别称取 5.0g、10.0g、15.0g、20.0g、25.0g 葡萄糖，分别用少许蒸馏水溶解后转入 100mL 容量瓶中，用蒸馏水稀释定容至刻度。测定五个样品的旋光度。然后，以浓度（g/mL）为横坐标，以旋光度 α 为纵坐标，绘制旋光工作曲线（图 3-26）。

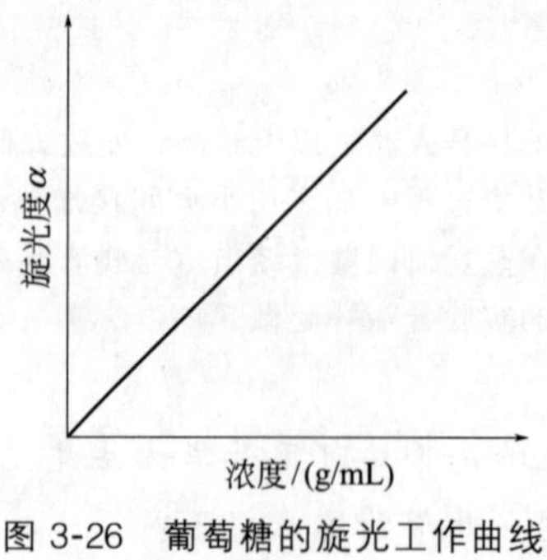

图 3-26 葡萄糖的旋光工作曲线

2. 未知样品浓度的测定

配制一未知浓度的葡萄糖溶液，按照以上方法测定其旋光度，然后从旋光工作曲线上查找其浓度，计算其百分含量。

3. 样品纯度的测定

先按规定浓度配制好糖类物质的溶液，按照以上方法测定其旋光度，计算比旋光度（表3-6），再按下式计算其纯度：

$$纯度(\%)=实测比旋光度/理论比旋光度\times100\%$$

表 3-6　一些糖的比旋光度

名　称	比旋光度$[\alpha]_D^{20}$	名　称	比旋光度$[\alpha]_D^{20}$
D-葡萄糖	+53°	麦芽糖	+136°
D-果糖	−92°	乳糖	+55°
D-半乳糖	+84°	蔗糖	+66.5°
D-甘露糖	+14°	纤维二糖	+35°

附注——WZZ-2A 型自动数显旋光仪的使用方法（图 3-27）

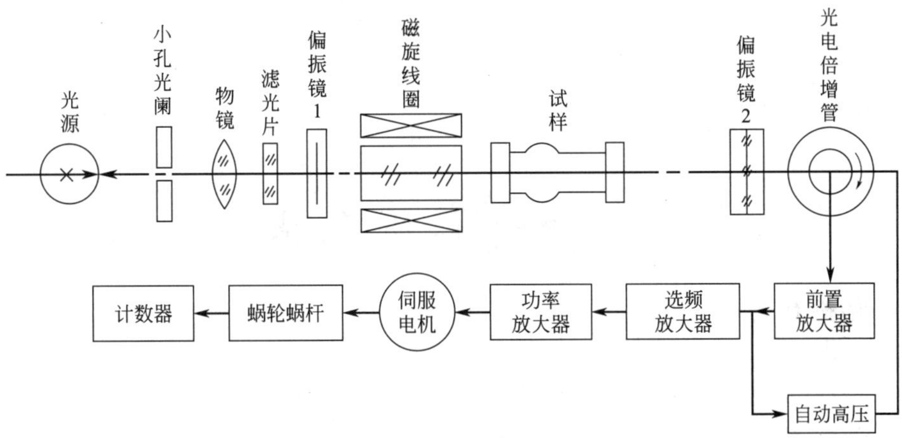

图 3-27　旋光仪结构示意图

（1）将仪器电源插头插入 220V 交流电源。

（2）打开电源开关，此时钠光灯启亮，预热 15min，使钠光灯发光稳定（黄光）。

（3）打开光源开关（如果光源开关打开后，钠光灯熄灭，则可将光源开关关闭再重复打开 1～2 次，此时钠光灯转换为在直流电作用下点亮，为正常黄光）。

（4）打开测量开关，仪器处于待测状态。

（5）装样后清零。在盛液管里装入蒸馏水或空白溶剂，放入样品室，盖上箱盖，等读数稳定后，按清零按钮，使显示屏读数为零。注意，如果盛液管里有气泡，应让气泡浮于凸颈处；通光面两端的雾状水滴，应用软布擦干；盛液管两端的螺帽不要旋得过紧，以免产生应力影响读数。此外，盛液管在放入样品室时要标清位置和方向（图 3-28）。

（6）测定。取出盛液管，倒出蒸馏水或空白溶剂。用待测液润洗数次后，在盛液管里装满待测液，按照相同的位置和方向放入样品室，盖上箱盖。读数窗口所显示的数字就是待测液的旋光度。

（7）复测。重复按下复测按钮，分别记下每次的读数，一般复测 2～3 次，取测定结果的平均值作为待测样品的旋光度。

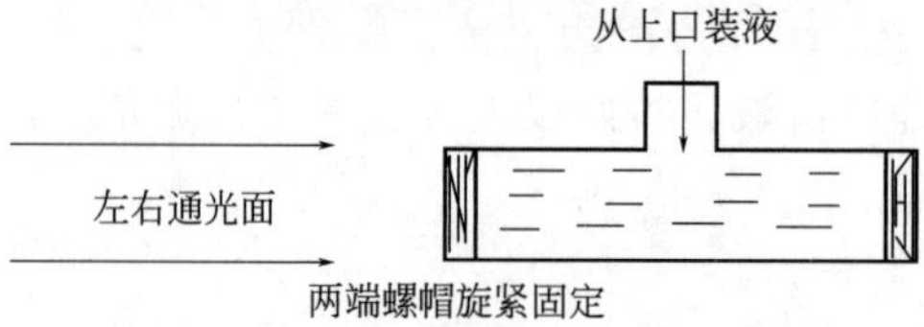

图 3-28 盛液管示意图

(8) 测定完毕后，依次关闭测量开关、光源开关、电源开关。

(9) 取出盛液管，倒出待测液，将盛液管洗净，妥善保存。

2. 仪器的维修与保养

(1) 仪器应放在干燥通风处，防止潮气侵蚀。尽可能在 20℃ 的工作环境中使用仪器，搬动仪器应小心轻放，避免震动。

(2) 钠光灯在使用一段时间后（几百小时），发光会明显变暗甚至熄灭，使仪器不能正常工作，读数重复性差。此时应更换钠光灯，可拆去仪器右侧板的通风板，拔出钠灯进行更换。

(3) 机械部件摩擦阻力增大时，可以打开后门板，在伞形齿轮蜗轮蜗杆处加入少许润滑油。

(4) 打开电源后，若钠光灯不亮，可检查保险丝。

思考题

1. 旋光性与分子结构有什么关系？
2. 怎样测定糖类物质的含量？

实验 3-12 纸色谱

一、实验目的

1. 了解纸色谱的基本原理。
2. 通过对氨基酸的分离和鉴定学习纸色谱的基本操作方法。

二、实验原理

纸色谱（paper chromatography）又称纸层析，是微量混合物快速分离的一种方法。一般把混合物点在层析纸条的一端，然后在展开槽中把点样端的一边浸入有机溶剂中，当有机溶剂借助毛细作用沿纸条上行时，各组分随之上行并被分离成不同的斑点，必要时喷显色剂使之显色。纸色谱属于分配色谱的一种。它的分离作用不是靠滤纸的吸附作用，而是以滤纸作为惰性载体，以吸附在滤纸上的水或有机溶剂作为固定相，流动相是被水饱和过的有机溶剂，利用样品中各组分在两相中分配系数的不同达到分离的目的。纸色谱主要用于多官能团或高极性化合物如糖、氨基酸等的分离。

三、仪器与试剂

仪器：展开槽、培养皿、毛细管、层析滤纸（中速）、电吹风、点样毛细管、尺子、铅笔、剪刀。

试剂：赖氨酸水溶液（2g/L）、苯丙氨酸水溶液（2g/L）、赖氨酸-苯丙氨酸混合液（浓度均为 2g/L）、展开剂（正丁醇-醋酸-水＝4∶1∶5）、显色剂茚三酮溶液（1g/L）。

四、实验步骤

1. 点样

取一张 4cm×15cm 的色谱纸（中速），在距滤纸一端 2～3cm 处用铅笔画一起始线，在距起始线 8cm 处画终点线。在起始线上做记号，整个过程中手只可接触终点线以外部分（如图 3-29 所示）。

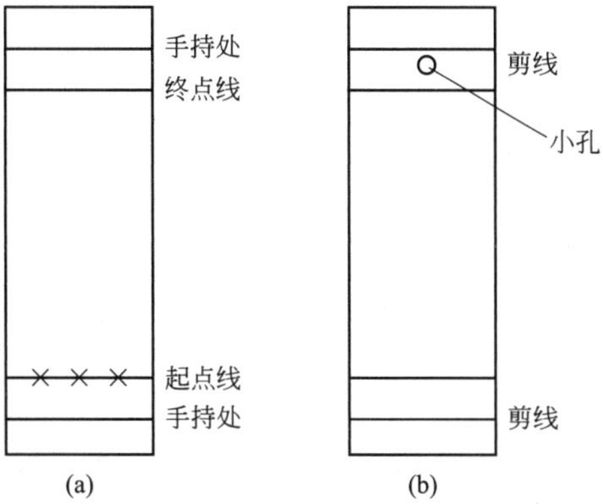

图 3-29 纸色谱点样

用内径小于 1mm 的毛细管分别吸取赖氨酸、苯丙氨酸、赖氨酸-苯丙氨酸混合液轻轻点在起始线的左、中、右位置，点样直径为 1.5～2mm，用电吹风将样品吹干后再重复点一次。

2. 展开

用剪刀在纸条上方中间剪一小孔，于展开槽中注入展开剂，将已点样的滤纸悬挂在展开槽内，将点有试样的一端放入展开剂液面下约 1cm 处，但试样斑点的位置必须在展开剂液面之上，待展开剂前沿上升至终点线时，取出层析纸，烘干。

3. 显色

将茚三酮溶液均匀地喷洒于层析纸上，烘干。用铅笔圈出斑点位置并找出最高浓度中心。

4. 计算比移值 R_f

测出斑点最高浓度中心与点样中心的距离，并计算出 R_f。在相同外界条件下，R_f 是特定常数。故若 R_f 相同、斑点颜色相同，混合样品中即含有与标准样相同的物质。

思考题

1. 点样时斑点为什么要控制一定的大小？太大或太小会怎么样？
2. 展开时，样点能否在展开剂液面之下，为什么？
3. 用 R_f 鉴定化合物时，为什么要在相同条件下作对比实验？
4. 弱极性或非极性有机化合物以及无机化合物能否用纸色谱分离和鉴定？为什么？

实验 3-13 分子立体模型组装

一、设计目的

1. 通过分子模型组装，建立分子的空间概念，丰富空间结构想象力。
2. 加深对立体异构现象的理解，掌握分子旋光性与其结构的关系。

二、设计提示

复习《有机化学》课程中已学过的构象异构、顺反异构和旋光异构的全部内容。

三、实验器材

盒装分子球棒模型。

四、设计内容

1\. 构象异构模型

（1）乙烷的构象　装配一个乙烷分子的球棒模型，旋转 C1—C2 键，随着相邻碳上氢原子位置的变化，体系能量不断变化，画出其能量变化曲线，指出乙烷的两种典型构象（conformation），并说明其典型构象在能量变化曲线上的峰谷位置，解释为什么。

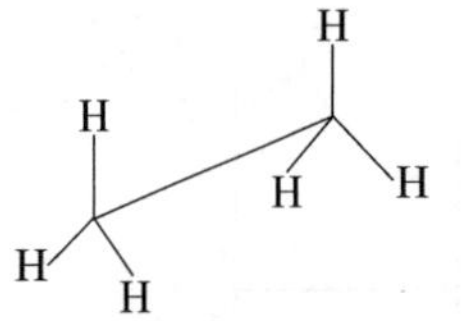

重叠式

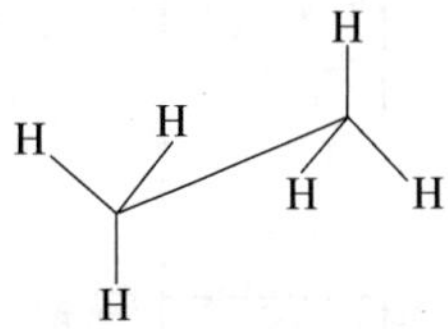

交叉式

（2）1,2-二氯乙烷的构象　组装一个 1,2-二氯乙烷的球棒模型，旋转 C1—C2 键，观察它有几种典型构象，画出其能量变化曲线，指出哪种典型构象最稳定，哪种典型构象最不稳定，为什么？组装正丁烷沿 C1—C2 和 C2—C3 键旋转所形成的典型构象，结合 Newmann 投影式比较其相对稳定性。

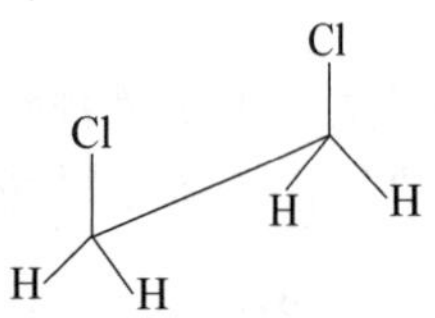

全重叠式

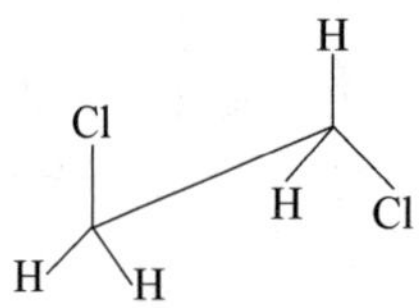

部分重叠式

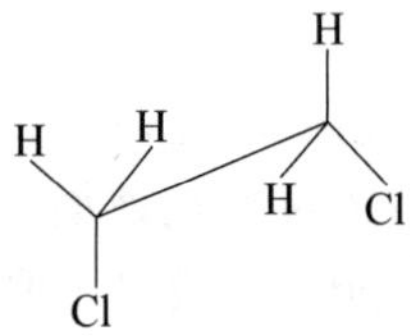

邻位交叉式

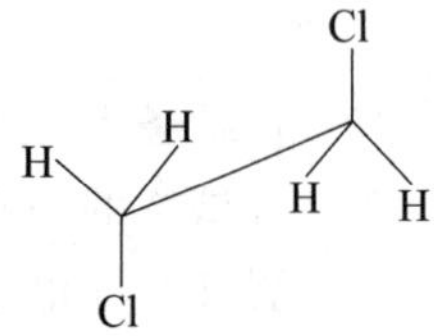

对位交叉式

（3）环己烷的构象　装配一个环己烷的球棒模型，使之成为椅式构象（与船式构象作对照）。边观察模型边思考问题。

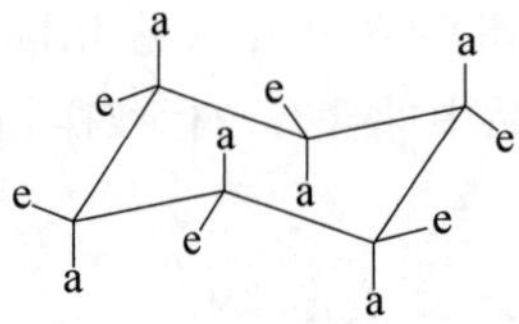

椅式构象

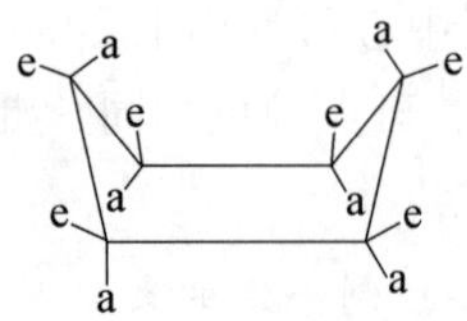

船式构象

① 沿任意 C—C 键观察，相邻两个碳上的价键是处于交叉式还是重叠式？

② 观察并总结平伏键的分布情况。

③ 画出椅式构象的透视式，标出每个碳上的平伏键和直立键。

④ 将环己烷椅式模型的 C1 轻轻向下压，C4 轻轻向上提，通过转环作用变为另一种椅式构象，观察翻转前后碳原子 C1、C3、C5 与 C2、C4、C6 相对位置的变化和每个 C—H 键与对称轴之间夹角的变化。

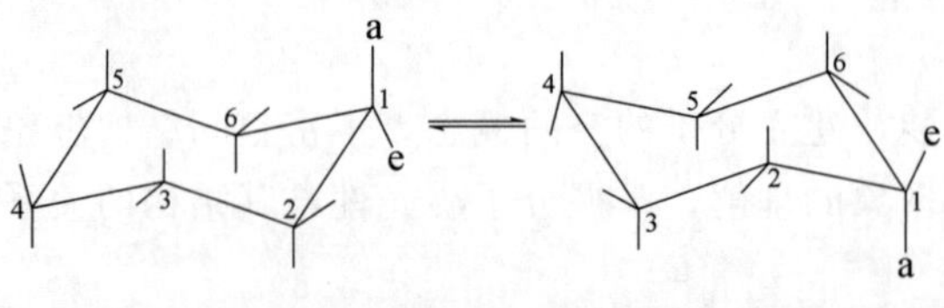

转环作用示意图

⑤ 组装、观察并比较 1,2-、1,3-、1,4-二取代环己烷的顺、反异构体，指出何种为优势构象。

⑥ 将 1,2-二甲基环己烷模型改装成顺式十氢萘、反式十氢萘，观察叔碳原子上 C—C 键的键型，试解释反式十氢萘比顺式十氢萘稳定的原因。

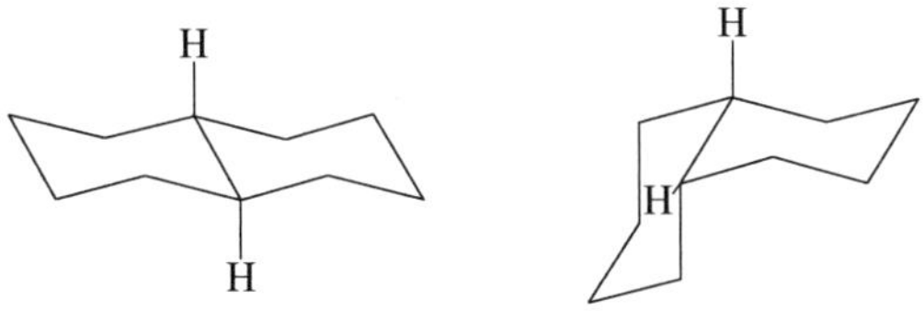

反式十氢萘　　　　顺式十氢萘

2. 顺反异构模型

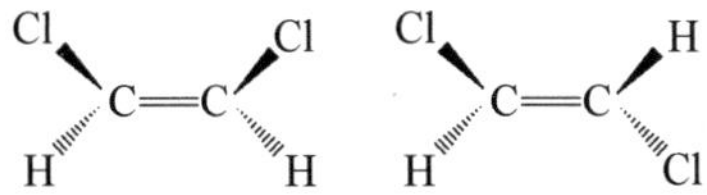

按上式组装 1,2-二氯乙烯的两个分子模型。(1) 这两个模型能重叠吗？是否为同一化合物？试以命名。(2)1,2-二氯乙烯具有顺反异构的原因是什么？(3) 试分析具有什么结构特征的烯烃存在顺反异构现象？

3. 旋光异构构型分析

(1) 乳酸的分子模型

按下式装配乳酸的两个分子模型（可用不同颜色的小球表示羟基、羧基、甲基和氢原子）。

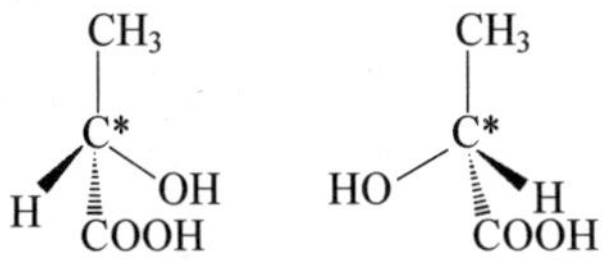

① 这两个模型能重叠吗？具有什么关系？

② 乳酸分子中有对称因素吗？有手性碳原子吗？

③ 画出这两个模型的 Fischer 投影式，判断其 R、S 构型。

④ 将前一个模型中任意两个基团或原子对调，与后一个模型有什么关系？

⑤ 将一个基团固定，其余三个基团（原子）依次轮换，其投影式不同，这是否意味着构型的改变？

(2) 酒石酸的分子模型和氯代苹果酸的分子模型

酒石酸分子中存在两个相同的手性碳原子，有三种旋光异构体，装配其模型。观察每个模型有无对称因素，判断其有无旋光性。指出其中的对映体、非对映体和内消旋体。

将酒石酸的分子模型改成氯代苹果酸的分子模型，回答：①氯代苹果酸分子中的两个手性碳原子是否相同？②氯代苹果酸存在几种旋光异构体？有几对对映体？

(3) 葡萄糖的椅式构象

① 根据 D-葡萄糖的氧环式结构，装配 α-D-葡萄糖的模型和 β-D-葡萄糖的模型，二者具有什么关系？

② 根据构象，解释为什么 β-D-葡萄糖在平衡体系中占优势？

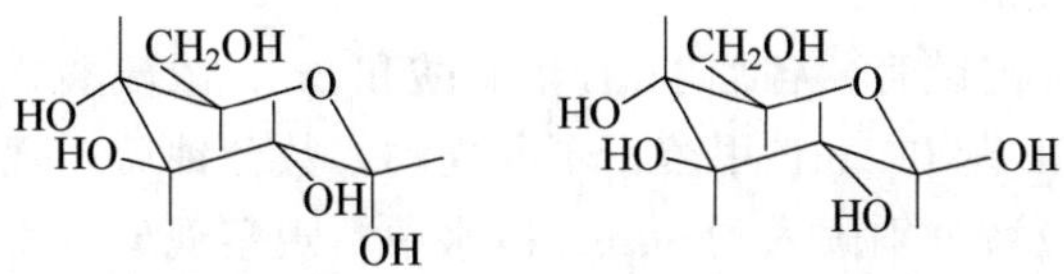

α-D-葡萄糖　　　　β-D-葡萄糖

第四章　有机化合物的性质实验

实验4-1　芳香烃的性质

一、实验目的

1. 熟悉芳香烃的主要化学性质。

2. 掌握芳香烃的卤代、硝化和氧化等反应特点及鉴别方法。

二、实验原理

苯环是一个非常稳定的体系，与一般的不饱和烃在化学性质上有很大区别，主要表现在易发生亲电取代反应，而不易发生加成反应和氧化反应。例如在一定条件下，可发生卤代、硝化、磺化及烷基化等反应。

当苯环上有脂肪烃基时，则可发生侧链的α-H取代反应和氧化反应。例如甲苯在光照下与溴发生取代反应生成溴化苄，对二甲苯与高锰酸钾等氧化剂作用可生成对苯二甲酸。

三、仪器与试剂

仪器：试管、滤纸条、10mL量筒、温度计、木塞、橡皮塞、塑料薄膜、抽滤装置、氯气发生器、酒精灯等。

试剂：苯及无水苯[1]、甲苯、二甲苯、氯苯、3%溴-四氯化碳溶液、铁粉、浓硝酸、浓硫酸、20%发烟硫酸、25%稀硫酸、萘粉、碳酸氢钠、乙醇、无水氯化铝、氯仿、0.5%高锰酸钾、浓盐酸、二氧化锰、甲醛-硫酸试剂[2]、四氯化碳、己烷、石油醚。

四、实验步骤

1. 溴代反应（bromination）

（1）苯环上的溴代　取4支干燥洁净试管，编号。在1和2号试管中各加10滴苯；在3和4号试管中各加10滴甲苯。然后在这4支试管中各加3滴3%溴-四氯化碳溶液，摇匀。在2和4号试管中各加少许铁粉，振荡，观察现象（如果温度过低，反应缓慢，可在沸水浴中加热数分钟）。

（2）苯环侧链上的溴代　取2支干燥洁净试管，各加入1mL甲苯和10滴3%溴-四氯化碳溶液，摇匀后，将一支放在阳光下（或60W以上的灯光下），另一支用黑纸包住（或放在柜中），稍待片刻，取出，向试管口吹气，观察现象。取2条滤纸，分别插入2支试管中，将其一端浸湿，取出，在空气中稍微晾干，小心嗅其气味，有何不同。

2. 硝化反应（nitration）

（1）苯的硝化　取2支试管，各加1mL浓硝酸和2mL浓硫酸，摇匀。稍冷后，在2支试管中分别慢慢滴加1mL苯和1mL甲苯，不断摇动，数分钟后，观察现象。

将2支试管中的反应液分别倾入到50mL冷水中，观察现象。

（2）萘的硝化　取1支试管，加0.5g萘[3]的粉末，再加2mL浓硝酸，摇动试管，观察现象。将试管口用木塞塞紧，在沸水浴中加热5min，同时摇动，观察现象。然后，将反应液倾入到 50mL 冷水中，观察现象。摇动后，再观察现象。

3. 磺化反应（sulfonation）

（1）苯的磺化　用干燥量筒取 20%发烟硫酸 2mL 装入 1 支干燥试管中，再将 1mL 苯分数次滴入，每次 4～5 滴，并摇动，使苯溶于硫酸中。若溶液发热，表明反应已经发生，保持温度在 30～50℃。若温度太高，可在冷水中降温。苯加完后 1～2min，得透明均匀溶液。将此溶液在摇动下慢慢加到另一支装有 7～8mL 水的试管中，此时，有副产物二苯砜沉淀析出[4]。过滤，用 50mL 烧杯收集滤液，于滤液中分数次加入 1.5g 碳酸氢钠，中和硫酸。再加入 1.5g 精盐，加热，搅动，使其溶解。趁热用扇形滤纸过滤，滤液冷却后，即有光亮的苯磺酸钠晶体析出。抽滤，晶体用饱和盐水洗涤，再用少量乙醇洗涤，然后将晶体铺在滤纸上晾干。

（2）萘的磺化　取 1 支干燥试管，加入 1g 萘，加热至熔化，稍冷后，加入 1mL 浓硫酸，放在酒精灯上加热 1～2min，加热时，应不断摇动，直至成为均匀溶液。冷却后，在制得的深色黏稠液中加入 2mL 水，加热溶解，再冷至 15～20℃，即有 β-萘磺酸晶体析出。

4. Friedel-Crafts 反应

取 1 支干燥洁净试管，加入 0.1g 无水氯化铝，加热试管，使三氯化铝升华至试管壁上，试管口装好干燥装置，冷却至室温。取另 1 只干燥洁净试管，加入 8 滴氯仿和 5 滴无水苯，摇匀，沿试管壁倒入第一支试管中，观察现象。

用甲苯、二甲苯、氯苯和萘为样品，做上述试验，观察现象，并解释之。

5. 氧化反应（oxidation）[5]

取 3 支洁净试管，各加 5 滴 0.5%高锰酸钾和 25%稀硫酸。然后，分别加入 10 滴苯、甲苯和 0.1g 萘的粉末，充分摇动。放在 50～60℃的水浴中加热 3～5min。比较这三种芳香烃的氧化情况[6]，并解释之。

6. 加成反应（addition）[7]

用氯气发生器制备氯气。取干燥的 100mL 烧瓶，收集浓硫酸干燥的氯气 1 瓶，用包有塑料薄膜的橡皮塞塞紧。打开塞子，迅速加入无水苯 0.5mL，塞紧塞子，转动烧瓶，使苯均匀的附着于烧瓶内壁。将烧瓶置于阳光下照射，引发反应，呈黄绿色透明的烧瓶立即卷起白雾。若将烧瓶用黑布包起来，放在黑暗处 15min，白雾消失，再光照，白雾又起。如此反复数次，最后可观察到无色的六氯环已烷（俗称六六六）晶体附着在烧瓶内壁。

7. 芳香烃的鉴定

（1）发烟硫酸试验　取干燥试管 3 支，分别加入烃类样品 1mL，加入 20%发烟硫酸 2mL，充分摇动后，静置数分钟。芳香烃和不饱和烃能“溶解”于发烟硫酸中，烷烃则不能。

样品：甲苯、环已烯、正已烷。

（2）甲醛-硫酸试验

取 4 支干燥洁净试管，编号。各加 5 滴不含芳香烃的溶剂（如氯仿、四氯化碳或已烷等），再分别加 5 滴苯、甲苯、萘和石油醚，摇匀。向这 4 支试管中分别滴加甲醛-硫酸试剂，静置片刻，观察 4 支试管中甲醛-硫酸试剂表面显色情况有何不同。

五、注释

[1] 无水苯的制备方法：苯与大多数碳氢化合物一样，很容易干燥，不需要预处理。有几种干燥剂如氧化铝、氢化钙和 4Å 分子筛（有效孔径约 4Å）等可以把水含量降低到小于 1ppm。然后蒸馏，保存时，瓶中可放入 4Å 分子筛。也可以采用无水无氧装置来干燥，可以用氢化钙做干燥剂。上述方法比用钠干燥要温和。甲苯也可以采用这种方式来干燥。

[2] 甲醛-硫酸试剂的配制方法：在 1mL 浓硫酸中加入 2 滴 40%甲醛溶液。在室温或温热条件下，芳

香烃、酚和噻吩与甲醛-硫酸试剂作用，生成红色、紫色或绿色固体，脂肪烃无此现象。

[3] 萘易升华，反应时，将试管口用塞子塞紧，以免萘逸出，使反应不明显。

[4] 磺化反应是放热反应，如果温度超过 50℃，副产物二苯砜增加。

[5] 高锰酸钾用量要少，否则，短时间内，颜色不易褪去。

[6] 有时苯的试管也有变色现象，主要是因为：(1) 苯中含有少量甲苯；(2) 硫酸中含有少量还原性物质；(3) 水浴温度过高，加热时间过长。

[7] 本实验可作为一个演示实验，或在老师指导下进行。

思考题

1. 甲苯的卤代和硝化等反应为什么比苯容易?

2. 试解释发烟硫酸的试验原理?

3. 甲醛-硫酸试剂鉴定芳香烃的原理是什么?

4. 为什么在本实验条件下，萘磺化的产物是β-萘磺酸?

重要芳香族化合物

1. 苯（benzene）

苯为无色透明液体，有特殊气味，微溶于水，能与乙醇、乙醚、丙酮和四氯化碳等有机溶剂任意混溶。

苯有毒，对造血系统有损害，可导致血液不正常，使各类指数下降。早期中毒表现为白细胞数的持续降低和头晕、乏力等。

2. 甲苯（toluene）

甲苯为无色透明液体，有类似苯的芳香气味。熔点－94.9℃，沸点 110.6℃，不溶于水，可混溶于苯、醇、醚等多数有机溶剂。甲苯对皮肤、黏膜有刺激性，对中枢神经系统有麻醉作用。对环境有严重危害，对空气、水环境及水源可造成污染。

甲苯化学性质活泼，可进行氧化、磺化、硝化和歧化反应，以及侧链氯化反应。甲苯能被氧化成苯甲酸。甲苯大量用作溶剂和高辛烷值汽油添加剂，也是有机化工的重要原料。甲苯衍生的一系列中间体，广泛用于染料、医药、农药、火炸药、助剂、香料等精细化学品的生产，也用于合成材料工业。

3. 硝基苯（nitrobenzene）

硝基苯，又名苦杏仁油，为无色或微黄色具苦杏仁味的油状液体。熔点 5.7℃，沸点 210.9℃。难溶于水，密度比水大；易溶于乙醇、乙醚、苯和汽油。遇明火、高热会燃烧、爆炸。

硝基苯由苯经硝酸和硫酸混合硝化而得，用作有机合成中间体及生产苯胺的原料，也用于生产染料、香料、炸药等有机合成工业中。

4. 二甲苯（xylene）

二甲苯为无色透明液体，是苯环上两个氢被甲基取代的产物，存在邻、间、对三种异构体。熔点，邻二甲苯－25.2℃，间二甲苯－47.9℃，对二甲苯 13.2℃；沸点，邻二甲苯 144.43℃，间二甲苯 139.12℃，对二甲苯 138.36℃。

在工业上，二甲苯即指上述异构体的混合物。二甲苯具有刺激性气味，易燃，与乙醇、氯仿或乙醚能任意混合，在水中不溶。沸点为 137～140℃。二甲苯对眼及上呼吸道有刺激作用，高浓度时，对中枢系统有麻醉作用。

二甲苯被广泛用于涂料、树脂、染料、油墨等行业做溶剂；用于医药、农药等行业做合成单体或溶剂，也可作为高辛烷值汽油组分，也是有机化工的重要原料，还可用于去除车身的沥青。医院病理科主要用于组织、切片的透明和脱蜡。

5. 乙苯（ethylbenzene）

乙苯为无色液体，有芳香气味。熔点−94.9℃，沸点136.2℃，存在于煤焦油和某些柴油中。乙苯易燃，其蒸气与空气可形成爆炸性混合物，遇明火、高热或与氧化剂接触，有引起燃烧爆炸的危险。

乙苯对皮肤、黏膜有较强刺激性，高浓度有麻醉作用。轻度中毒有头晕、头痛、恶心、呕吐、步态蹒跚、轻度意识障碍及眼和上呼吸道刺激症状。重者发生昏迷、抽搐、血压下降及呼吸循环衰竭。

乙苯用于有机合成和用作溶剂，主要用于生产苯乙烯，进而生产苯乙烯均聚物以及以苯乙烯为主要成分的共聚物。乙苯少量用于有机合成工业，例如生产苯乙酮、乙基蒽醌、对硝基苯乙酮、甲基苯基甲酮等中间体。在医药上用作合霉素和氯霉素的中间体。也用于香料中间体。此外，还可作溶剂使用。

实验 4-2 卤代烃的性质

一、实验目的

1. 熟悉卤代烃的主要化学性质。

2. 比较不同卤代烃的反应速度，掌握其鉴别方法。

二、实验原理

结构不同的卤代烃活性不同，可用硝酸银的醇溶液来试验其活性，并推测卤代物的可能结构。一般而言，乙烯型卤代烃（如氯乙烯、氯代苯等）分子中的卤原子极不活泼，与硝酸银-乙醇溶液共热不反应；烯丙型卤代烃（如3-溴代丙烯、氯化苄等）分子中的卤原子则非常活泼，在常温下可与硝酸银-乙醇溶液反应，反应式如下：

$$CH_2{=}CHCH_2Br + AgNO_3(\text{乙醇}) \longrightarrow AgBr\downarrow + CH_2{=}CHCH_2ONO_2$$

$$C_6H_5CH_2Cl + AgNO_3(\text{乙醇}) \longrightarrow AgCl\downarrow + C_6H_5CH_2ONO_2$$

孤立型卤代烃和卤代烷烃（如4-氯-1-丁烯、2-苯氯乙烷及氯仿等）分子中的卤原子不太活泼，但在加热情况下可与硝酸银-乙醇溶液反应。

在卤代烷中，烷基的结构影响着卤素的活泼性。叔卤代烃的活性比仲卤代烃和伯卤代烃大，即活性次序为 $R_3CX > R_2CHX > RCH_2X$。在烃基结构相同时，不同的卤原子活性不同，其活泼性次序为 $RI > RBr > RCl > RF$。

三、仪器与试剂

仪器：试管、pH试纸、酒精灯等。

试剂：1-氯丁烷、2-氯丁烷、叔丁基氯、氯苯、苄氯、氯仿、四氯化碳、15%碘化钠-丙酮溶液、苯甲酰氯、溴乙烷、15%硝酸、5%硝酸银的乙醇溶液、5%氢氧化钠、氨水、0.5%高锰酸钾。

四、实验步骤

1. 卤代烃与碘化钠-丙酮溶液作用

取5支干燥洁净试管，分别加入3滴1-氯丁烷、2-氯丁烷、叔丁基氯、氯苯和苄氯，然后，在每支试管中各加1mL 15%的碘化钠-丙酮溶液，边加边摇。同时，注意观察各试管中的现象变化，记录沉淀时间。约5min后，把未出现沉淀的试管放在50℃水浴中加热（不能超过50℃，以免影响实验结果），加热6min后，取出试管，冷至室温，注意观察从加热到冷却过程中各试管里的变化情况，记录沉淀产生的时间。试解释反应现象。

2. 卤代烃与硝酸银-乙醇溶液作用

取5支干燥洁净试管，分别加入3滴1-氯丁烷、2-氯丁烷、叔丁基氯、氯苯、苄氯和苯甲酰氯，然后，在每支试管中各加1mL 5%的硝酸银-乙醇溶液，边加边摇，同时，注意观察各试管中是否有沉淀出现以及出现的时间。约5min后，把未出现沉淀的试管放在水浴中加热至微沸，同时，注意观察各试管中是否有沉淀出现以及出现的时间，试解释之。

3. 卤代烃的水解

（1）溴乙烷的水解　在试管中加2滴溴乙烷和2mL 5%氢氧化钠，加热要缓慢，可先在水浴上加热5min左右（溴乙烷的沸点较低），摇动，稍后冷至室温，滴加15%硝酸，中和至呈中性或微酸性（用pH试纸检验），再滴加几滴5%硝酸银-乙醇溶液，观察现象。

（2）氯仿和四氯化碳的水解　在试管中加6滴氯仿和6mL 5%氢氧化钠，小火加热至沸腾后，停止加热。冷至室温，分装于3支试管中，编号。做下列试验：

① 氯离子的检验。在1号试管中，滴加15%硝酸至溶液呈中性或微酸性，然后，滴加3滴5%硝酸银-乙醇溶液，观察现象，试解释之。

② 与Tollens试剂作用。另取1支试管，加0.5mL 5%硝酸银-乙醇溶液和0.5mL 5%氢氧化钠，有棕色沉淀出现，充分摇动后，向试管中滴加氨水，边滴边摇，使沉淀刚好溶解为止。然后，将此溶液滴加到2号试管中，观察现象，并解释之。试验完毕，及时用硝酸洗涤。

③ 与高锰酸钾作用。在3号试管中，滴加2滴0.5%高锰酸钾，观察现象。

用四氯化碳重复上述实验，比较二者水解反应的异同。

思考题

1. 在与碘化钠-丙酮溶液的反应中，苄氯和1-氯丁烷哪一个反应快？为什么？
2. 在实验中，为什么用硝酸银-乙醇溶液而不用水溶液？
3. 氯仿的水解产物为什么用Tollens试剂检验？

重要卤代烃

1. 溴甲烷（bromomethane）

无色气体，一般加压液化储存在耐压容器中。溴甲烷有强烈的神经毒性，是一种熏蒸杀虫剂，能消灭棉花红铃虫、蚕豆象、米象，但对人畜有毒，需慎用。

2. 三氯甲烷（trichloromethane）

俗称氯仿（chloroform），为无色透明液体，是常用的有机溶剂。纯氯仿可以作为大牲畜外科手术的麻醉剂。遇空气和日光能缓慢氧化成极毒的光气：

$$CHCl_3 + O_2 \xrightarrow{\text{日光}} COCl_2 + HCl$$

因此，氯仿要保存于密闭的棕色瓶中避免日光照射。光气剧毒，通常采用在氯仿中加入少量乙醇的方法除去。

$$COCl_2 + CH_3CH_2OH \longrightarrow CO(OCH_2CH_3)_2 + HCl$$

三氯甲烷可作用于中枢神经系统，有麻醉作用。长期接触后会引起肾脏、肝脏的损害，还会引起心脏紊乱，心力衰竭以至死亡。

3. 三碘甲烷（triiodomethane）

俗称碘仿（iodoform），为黄色固体，熔点120℃，难溶于水，可用作消毒剂和防腐剂。

4. 四氯化碳（carbon tetrachloride）

无色液体，为常用有机溶剂。易挥发，蒸气比空气重，且不燃烧，是良好的灭火剂。但在500℃以上时，能发生水解而产生光气，灭火时注意通风。在农业上用作熏蒸杀虫剂和牲畜的驱钩虫剂。

5. 氟利昂（freon）

含氟含氯的多卤代甲烷和多卤代乙烷的统称。例如：CCl_2F_2，$CHClF_2$，CCl_3F，$CFCl_2$-CF_2Cl。CCl_2F_2 商品名F12，室温下为无色、无臭气体，沸点−26.8℃，易压缩成液体，解压缩后能大量吸热，常作为空调机的制冷剂。

氟利昂毒性小，无腐蚀性，不燃，化学性质稳定，还可以用作灭火剂和喷雾剂，但对臭氧层有破坏作用，现已禁用。

实验4-3 醇和酚的性质

一、实验目的

1. 熟悉醇、酚的主要化学性质。

2. 比较醇和酚之间化学性质的差异，掌握羟基和苯环的相互影响。

二、实验原理

一元醇是中性化合物，不与碱作用，但醇羟基中的氢原子可被金属钠取代而生成醇钠，此反应比水与钠的反应温和得多，说明醇的酸性比水弱。具有相邻羟基的多元醇，由于羟基间的相互影响，羟基中氢原子具有一定的酸性，可与某些金属氢氧化物发生反应，生成具有环状结构的产物，也易被氧化剂氧化而断链。

酚羟基由于与苯环直接相连，使羟基中氢氧键的极性增大，在水溶液中可部分解离出氢离子，因此酚具有弱酸性；又由于羟基的定位效应，使苯环在邻位和对位上易发生亲电取代反应。

三、仪器与试剂

仪器：镊子、小刀、试管、大试管、10mL量筒、油浴、酒精灯等。

试剂：乙醇、甘油、乙二醇、正丁醇、仲丁醇、叔丁醇、10%乙二醇、苯酚、1%苯酚溶液、α-萘酚、10%甘油、乙醚（未纯化）、无水乙醚、饱和苯酚、饱和对苯二酚、饱和间苯二酚、α-萘酚乙醇溶液、β-萘酚乙醇溶液、酚酞、Lucas试剂[1]、Schiff试剂[2]、硝酸铈铵试剂、浓盐酸、45%氢碘酸、15% Na_2CO_3、10% $CuSO_4$、5% NaOH、5%高碘酸、浓硫酸、15%硫酸、饱和亚硫酸钠、饱和碳酸氢钠、1%三氯化铁、1%硝酸银、1%碘化钾、饱和溴水[3]、硝酸汞试剂[4]、金属钠、

四、实验步骤

1. 醇的性质

（1）醇钠的生成和水解　取2支干燥的试管，于一支试管中加入1mL无水乙醇，另一支试管里加入1mL正丁醇，然后分别向两支试管里各加1粒金属钠。用大拇指按住试管口，待气体平稳放出增多时，将试管口靠近灯焰，放开大拇指，观察是否有爆鸣声。

将制得的溶液加入5mL水，摇动试管，加入2滴酚酞指示剂，观察现象，并说明原因。

（2）Lucas试验　取3支干燥试管，分别加入1mL正丁醇、仲丁醇和叔丁醇，然后各加入2mL Lucas试剂，用软木塞塞住试管口，摇动试管后静止，观察变化，并记下反应液

出现浑浊的时间。

（3）多元醇的反应

① 氢氧化铜试验。在 2 支试管中各加入 5%氢氧化钠溶液 3mL 和 5 滴 10% $CuSO_4$ 溶液，然后再分别加入乙二醇及甘油各 5 滴，振荡试管，观察现象。

② 高碘酸试验。在两支试管中各加入 3 滴 10%乙二醇、10%甘油，然后在每支试管里各加入 3 滴 5%高碘酸溶液。将混合物静置 5min，在每支试管中各加入 3～4 滴饱和亚硫酸钠溶液以还原过量的高碘酸。最后再各加入 1 滴 Schiff 试剂，将混合物静置数分钟后，观察现象。

2. 酚的性质

（1）酚的酸性　取 2 支试管，分别加入 5 滴饱和苯酚、α-萘酚溶液，再各加 1mL 水，摇动试管。然后在 2 支试管里滴加 5%氢氧化钠溶液至酚全部溶解为止，再用 15%稀硫酸酸化，观察现象。

（2）苯酚与饱和溴水反应　取 1 支试管，加入 4 滴 1%苯酚溶液，再慢慢加入 1 滴饱和溴水，并不断振荡，观察现象。

（3）酚和三氯化铁的反应　取 6 支试管，编号。向每支试管里分别加入 5 滴饱和苯酚、对苯二酚、间苯二酚、1,2,3-苯三酚溶液、α-萘酚乙醇溶液和 β-萘酚乙醇溶液，观察现象。

（4）酚的氧化反应　取 1 支试管，加入 1mL 饱和对苯二酚溶液，再逐滴加入 5 滴 1%硝酸银，边加边摇。静置，观察现象。

五、注释

[1] Lucas 试剂的配制方法：将无水氯化锌在蒸发皿中加强热使其熔融，稍冷后置干燥器中冷至室温，取出捣碎。称取 136g 溶于 90mL 浓盐酸中。溶解时有大量氯化氢气体和热量放出，冷却后存于玻璃瓶中，塞紧待用。

[2] Schiffs 试剂的配制方法：称取 0.5g 品红盐酸盐溶解于 500mL 蒸馏水中，过滤。另取 500mL 蒸馏水通入二氧化硫至饱和。将这两种溶液混合均匀，静止过夜即成。贮于密闭的棕色瓶中。

[3] 溴水溶液的配制方法：称取 15g 溴化钾溶解于 100mL 水中，加入 10g 溴，摇荡。

[4] 硝酸汞试剂的配制方法：量取 1mL 浓硝酸加入 49mL 水中，再加硝酸汞制成饱和溶液，避光保存。

思考题

1. 在卢卡斯试验中，氯化锌起何作用？
2. 为什么苯酚的溴代反应比苯的要快？

重要的醇、酚

1. 甲醇（methanol）

甲醇最早从木材干馏得到，又称木精。自然界中天然存在的甲醇极少，但它的酯和醚在自然界中却相当普遍。甲醇为具有酒味而略带刺激性气味的无色透明液体，沸点 65℃。甲醇能与水及许多有机溶剂混溶，与无水氯化钙生成结晶醇（$CaCl_2 \cdot 4CH_3OH$），所以甲醇不能用无水氯化钙干燥。甲醇毒性很强，吸收会造成累积性的神经中毒，能引起昏厥、抽搐、神经损伤，以及视力障碍和失明，致死量为 25g。误服甲醇时可用碳酸铵等碱性物质解毒，直至尿呈碱性（pH=7.5）时为止。

2. 乙醇（ethanol）

乙醇是白酒的主要成分，俗称酒精，为无色透明有浓厚酒香的液体，沸点 78.5℃。室温下，乙醇无色易燃，与水、乙酸、丙酮、苯、四氯化碳、氯仿、乙醚、乙二醇、甘油、硝基甲烷、吡啶和甲苯等溶剂混溶。

乙醇在医药上可作外用消毒剂（70%），是一种很好的溶剂，既能溶解许多无机物，又能溶解许多有机物，所以常用乙醇来溶解植物色素或其中的药用成分，也常用乙醇作为反应的溶剂。

3. 丙三醇（propanetriol）

俗称甘油，为无色黏稠状具有甜味的液体，与水能以任意比例混溶。甘油具有很强的吸湿性，对皮肤有刺激性，作皮肤润滑剂时，应用水稀释。甘油三硝酸酯俗称硝酸甘油，它具有扩张冠状动脉的作用，可用来治疗心绞痛。

4. 乙二醇（ethylene glycol）

无色液体，有甜味，俗称甘醇。能与水、乙醇、丙酮等混溶，但不溶于极性小的乙醚。主要用作合成涤纶及其高聚物的原料，也可用作防冻剂。

5. 苯甲醇（benzyl alcohol）

苯甲醇，又称苄醇，是最简单的芳香醇之一，可看作是苯基取代的甲醇。在自然界中多数以酯的形式存在于香精油中，例如茉莉花油、风信子油和秘鲁香脂中都含有此成分。无色液体，有刺激性气味。易溶于乙醇、乙醚等有机溶剂，能溶于水。可用于制作香料和调味剂（多数为脂肪酸酯），还可用作明胶、虫胶、酪蛋白及醋酸纤维等的溶剂。可用于药膏剂或药液里作为防腐剂和广泛用于制笔（圆珠笔油）、油漆溶剂等。

6. 苯酚（phenol）

苯酚最初是从煤焦油中分馏得到的，由于具有酸性，故俗称为石炭酸。纯的苯酚是无色针状结晶，有刺激性气味，熔点 43℃，沸点 182℃。苯酚微溶于水，易溶于乙醇和乙醚。在空气中放置因氧化而变红色。

苯酚是有机合成上的重要原料，用于制造塑料、染料、药物等。苯酚能凝固蛋白，因此具有杀菌和消毒作用。

7. 甲苯酚（cresol）

甲苯酚也是煤焦油的分馏产物，有与苯酚相似的气味，它有邻、间、对三种异构体，这三种异构体的沸点很接近，难以分离，通常使用它们的混合物。甲苯酚的杀菌能力比苯酚强，医药上用的消毒剂“煤酚皂”（俗称来苏水），就是 47%～53%的三种甲苯酚的肥皂水溶液。

苯酚和甲苯酚对皮肤有腐蚀性，使用时应注意。

8. 苯二酚（benzenediol）

苯二酚有邻位、间位、对位三种异构体，对苯二酚又称氢醌，邻苯二酚又称儿茶酚或焦儿茶酚，它们的衍生物多存在于植物中。三种苯二酚都是结晶性固体，能溶于水、乙醇、乙醚中。间苯二酚用于合成染料、树脂、黏合剂等；邻苯二酚和对苯二酚由于易被弱氧化剂氧化为醌，主要用途是还原剂，如用作黑白胶片的显影剂等。

9. 苯三酚（benzenetriol）

苯三酚有 1,2,3-苯三酚和 1,3,5-苯三酚两种常见的异构体。1,2,3-苯三酚俗名焦性没食子酸，白色晶体，有毒，易溶于水、乙醇、乙醚。常用于制造染料、混合气体中氧气的定量分析和用作摄影的显影剂。

1,3,5-苯三酚又名均苯三酚，呈白色至淡黄色晶体，有甜味，微溶于水，易溶于乙醇、乙醚等。可用于制造染料、药物、树脂等，并用作晒图纸的显色剂。

实验 4-4 醛和酮的性质

一、实验目的

1. 熟悉醛和酮的化学性质。

2. 掌握醛和酮的化学鉴别方法。

二、实验原理

醛和酮均含有羰基，能与许多试剂（如苯肼、2,4-二硝基苯肼、羟胺、缩氨脲等）发生亲核加成反应。与2,4-二硝基苯肼作用时生成黄色、橙色或橙红色的2,4-二硝基苯腙沉淀。2,4-二硝基苯腙是有固定熔点的结晶，易于从反应液中析出，因此可作为检验醛和酮的定性试验。

醛和脂肪族甲基酮与亚硫酸氢钠会发生加成反应，加成产物以结晶形式析出，将加成产物与稀盐酸或稀碳酸钠溶液共热，则分解为原来的醛或脂肪族甲基酮。这一反应可用来鉴别和纯化醛或甲基酮。

凡是含有3个α-H的醛、酮（乙醛或甲基酮）和能被氧化成含3个α-H的醛或酮的醇都能发生碘仿反应。在碱性条件下，具有α-H的醛或酮可发生羟醛缩合反应。无α-H的醛则发生Cannizzaro反应（歧化反应）。

在弱氧化剂存在下，醛很易被氧化生成同碳原子数的羧酸，而酮则难以被氧化。因此，可以用弱氧化剂Tollens试剂区别醛和酮，用Fehling试剂区别脂肪醛和芳香醛。

酮不能与Schiffs试剂反应，而醛与Schiffs试剂反应时可生成紫红色的产物，其中只有甲醛与Schiffs试剂的加成物溶液在加入浓硫酸后，紫色不会褪去。

三、仪器与试剂

仪器：试管、10mL量筒、酒精灯等。

试剂：乙醛、丙酮、3-戊酮、苯甲醛、甲醛、庚醛、3-己酮、苯乙酮、丙醛、乙醇、异丙醇、叔丁醇、饱和亚硫酸氢钠溶液、2,4-二硝基苯肼溶液、氨基脲盐酸盐、结晶醋酸钠、10%NaOH溶液、Schiffs试剂、5%硝酸银溶液、Fehling试剂。

四、实验步骤

1. 醛和酮的亲核加成反应（nucleophilic addition）

（1）与亚硫酸氢钠的加成　向4支试管里分别加入2mL新配制的饱和亚硫酸氢钠溶液[1]，各滴加样品6～8滴，剧烈振荡，摇匀，置于冰水中冷却，观察有无沉淀析出，比较其沉淀析出的相对速率，并解释之。滤出乙醛与亚硫酸氢钠的加成沉淀物，滴加2～3mL稀盐酸，观察有何气体放出，为什么？

样品：乙醛、丙酮、3-戊酮、苯甲醛。

（2）与2,4-二硝基苯肼的加成　向4支试管里分别滴入1mL 2,4-二硝基苯肼溶液，再各加样品1～2滴（不溶于水者可加10mg左右，并滴加1～2滴乙醇助溶），摇匀，静置，观察有无沉淀析出，并记录沉淀的颜色（若无沉淀析出，可用棉花塞好试管口，微热之）。

样品：甲醛、乙醛、丙酮、苯甲醛。

2. 醛和酮的α-H的反应

取4支试管分别加入3mL水，各加5滴样品，再滴入10%NaOH溶液呈碱性，逐滴加入碘的碘化钾溶液，边滴边摇，直至出现浅黄色沉淀，记录反应现象并解释之。

样品：甲醛、乙醛、丙醛、乙醇。

3. 鉴别醛和酮的化学反应

（1）Schiffs试剂反应　向各盛有1mL Schiffs试剂的3支试管中，分别滴加2滴样品，摇动试管，观察有什么现象。在出现紫红色的试管中各加入几滴浓硫酸，观察溶液颜色有什么变化。

样品：甲醛、乙醛、丙酮。

（2）Tollens试剂反应　取4支洁净的试管[2]，各加入4mL 5%硝酸银溶液，然后在振荡下逐滴加2%氨水溶液，直到析出的沉淀恰好溶解为止。分别加入2滴样品，振荡混匀后，水浴加热 5min，观察现象并比较反应结果。

样品：甲醛、乙醛、丙酮、乙醇。

（3）Fehling 试剂反应　取 Fehling 试剂 A 和 B 各 2mL 于试管中混匀，平均分装在 4 支试管中，各加 5 滴样品，振荡，加热煮沸，观察反应现象并比较结果。

样品：甲醛、乙醛、丙酮、苯甲醛。

（4）与铬酸[3] 的反应　取 5 支试管，各加入 0.5mL 丙酮，2 滴铬酸试剂，放置 2～3min，然后分别滴加 3 滴样品，观察溶液的颜色变化。

样品：乙醛、苯甲醛、乙醇、异丙醇、叔丁醇。

五、注释

［1］本实验使用的饱和亚硫酸氢钠溶液、2,4-二硝基苯肼溶液、碘的碘化钾溶液、品红试剂、Tollens 试剂、Fehling 试剂等的配制方法均见附录。

［2］所用试管应充分洗净，如果试管不干净，则不会出现银镜，仅出现黑色絮状沉淀。Tollens 试剂久置后将形成叠氮银（AgN_3）沉淀，容易爆炸，故必须临时配用。进行实验时，切忌用灯焰直接加热，以免发生危险。实验完毕后，应加入少许硝酸，立即煮沸洗去银镜。

［3］铬酸试剂的配法：将 25.0g CrO_3 小心溶于 25mL 浓硫酸中，搅拌成均匀糊状物为止。然后将此糊状物注入 75mL 蒸馏水中即可（应为透明橙色溶液）。

思考题

1. 鉴别醛、酮有哪些简便的方法？

2. 下列所举实验事实，对判断某化合物的化学结构将得到什么结论？

（1）与 2,4-二硝基苯肼及斐林试剂都有反应；

（2）与 2,4-二硝基苯肼有反应，但与托伦试剂无反应；

（3）与苯肼无反应，但在碱性溶液中与碘反应生成黄色固体。

3. 哪一种丁醇能起碘仿反应？

4. 在卤仿反应中为什么不选用氯和溴，而选用碘？配制试剂时为什么还要加入碘化钾？

重要的醛和酮

1. 甲醛（formaldehyde）

甲醛俗名蚁醛，是具有强烈刺激性气味的无色气体，易溶于水和乙醇。甲醛具有凝固蛋白质的作用，因而具有杀菌和防腐能力。40％的甲醛水溶液称福尔马林（Formalin），它可使蛋白质变性，具有广谱杀菌作用。主要用于外科器械的消毒，也用作保存生物标本的防腐剂。

工业上将甲醇蒸气和空气的混合物在高温下通过银催化氧化，生成甲醛。甲醛多用于制造酚醛树脂、脲醛树脂、合成纤维及季戊四醇等。甲醛是室内环境和食品的污染源之一，甲醛对人类健康有很大的危害，已被世界卫生组织确定为致癌物质和致畸形物质。

2. 乙醛（acetaldehyde）

乙醛是具有刺激性气味的无色液体，沸点 21℃，易溶于水和乙醇等有机溶剂中。乙醛可由乙炔加水制得。乙醛是有机合成的重要原料，可用来合成乙酸、乙酸酐、三氯乙醛等。

3. 苯甲醛（benzaldehyde）

苯甲醛是最简单的芳香醛，是具有杏仁香味的液体，沸点 179℃，俗称苦杏仁油，微溶于水，易溶于乙醇和乙醚中。苯甲醛和糖类物质结合存在于杏仁、桃仁等果实的种子中。苯甲醛在空气中放置能被氧化成苯甲酸。苯甲醛可作为制造香料、染料、医药等的原料。

4. 丙酮（acetone）

丙酮是易挥发、易燃的无色液体，沸点 56.5℃。能与水混溶，能溶解许多有机化合物，是常用的有机溶剂，广泛用于油漆和人造纤维工业。

实验 4-5 羧酸、取代羧酸和羧酸衍生物的性质

一、实验目的

1. 加深理解羧酸、羧酸衍生物和取代羧酸的主要化学性质。

2. 掌握鉴别羧酸及其衍生物和取代羧酸的化学方法。

二、实验原理

羧酸的酸性比无机酸弱，但比碳酸强。草酸容易脱羧生成甲酸，所以具有还原性，在分析化学上常用来标定高锰酸钾。

取代酸的酸性因分子中取代基电子效应的影响不同而不同。

酰卤、酸酐、酯和酰胺可以发生水解、醇解和氨解反应，生成相应的有机化合物。

三、仪器与试剂

仪器：试管、pH 试纸、10mL 量筒、酒精灯等。

试剂：pH 试纸、甲酸、乙酸、三氯乙酸、刚果红试纸、草酸、5%氢氧化钠溶液、5%硝酸银、石灰水、1%硫酸、0.5%高锰酸钾、10%草酸、1%三氯化铁、饱和苯酚溶液、乳酸、酒石酸、柠檬酸、饱和水杨酸、饱和溴水、5%碘化钾、苯、无水乙醇、浓硫酸、氯化钠、乙酰氯、乙酸酐、10%氢氧化钠溶液、石蕊试纸、苯胺。

四、实验步骤

1. 羧酸的性质

(1) 酸性强度的比较　分取 3 片 pH 试纸，各滴 1 滴样品液，观察其颜色变化，估计其 pH 值，按照酸性强弱依次排序。

样品：甲酸、乙酸、三氯乙酸。

(2) 刚果红试纸[1] 试验　分取三支试管，各加 5 滴样品液，再加 2mL 蒸馏水，摇动试管，然后用干净的玻璃棒蘸取酸液在刚果红试纸上划线，比较其线条的颜色深浅。

样品：甲酸、乙酸、草酸。

(3) 甲酸根的形成与分解　取 1 支试管，加 3 滴甲酸，用 1mL 蒸馏水稀释，小心滴加 5%氢氧化钠溶液，中和至溶液刚好显中性（注意不断用 pH 试纸检验），然后加 5 滴 5%硝酸银溶液，观察现象。加热后又有何变化？[2]

(4) 酯的生成　在 1 支干燥的试管里加入 1mL 无水乙醇、1mL 冰乙酸和 5 滴浓硫酸，摇匀后在 60～70℃水浴上加热 10min，冷却试管，加入 2mL 水，观察是否有酯层析出，能否闻到酯的香味。然后在试管里加入 0.5g 氯化钠，振荡，静置，观察酯层的体积是否增加。

2. 羧酸的脱羧与氧化

(1) 草酸的脱羧　取 2.0g 草酸放在带有导管的试管里，导管的末端插入另一支盛有 1～2mL 石灰水的试管里，将草酸加热，观察石灰水有何变化。待有现象发生后，将导管从石灰水中取出。

(2) 羧酸的氧化　在装有导管的试管里，放置 0.5mL 甲酸、1mL 1%稀硫酸及 2mL 0.5%高锰酸钾溶液，振荡后观察现象。再加入几粒沸石（以免暴沸而冲出液体），装上导管，加热至沸腾，将导管的末端插入另一盛有 2mL 石灰水的试管里，观察石灰水有何变化。

用1%草酸溶液或乙酸[3] 代替甲酸做重复实验，观察现象有何不同。

3. 取代酸的性质

(1) 酸性比较　分取3片pH试纸，各滴1滴样品液，观察其颜色变化，估计其pH值，然后再向3支试管中加入甲基紫指示剂（pH＝0.2～1.5，黄～绿；pH＝1.5～2，绿～紫)，观察指示剂颜色变化，按照酸性强弱依次排序。

样品：10%乙酸、20%一氯乙酸、25%三氯乙酸。

(2) 氧化反应　在试管中加入0.5%高锰酸钾2滴和10%氢氧化钠0.2mL，混匀后再加入0.5～1mL乳酸，振摇后观察现象。

(3) 酮式-烯醇式互变异构　在试管中加入10%乙酰乙酸乙酯1mL及4～5滴2,4-二硝基苯肼溶液，观察现象。另取1支试管加入10%乙酰乙酸乙酯1mL及1%三氯化铁溶液2滴，观察溶液呈现紫红色。向此溶液中加入溴水数滴，紫红色褪去。放置片刻后，又有紫红色出现。以上各种现象说明什么问题?

4. 羧酸衍生物的性质

(1) 水解反应　在盛有1mL水的试管里小心滴加5滴乙酰氯[4]，振荡试管后观察有何变化，是否有热量放出。反应结束后，向溶液中滴加2滴5%硝酸银溶液，观察有何现象。

用乙酸酐代替乙酰氯，重复进行水解反应，必要时微热，比较其反应活性。

(2) 醇解反应　取1mL无水乙醇于干燥试管中，逐滴加入8～10滴乙酰氯，边加边振荡，并用冷水冷却。反应完毕加1mL水，用10%氢氧化钠溶液中和至碱性（用石蕊试纸检验)，观察液层是否浮起，若无，可加入食盐固体至饱和，观察盐析后的现象。

(3) 氨解反应　取5滴苯胺于干燥的试管里，逐滴加入5滴乙酰氯，边加边振荡，待反应完毕加2mL水，并用玻璃棒摩擦试管内壁，观察现象。

用乙酸酐代替乙酰氯，混合后用小火加热至沸腾，冷却，加约2mL水，并用玻璃棒摩擦试管内壁，观察现象。

五、注释

[1] 刚果红是一种指示剂，变色范围从pH＝5（红色）到pH＝3（蓝色）。刚果红与弱酸作用显蓝黑色，与强酸作用显稳定的蓝色。

[2] 反应式如下：

$$HCOONa + AgNO_3 \longrightarrow HCOOAg\downarrow + NaNO_3$$

$$2HCOOAg \xrightarrow{\triangle} 2Ag + CO_2\uparrow + H_2O$$

[3] 在停止加热时必须马上把导管从石灰水中取出，否则会发生倒吸，影响实验进行。醋酸被加热到沸腾时，试液易冲到反应的试管顶端和导管里，所以在加热时要不断振荡。

[4] 由于乙酰氯的相对密度大于水，所以乙酰氯先下沉到试管底部，然后遇水剧烈分解。

思考题

1. 乙酸与三氯乙酸相比，哪个酸性较强？为什么？

2. 水杨酸与水作用时，产物的颜色为什么会由白色变为黄色？

重要的羧酸

1. 甲酸（formic acid）

甲酸最初是从红蚂蚁体内发现的，所以俗称蚁酸。它是无色有刺激性的液体，沸点100.5℃，易溶于水。甲酸的腐蚀性很强，能使皮肤起泡。

甲酸的结构不同于其他羧酸，分子中的羧基与氢原子相连，既具有羧基的结构又有醛基的结构。

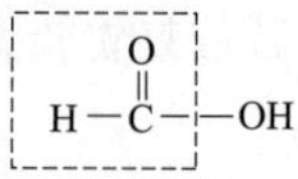

因而甲酸除具有羧酸的特性外，还具有醛的某些性质。如能发生银镜反应；可被高锰酸钾氧化；与浓硫酸在60～80℃条件下共热，可以分解为水和一氧化碳。

2. 乙酸（acetic acid）

乙酸俗名醋酸，是食醋的主要成分。乙酸为无色有刺激气味的液体，熔点16.6℃，沸点118℃。由于乙酸在16.6℃以下能凝结成冰状固体，所以常把无水乙酸称为冰醋酸。乙酸易溶于水，也能溶于许多有机物。乙酸还是重要的工业原料。

3. 乙二酸（ethanedioic acid）

乙二酸俗名草酸，在大部分植物尤其是草本植物中常以盐的形式存在。草酸是无色晶体。常见的草酸含有两分子结晶水。无水草酸的熔点189℃，加热到150℃以上时就开始分解生成甲酸及二氧化碳，甲酸再分解为一氧化碳和水。草酸具有还原性，在分析化学中常用来标定$KMnO_4$溶液的浓度。

4. 苯甲酸（benzoic acid）

苯甲酸俗名安息香酸。它与苄醇形成的酯存在于天然树脂与安息香胶内。苯甲酸是白色固体，熔点121℃，微溶于水，受热易升华。苯甲酸有抑菌防腐作用，可作防腐剂，也可外用。

实验4-6 胺的性质

一、实验目的

1. 了解胺类化合物的化学性质。
2. 熟悉脂肪胺和芳香胺化学性质的异同点。
3. 掌握鉴别伯胺、仲胺和叔胺的简单化学方法。

二、实验原理

胺是一类碱性有机物，可与酸作用成盐，因而可将不溶于水的胺变为水溶性的铵盐。

伯胺和仲胺可以与酸酐、酰氯发生酰化反应，而叔胺则不发生此反应。通常利用它们在氢氧化钠溶液中与苯磺酰氯的不同反应现象来区别伯、仲、叔胺（Hinsberg反应）。

伯胺、仲胺和叔胺也可用与亚硝酸的反应来鉴别。脂肪族伯胺遇亚硝酸放出氮气，仲胺生成亚硝基化合物，而叔胺不反应。芳香族伯胺遇亚硝酸生成重氮盐，将它与β-萘酚偶合可生成橙红色染料，仲胺生成黄色油状物，叔胺则生成绿色化合物。

脲可发生水解、分解、缩合、成盐等反应，也可与亚硝酸反应放出氮气。

三、仪器与试剂

仪器：试管、pH试纸、10mL量筒、酒精灯等。

试剂：苯胺、浓盐酸、二苯胺、乙醇、25%硫酸、0.5%高锰酸钾、饱和重铬酸钾溶液、6mol/L硫酸、10%亚硝酸钠、10%二苯胺的酒精溶液、N,N-二甲基苯胺、10%氢氧化钠、苯磺酰氯、碘化钾淀粉试纸、甲基橙、20%脲、浓硝酸、饱和氢氧化钡、1%硫酸铜、乙酰胺、饱和溴水、N-甲基苯胺、对氨基苯磺酰氯、6mol/L盐酸。

四、实验步骤

1. 胺的性质

(1) 胺的碱性　取 2 支试管各加入 0.5mL 水和 2 滴苯胺，振荡，观察水溶性。再分别加入 2 滴浓盐酸，数滴 25%硫酸，振荡后，观察结果。

(2) 芳胺的氧化[1]　在试管中加 1～2 滴苯胺，加入 3mL 水，用力振荡使之溶解，加入 2 滴 0.5%高锰酸钾溶液，观察溶液变化。

(3) 与亚硝酸作用

① 伯胺与亚硝酸的作用。取 5 滴样品于试管中，加入 1mL 浓盐酸，振荡，再逐滴加入 2mL10%亚硝酸钠溶液，混匀，在水浴上加热，观察现象。

② 仲胺与亚硝酸的作用。取 5 滴 10% *N*-甲基苯胺的酒精溶液于试管中，搅拌下加入 2 滴浓盐酸，并滴加 10%亚硝酸钠溶液直至溶液呈浑浊状，观察生成物的颜色和状态。再滴加浓盐酸，观察又有何变化。

③ 叔胺与亚硝酸的作用。取 2 滴 *N*,*N*-二甲基苯胺于试管中，加入 0.5mL 浓盐酸和 0.5mL 水，振荡混匀后，搅拌下慢慢滴加 1mL 10%亚硝酸钠溶液，将试液分成两份，一份加盐酸，一份加 10%氢氧化钠，观察各有何变化。

(4) 溴代作用　在试管中加 1 滴苯胺，再加入 2～3mL 水，用力振荡后静止，滴加 1 滴饱和溴水，观察反应现象。

(5) Hinsberg 反应　在 3 支试管中，分别滴加 2 滴苯胺、*N*-甲基苯胺、*N*,*N*-二甲基苯胺，加 1.5mL 10%氢氧化钠、3 滴苯磺酰氯，塞住管口剧烈振荡，并在水浴上温热，观察现象。用盐酸酸化，又有何现象？

(6) 重氮化反应和偶联反应　在试管中加入 6 滴苯胺、1mL 水和 10 滴浓盐酸，混匀后将试管放入冰水中冷却至 0～5℃，边摇边加入 10%亚硝酸钠至碘化钾淀粉试纸恰好变蓝为止。将混合液分为两份，1 份微热，另 1 份逐滴加入 10% β-萘酚碱溶液 2～3 滴，观察反应现象，并解释之。

2. 酰胺的性质

(1) 脲的成盐反应　取 1mL 20%脲的水溶液于试管中，小心加入 1mL 浓硝酸，观察现象。摇动并冷却试管，观察现象。

(2) 尿素的水解　取 1 支试管，加 1g 尿素，用 3mL 水使其溶解，再加入 2mL 饱和氢氧化钡溶液[2]，用小火加热至沸腾，加热过程中把湿润的红色石蕊试纸放在试管口上，检验放出的气体。观察沉淀的生成和石蕊试纸颜色的变化。

(3) 缩二脲反应　在干燥试管中加 0.5g 尿素，缓缓加热至熔化，并放出气体。继续加热至熔化物凝固，冷却后加入 3mL 热水，搅拌使之溶解。再滴加 5 滴 10%氢氧化钠和 3 滴 1%硫酸铜，观察颜色变化并解释。

(4) 霍夫曼降解反应　在试管中加 0.1g 乙酰胺，再加 3 滴饱和溴水和 2mL 10%氢氧化钠溶液，把润湿的红色石蕊试纸放在试管口上，然后把试管放在酒精灯上小火加热，注意试纸颜色变化。

五、注释

[1] 芳香胺很容易被氧化，由于氧化剂的性质和反应条件不同，氧化产物可能是偶氮苯、氧化偶氮苯、亚硝基苯、对苯醌或苯胺黑等。用重铬酸钾和硫酸作氧化剂时，最终产物是苯胺黑。

[2] 氢氧化钡在水中的溶解度比氢氧化钙大，更易形成 $BaCO_3$ 沉淀，所以比用石灰水好。

思考题

1. 苯酚和苯胺都能与溴水生成白色沉淀，怎样把它们区别开？
2. 比较苯与苯胺发生溴代反应的难易，说明原因。
3. 怎样鉴别伯胺、仲胺和叔胺？请举出两种方法。

重要的胺

1. 乙二胺（ethylenediamine）

乙二胺是无色透明的黏稠液体，沸点117℃，有类似氨的气味，能溶于水和醇，水溶液呈碱性。

乙二胺是重要的化工原料和试剂，广泛用于制造药物、乳化剂、农药、离子交换树脂等，也是黏合剂和环氧树脂的固化剂，以及酪蛋白、白蛋白和虫胶等的良好溶剂。乙二胺在碳酸钠溶液中与氯乙酸作用，再经酸化得到乙二胺四乙酸（ethylenediamine tetraacetic acid），简称EDTA。EDTA 能与多种金属离子形成稳定的配合物，是分析化学中常用的配合剂。

2. 苯胺（aniline）

苯胺存在于煤焦油中，工业上由硝基苯经活性铜催化氢化制备。苯胺为油状无色有毒液体，沸点184℃，当暴露于空气和日光中因氧化逐渐变为黑褐色，微溶于水，易溶于乙醇、乙醚等有机溶剂。

苯胺是染料工业上的重要中间体，也是重要的化工原料，主要用于医药和橡胶硫化促进剂。苯胺对血液和神经的毒性非常强，可经皮肤吸收或经呼吸道引起中毒。

实验 4-7 糖类物质的性质

一、实验目的

1. 验证和巩固糖类物质的主要化学性质。
2. 掌握糖类物质的鉴别方法。

二、实验原理

糖类（saccharides）是多羟基醛酮或它们的脱水缩合物，根据其是否被弱氧化剂氧化可分为还原糖和非还原糖，前者含有半缩醛（酮）结构，能使 Tollens 试剂和 Benedict 试剂还原，如单糖和还原性双糖；后者不含有半缩醛（酮）结构，因而无还原性，不与上述试剂作用，如非还原性双糖和多糖。双糖和多糖能够水解为单糖。

糖类物质能发生显色反应，例如与 Molish 试剂（α-萘酚的酒精溶液）作用，出现紫色环，可检验糖类物质的存在；与 Seliwanoff 试剂（间苯二酚的浓盐酸溶液）作用时，根据出现鲜红色的快慢来区别醛糖和酮糖；淀粉遇碘的显色反应是检验淀粉存在的一个很灵敏的方法，此反应反过来又可以检验碘分子的存在。

此外，糖脎的晶形和形成时间，也可用于鉴定糖类物质。

糖类物质由于含有多个羟基，所以能发生乙酰化和硝化反应，醋酸纤维和硝酸纤维的制备就是利用了这一性质。

三、试剂

2%葡萄糖溶液、2%果糖溶液、2%麦芽糖溶液、2%乳糖溶液、2%蔗糖溶液、2%淀粉溶液、氢氧化钠、酒石酸钾钠、硫酸铜、碳酸钠、柠檬酸、5%硝酸银、氨水、α-萘酚、浓硫酸、间苯二酚、浓盐酸、蒽酮、苯肼试剂、碘的碘化钾溶液。

四、实验步骤

1. 还原性检验

（1）与 Fehling 试剂的反应　取 Fehling 试剂 A 和 B 各 3mL，混合均匀后分成六份，分别置于 6 支试管中，编号，各滴入样品 0.5mL，加热煮沸后观察有无砖红色沉淀生成。

（2）与 Benedict 试剂[1] 的反应　取 6 支试管，编号，在每支试管中加入 1mL Benedict 试剂，用小火微热至沸腾，分别加入样品各 10 滴，在沸水中加热 2～3min，放置冷却，观察有无红色或黄绿色沉淀产生。尤其注意蔗糖和淀粉的试验结果，解释其现象。

（3）与 Tollens 试剂的反应　取 6 支干净试管，编号。另取 1 支大试管，加入 5%硝酸银溶液 10mL，10%氢氧化钠溶液 2～3 滴，在振荡下滴加稀氨水（浓氨水：水＝1：9），直至析出的黑色沉淀刚好溶解为止。将此溶液分 6 份，分别加入上述 6 支试管中，再各加入 0.5mL 样品液，将 6 支试管放入 60～80℃热水浴中加热数分钟，观察反应结果，解释原因。

样品：2%葡萄糖溶液、2%果糖溶液、2%麦芽糖溶液、2%乳糖溶液、2%蔗糖溶液、2%淀粉溶液。

2. 显色反应

（1）Molish 反应[2]　取 1 支试管，加入 1mL 样品液，加入 2 滴 Molish 试剂，振荡。将试管倾斜成 45°，沿试管壁慢慢滴入 2mL 浓硫酸，不要摇动试管，观察溶液界面处有无紫色环出现。若数分钟内无颜色变化，可在水浴中温热，再观察结果。

样品：2%葡萄糖溶液、2%果糖溶液、2%麦芽糖溶液、2%蔗糖溶液、2%淀粉溶液。

（2）Seliwanoff 反应　分取 4 支试管，各加入 0.5mL 样品液，再分别加入 1mL Seliwanoff 试剂[3]，混匀，把试管放入沸水浴中加热 2min，观察溶液颜色变化并比较反应的快慢。

样品：2%葡萄糖溶液、2%果糖溶液、2%麦芽糖溶液、2%蔗糖溶液。

3. 蔗糖水解

取 1 支试管，加入 10%蔗糖溶液 8mL，再加 2 滴浓盐酸，煮沸 3～5min，冷却后，用 10%氢氧化钠溶液中和，加入 2mL Benedict 试剂，加热，观察现象。

4. 多糖的性质

（1）淀粉与碘的显色反应　取 0.5mL 2%淀粉溶液于试管中，加入 1 滴碘的碘化钾溶液，观察现象；在沸水浴中加热 5～10min，观察有何现象；然后取出冷却，观察又有何现象。

（2）淀粉的水解　取 15～20mL 2%淀粉溶液于小烧杯中，加入 1mL 6mol/L 硫酸，加热煮沸 5min 后，每隔 2min 取出 1 滴反应液，用 1 滴碘的碘化钾溶液显色，观察并比较一系列现象。待溶液不再显色后，继续加热 5min，然后冷却至室温。取反应液 3mL，用 10%氢氧化钠溶液中和至碱性（pH＝8～9），加入 1mL Benedict 试剂，加热煮沸后观察有无砖红色沉淀生成。记录反应现象并与未水解的淀粉进行比较。

五、注释

［1］Benedict 试剂的配制：将 17.3g 研碎的硫酸铜溶于 100mL 热水中，冷却后稀释至 150mL；另取 173g 柠檬酸钠和 100g 无水碳酸钠溶解于 600mL 水中，如不溶可稍加热。将硫酸铜和柠檬酸钠溶液倒在一起，不断搅拌，最后加水稀释至 1000mL，摇匀。如浑浊应过滤。

［2］Molish 试剂的配制：将 α-萘酚 10g 溶于 95%乙醇中，再用 95%乙醇稀释至 100mL，用前配制。

［3］Seliwanoff 试剂的配制：取 0.01g 间苯二酚溶于 10mL 浓盐酸和 10mL 水中，混合均匀后即成。

酮糖与间苯二酚溶液反应生成鲜红色沉淀，它溶于酒精而呈鲜红色。酮糖发生 Seliwanoff 反应的速率比醛糖快 15～20 倍。但加热时间过长，葡萄糖、麦芽糖、蔗糖也呈正性反应，因为麦芽糖和蔗糖在酸性条件下能水解为单糖。葡萄糖浓度高时，在酸存在下可部分转化为果糖。故加热和观察颜色变化的时间不要超过 20min。

思考题

1. 在还原性试验中，蔗糖与 Fehling 试剂、Tollens 试剂长时间加热时也会得到正性结果，怎样解释？

2. 酮糖和醛糖的鉴别与酮和醛的鉴别有什么不同？

重要的糖

1. D-葡萄糖（D-glucose）

D-葡萄糖是自然界中分布极广的重要己醛糖，以苷的形式存在于蜂蜜、成熟的葡萄和其他果汁以及植物的根、茎、叶、花中，在动物的血液、淋巴液和脊髓液中也含有葡萄糖。它是人体内新陈代谢必不可少的重要物质。D-葡萄糖易溶于水，微溶于乙醇和丙酮，不溶于乙醚和烃类化合物，熔点146℃，天然的葡萄糖是右旋的，$[\alpha]_D^{20}=+52.7$，故称右旋糖。葡萄糖的甜度不如蔗糖（约为蔗糖的70%）。在工业上，可由淀粉或纤维素水解得到。葡萄糖在医药上用作营养剂，并有强心、利尿、解毒等作用。在食品工业上用来制造糖浆及印染工业上用作还原剂。它也是合成维生素C的原料。

2. 果糖（fructose）

果糖是自然界发现的最甜的一种糖，因为它是左旋的，故称左旋糖。果糖存在于水果和蜂蜜中，为无色结晶，易溶于水，可溶于乙醇和乙醚中，熔点102℃（分解），$[\alpha]_D^{20}=-92$。

果糖是蔗糖和菊粉的组成部分。工业上用酸或酶水解菊粉来制取果糖。果糖不易发酵，用它制成的糖果不易形成龋齿，用它制成的面包不易干硬。

3. 蔗糖（sucrose）

蔗糖的熔点为180℃，$[\alpha]_D^{20}=+66.5$，其甜度仅次于果糖，是广泛存在于植物中的一种非还原性二糖，利用光合作用合成的植物的各个部分都含有蔗糖。甘蔗中含蔗糖14%以上，北方甜菜中含蔗糖（16～20）%，但蔗糖一般不存在于动物体内。蔗糖是由α-D-吡喃葡萄糖的苷羟基和β-D-呋喃果糖的苷羟基脱水而成的。

4. 麦芽糖（moltose）

麦芽糖的熔点为103℃，$[\alpha]_D^{20}=+137$，甜度约为蔗糖的40%。在淀粉酶催化下由淀粉水解而得，在大麦芽中含量很高，是饴糖的主要成分。麦芽糖是由1分子α-D-葡萄糖的半缩醛羟基和另1分子葡萄糖的C4羟基脱水形成的二糖。

5. 乳糖（lactose）

乳糖的熔点为202℃（含一个结晶水），$[\alpha]_D^{20}=+53.5$，甜度为蔗糖的70%，存在于哺乳动物的乳汁中，人乳中含乳糖（5～8）%，牛乳中含乳糖（4～6）%。乳糖是由β-D-吡喃半乳糖的苷羟基与D-吡喃葡萄糖C4上的羟基缩合而成的半乳糖苷，具有还原糖的通性。

6. 淀粉（starch）

淀粉大量存在于植物的种子和地下块茎中，是人类的三大食物之一。淀粉经淀粉酶水解得到麦芽糖，在酸的作用下，能彻底水解为葡萄糖。所以，淀粉是麦芽糖的高聚体。淀粉是白色无定形粉末，由直链淀粉和支链淀粉两部分组成。

实验4-8 氨基酸和蛋白质的性质

一、实验目的

1. 验证和熟悉氨基酸与蛋白质的典型理化性质。
2. 进一步掌握鉴定氨基酸与蛋白质的常用化学方法。

二、实验原理

氨基酸（amino acid）分子中含有氨基和羧基，是两性化合物，具有等电点。除了甘氨酸外，其余氨基酸都存在手性碳原子，因而具有旋光性。氨基酸是组成蛋白质的基础，可以与一些试剂发生颜色反应。

蛋白质（protein）是由许多氨基酸通过肽键连接而成的高分子化合物，能发生二缩脲反应。蛋白质及 α-氨基酸能和某些试剂发生颜色反应，如与茚三酮反应生成蓝紫色化合物，可用于鉴别所有的蛋白质和 α-氨基酸；黄蛋白反应可用于鉴别蛋白质中的酪氨酸和苯丙氨酸；米隆（Millon）反应可用于鉴别蛋白质中的酪氨酸；乙醛酸反应可用于鉴别蛋白质中的色氨酸。

向蛋白质溶液中加入中性盐如硫酸钠、硫酸铵等，由于这些电解质离子的水化能力很强，可以破坏蛋白质胶粒的水化膜，削弱胶粒所带的电荷，从而破坏蛋白质胶体而产生沉淀，这个过程叫做盐析。盐析作用是可逆过程，此过程中蛋白质的结构、性质和生理活性等都不发生改变。

蛋白质受物理或化学因素的影响，改变其分子的内部结构和性质的过程叫做蛋白质变性。蛋白质变性是不可逆过程，其分子的空间结构受到破坏，性质发生改变，其生理活性丧失。

三、试剂

蛋白质溶液、10%氢氧化钠溶液、酚酞指示剂、1%醋酸溶液、甲基橙指示剂、甘氨酸、硫酸铵、氯化汞饱和溶液、5%硫酸铜溶液、2%硝酸银溶液、饱和苦味酸溶液、10%鞣酸、茚三酮溶液、米隆试剂、乙醛酸、浓硫酸、5%醋酸铅溶液、石蕊试纸、10%硝酸铅溶液。

四、实验步骤

1. 氨基酸的两性性质

在 2 支试管中各加入 3mL 蒸馏水，在 1 支试管中加 2 滴 10%氢氧化钠溶液、1 滴酚酞指示剂；另 1 支试管中加 2 滴 1%醋酸溶液、1 滴甲基橙指示剂，然后分别加入 1mL 甘氨酸溶液，观察体系颜色的变化，并解释原因。

2. 蛋白质的盐析作用

在 1 支试管中加入 3mL 蛋白质溶液，再加入硫酸铵固体使之成为硫酸铵的饱和溶液[1]，观察现象。再加入 1mL 蒸馏水，振荡，又有何现象？

3. 蛋白质的不可逆沉淀

（1）用重金属盐沉淀[2]　在 3 支试管中各加入 2mL 蛋白质溶液[3]，再分别加入 2～4 滴氯化汞饱和溶液，5%硫酸铜溶液及 2%硝酸银溶液，摇匀，观察沉淀的生成。再各加入 1mL 蒸馏水，观察沉淀是否溶解。

（2）与生物碱试剂[4] 的作用　取 2 支试管，加入 1mL 蛋白质溶液和 2 滴 5%醋酸溶液，使呈酸性，分别滴加 5～10 滴饱和苦味酸或 10%鞣酸，观察沉淀的生成。再分别加入蒸馏水，观察沉淀是否溶解。

（3）受热试验　在 1 支试管中加入 2mL 蛋白质溶液，放入沸水浴中加热 5～10min，观察现象。再各加入 2～3mL 蒸馏水，观察絮状沉淀是否溶解。

4. 蛋白质的颜色反应

（1）茚三酮反应　在 2 支试管中分别加入 1mL 蛋白质溶液或 1mL2%甘氨酸溶液，然后分别滴入 10 滴茚三酮[5] 溶液，将试管放入沸水浴中加热，观察现象。

（2）黄蛋白反应[6]　在 1 支试管中加入 3mL 蛋白质溶液和 1mL 浓硝酸，摇匀，观察沉淀的颜色。在水浴中加热后，观察颜色有何变化。冷却后，滴加 10%氢氧化钠溶液，观察颜色变化。

（3）二缩脲反应　向盛有 3mL 蛋白质溶液的试管中加入 2 滴 10%氢氧化钠溶液，摇匀后，滴加 2～3 滴硫酸铜溶液，观察颜色变化[7]。

（4）米隆反应　向盛有 1mL 蛋白质溶液的试管中加入 10 滴米隆试剂，放入沸水浴中加热，观察现象[8]。

（5）乙醛酸反应　在 1 支试管中加入 3mL 蛋白质溶液，加入 1mL 冰醋酸（含少量乙醛酸），振荡摇匀，倾斜试管，沿试管内壁缓慢滴入 2mL 浓硫酸，放置几分钟，观察两层交界处有什么现象。

（6）醋酸铅反应　在 1 支试管中加入 10 滴 5%醋酸铅溶液，逐滴加入 10%氢氧化钠溶液，边加边振荡，直到产生的氢氧化铅沉淀刚好溶解为止。再加入 4～5 滴蛋白质溶液，振荡，小心加热后观察现象。

5. 蛋白质的碱性分解反应

取 2～3mL 蛋白质溶液放入试管中，加两倍体积的 10%氢氧化钠溶液，煮沸 3～5min，此时析出沉淀。继续沸腾时，沉淀又溶解，放出氨气（可用石蕊试纸在试管口检验）。在上述热溶液中加入 1mL10%硝酸铅溶液，继续煮沸，起初生成的白色沉淀在过量碱中溶解。如果蛋白质与碱作用后有硫脱下，则溶液颜色会变为棕色。如果含硫较多，则析出的沉淀颜色变黑。注意观察，记录实验现象。

五、注释

[1] 硫酸铵具有显著的盐析作用，在弱酸或中性溶液中都能使蛋白质沉淀。其他的盐需要在酸性溶液中才能盐析完全。蛋白质与碱金属和镁盐沉淀不会发生变性作用，所以这种沉淀是可逆的。加水后会溶解，蛋白质结构复原。

[2] 重金属离子在浓度很低时就能与蛋白质形成不溶于水的盐类化合物而沉淀，因此，蛋白质溶液是重金属盐中毒时的解毒剂。重金属盐沉淀蛋白质是不可逆的，但某些沉淀由于被吸附在所形成胶粒的表面上成为电位离子，所以在过量的沉淀剂中会溶解。本实验所用的饱和硫酸铜、碱性醋酸铅溶液就是如此。

[3] 蛋白质溶液的制备：取鸡蛋一个，两头各钻一孔，竖立，让蛋清流到盛有 50mL 蒸馏水（应先煮沸一段时间后再冷至室温）的烧杯中，搅动，清蛋白会溶于水，而球蛋白呈絮状沉淀。在漏斗里铺上纱布过滤，所得滤液即为蛋白质溶液。

[4] 不必多加沉淀剂，因为所有沉淀均能溶于过量试剂中。生物碱试剂沉淀蛋白质能检出蛋白质分子中有杂环氨基存在。

[5] 茚三酮水合物的形成如下：

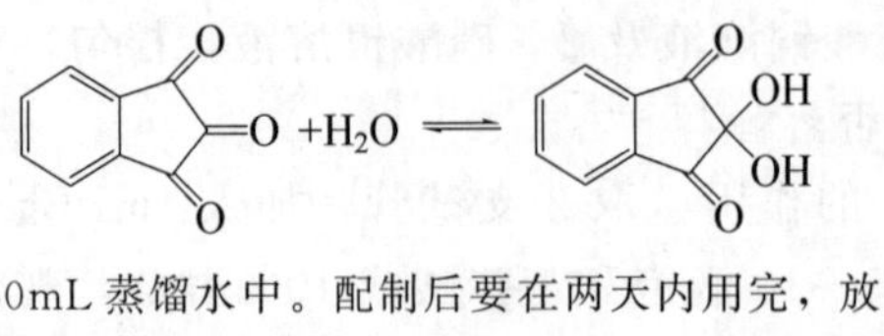

配制方法是把 0.1g 茚三酮溶于 50mL 蒸馏水中。配制后要在两天内用完，放置过久会变质失效。

茚三酮与任何含有游离氨基的化合物均能发生氧化还原反应，反应式如下：

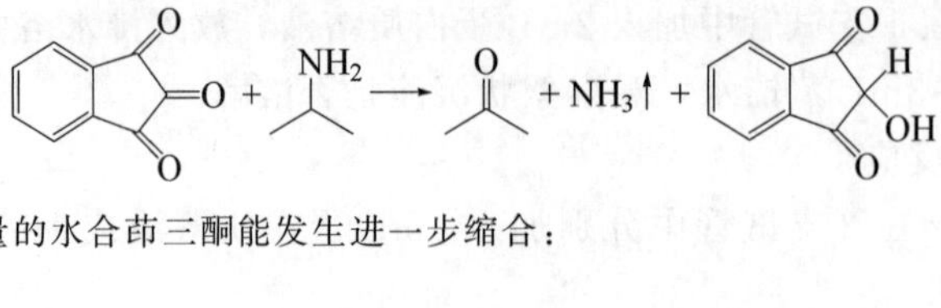

还原产物与氨和过量的水合茚三酮能发生进一步缩合：

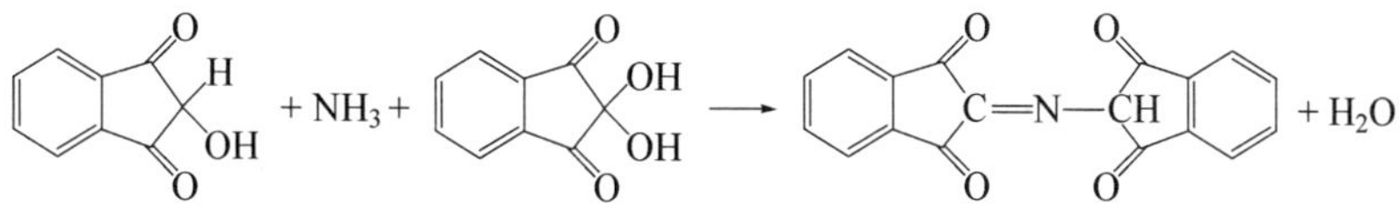

缩合产物是蓝色染料，它经下列结构互变，再与氨形成烯醇式的铵盐，后者在溶液中解离出阴离子，能使反应液的颜色加深：

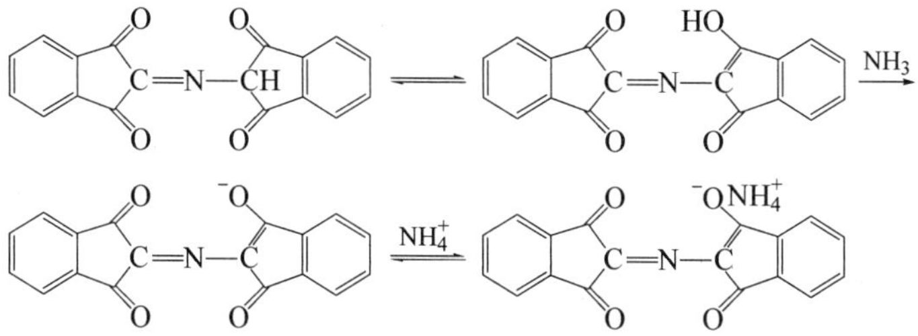

含有游离氨基的蛋白质或其水解产物（肽、多肽等）均有显色反应，α-氨基酸与茚三酮试剂也有显色反应，唯其氧化还原反应中有脱羧作用伴随发生，这一点与蛋白质不同。

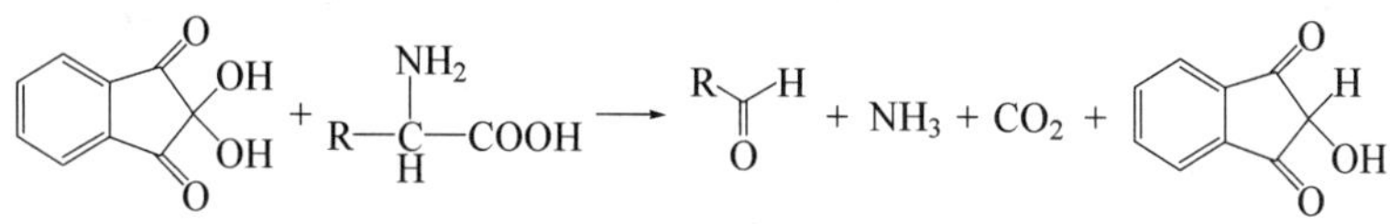

［6］黄蛋白反应显示蛋白质分子中含有单独的或稠合的芳香环，如 α-氨基-β-苯丙酸、酪氨酸、色氨酸等，与硝酸作用生成多硝基化合物，产物为黄色。它们在碱性溶液中变为橙色，是由于生成颜色较深的阴离子所致。

［7］任何蛋白质或其水解的中间产物都有二缩脲反应，这表明蛋白质或其水解的中间产物均含有肽键。在蛋白质的水解产物中，二缩脲反应的颜色与肽键的数目有关，见表 4-1。

表 4-1　肽键的数目与二缩脲反应颜色的关系

蛋白质水解的中间产物	肽键数目	二缩脲反应的颜色
缩二氨基酸(二肽)	1	蓝色
缩三氨基酸(三肽)	2	紫色
缩四氨基酸(四肽)	3	红色

蛋白质在二缩脲反应中常显紫色，这说明缩三氨基酸（三肽）的基团在蛋白质的分子中存在较多。显色反应是由于生成了铜的配合物的缘故，其组成可能如下：

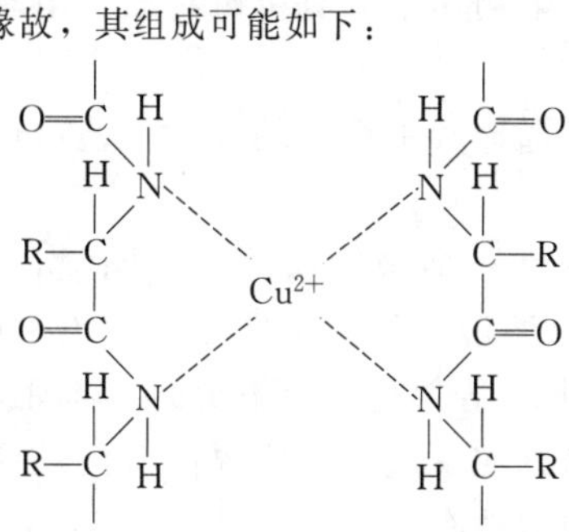

具有下列结构类型的二酰胺也可以得到正性结果：

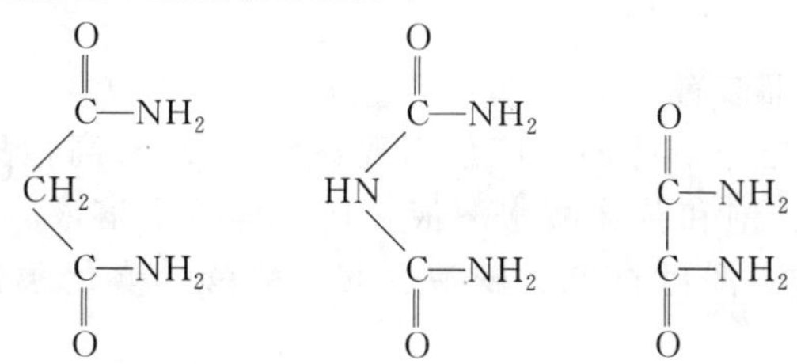

操作过程中应防止加入过多的铜盐，否则，生成过多的氢氧化铜，妨碍紫色或红色的观察。

[8] 只有组成中含有酚羟基的蛋白质，才能与硝酸汞试剂作用呈现砖红色。显色的原因尚不完全清楚。在氨基酸中只有酪氨酸含有酚羟基，所以凡是能与硝酸汞试剂作用呈现砖红色的蛋白质，其组成中必含有酪氨酸基团。

硝酸汞试剂也叫米隆（Millon）试剂，其配制方法为：把 1.0g 金属汞溶于 2mL 浓硝酸中，用两倍的水稀释，放置过夜，过滤即得。它主要含有汞或亚汞的硝酸盐和亚硝酸盐，此外还含有少量的硝酸和亚硝酸。

思考题

1. 氨基酸和蛋白质具有哪些显色反应？能鉴定哪些基团的存在？
2. 氨基酸能否起二缩脲反应？为什么？
3. 为什么鸡蛋清或生豆浆可作为铅和汞中毒的解毒剂？

实验 4-9 杂环化合物和生物碱的性质

一、实验目的

1. 熟悉常见杂环化合物和生物碱的主要化学性质。
2. 掌握鉴别杂环化合物和生物碱的化学方法。

二、实验原理

杂环化合物的种类很多。根据其环的大小、杂原子种类和数量、杂原子位置差异以及环上取代基团的不同等，会形成各种不同类型的杂环。本实验只选择其中几个常见的杂环化合物（吡咯、吡啶、喹啉和嘌呤）进行性质实验。它们都能够不同程度地发生亲电取代反应，但由于在结构上的不同，使它们在化学性质上又有所不同。

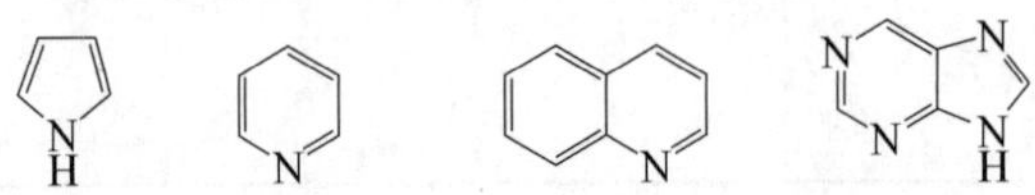

吡咯　吡啶　喹啉　嘌呤

生物碱通常是指一类存在于生物体中的有机碱物质。由于它们主要存在于植物中，所以也叫植物碱。

生物碱种类繁多，实验中只选择其中很少的几种。通过这几种生物碱的实验现象来了解生物碱的一些基本化学性质。

不同的生物碱具有不同的碱性。烟碱的碱性尤其明显，它不仅能使红色石蕊试纸变蓝（pH=5.0～8.0），还可以使酚酞溶液变红（pH=8.2～10.0），比吡啶的碱性还要强。因烟碱的结构中除含有一个吡啶环外，还含有一个五元环的叔胺，因而使其碱性得到加强。此外，生物碱还能发生氧化反应和沉淀反应。生物碱的沉淀反应，有的是成盐，有的是生成分子复合物，其难易可能与它们的碱性有关。

三、仪器与试剂

仪器：抽滤装置、蒸馏装置。

试剂：吡啶、喹啉、吡咯、嘌呤、红色石蕊试纸、0.5%高锰酸钾溶液、5%碳酸钠溶液、1%三氯化铁水溶液、饱和苦味酸水溶液、10%鞣酸水溶液、4%氯化汞溶液、烟丝、10%盐酸、30%氢氧化钠、酚酞试剂、碘液、36%醋酸、碘化汞钾溶液、咖啡碱饱和水溶液。

四、实验步骤

1. 杂环化合物的性质实验

取 4 支试管，各加 1mL 水。再分别加 4 滴吡啶、喹啉、吡咯和 0.1g 嘌呤。用力摇动试管，促其溶解。用其清亮的水溶液分别做以下实验。

(1) 碱性试验[1]

① 分别取 1 滴吡咯、吡啶、喹啉和嘌呤的水溶液，滴在红色石蕊试纸上，观察颜色有何变化。

② 取 4 支试管，分别加 2 滴吡啶、喹啉、吡咯和嘌呤的水溶液，然后加 4 滴 1%三氯化铁水溶液[2]，摇动试管，观察溶液颜色的变化。

(2) 氧化反应[3] 取 4 支试管，分别加 1 滴吡咯、吡啶、喹啉和嘌呤的水溶液，然后各加 1 滴 0.5%高锰酸钾溶液和 1 滴 5%碳酸钠溶液，摇动试管，观察它们的变化。把没有变化和变化不大的放在沸水浴中加热，这时有何变化？从结构上加以解释。

(3) 成盐反应

① 与苦味酸成盐。取 4 支试管，各加 1mL 饱和苦味酸水溶液，再分别滴加 2 滴吡咯、吡啶、喹啉和嘌呤的水溶液，边加边摇动试管，观察有无晶体析出。

用纯吡咯做以上实验，情况有何变化？如何解释？

在产生黄色晶体的吡啶试管里继续滴加 1mL 吡啶水溶液，观察晶体的变化。

② 与鞣酸成盐。取 4 支试管，各加 4 滴 10%鞣酸水溶液，然后分别滴加 2～5 滴吡咯、吡啶、喹啉和嘌呤的水溶液，边滴加边摇动试管，观察有何现象出现。

(4) 与汞盐反应　取 4 支试管，各加 4 滴 4%氯化汞溶液，然后分别加 4 滴吡啶、喹啉、吡咯和嘌呤的水溶液，观察溶液里的变化。再各加 12 滴水，注意是否溶解。最后加 4 滴浓盐酸，又有什么现象？

2. 生物碱的性质实验

(1) 烟碱的反应

① 水溶液的制备。取 1g 烟丝或 1 支香烟，加 25mL10%盐酸，加热煮沸 20min，不停搅拌，同时注意补充水以保持液面不下降。煮沸后抽滤，滤液用 30%氢氧化钠溶液中和至碱性，再转移到 100mL 蒸馏烧瓶中进行蒸馏[4]。收集 10mL 透明液体（烟碱水溶液）做以下实验。

② 碱性试验。取 2 支试管，分别加 1mL15%吡啶水溶液和烟碱水溶液，然后各滴加 1 滴酚酞试剂[5]，观察各有什么现象发生，如何解释？

③ 氧化反应。取 1 支试管，滴加 5 滴烟碱水溶液、1 滴 0.5%高锰酸钾水溶液和 3 滴 5%碳酸钠水溶液，摇动试管，观察溶液的颜色变化，有无沉淀产生？

④ 沉淀反应。取 4 支试管，各滴加 5 滴烟碱水溶液，分别做以下实验：

在第 1 支试管里滴加 6 滴饱和苦味酸溶液，观察有何现象发生。注意一滴一滴地加入，边加入边观察现象。

在第 2 支试管里滴加 3 滴 10%鞣酸溶液，边滴加边摇动试管，观察有何现象发生。

在第 3 支试管里滴加 5 滴碘液[6]，边滴加边摇动试管，观察有何现象发生。

在第 4 支试管里滴加 1 滴 36%醋酸，然后一滴一滴地加入碘化汞钾溶液[7]，边滴加边摇动试管，观察有何现象。

(2) 咖啡碱的反应

① 氧化反应。取 1 支试管，加 8 滴咖啡碱饱和水溶液、1 滴 0.5%高锰酸钾水溶液、3 滴 5%碳酸钠水溶液，摇动试管，在沸水浴里加热一会儿，观察溶液的变化。

② 沉淀反应。取 1 支试管，加 5 滴咖啡碱的饱和水溶液和 3 滴 10％鞣酸溶液，摇动试管，观察有何现象。

取 1 支试管，加 1mL5％盐酸和少许咖啡碱，用力摇动，使其溶解呈清亮溶液，如果实在不溶，可将清亮溶液倾出，以清亮溶液做试验。再滴加 12 滴碘化汞钾溶液，摇动试管，注意溶液的变化。

五、注释

[1] 碱性减弱的次序是吡啶、喹啉、嘌呤、吡咯。吡咯显弱酸性。

[2] 三氯化铁在水中以一种平衡形式存在，加入碱性物质使平衡向右移动，即三氯化铁水解成棕色的氢氧化铁沉淀。以此可鉴定杂环化合物的碱性强弱。另外，三氯化铁遇到比较强的还原剂时，也可以由三价铁还原成二价铁，氯化亚铁是绿灰色。

[3] 吡咯易被氧化，在空气中吡咯逐渐被氧化而成褐色并发生树脂化。

[4] 这是一种直接的水蒸气蒸馏法。其特点是方法简便，对于易挥发或少量的有机物比较合适。不过，如果蒸馏有固体或易起泡沫的物质就不如发生水蒸气的方法好。蒸馏过程中，收集的溶液不宜过多，多了浓度太低，影响实验结果。

[5] 酚酞试剂的配制：将 0.1g 酚酞溶于 100mL95％乙醇中，得到无色的酚酞乙醇溶液。本试剂在室温下的变色范围是 pH8.2～10.0。

[6] 碘液的配制：将 1g 碘化钾溶于 100mL 蒸馏水中，然后加入 0.5g 碘，加热溶解即得棕红色清亮溶液。

[7] 碘化汞钾溶液的配制：把 5％碘化钾水溶液慢慢地加到 2％氯化汞（或硝酸汞）水溶液中，加到初生的红色沉淀刚刚又溶解为止。

思考题

1. 在吡咯的水溶液中加入三氯化铁溶液后会发生什么现象？如何解释？
2. 在制备烟碱的水溶液中，为什么要先加酸后加碱？
3. 比较烟碱和咖啡碱在实验中所出现的现象有什么不同？这说明什么问题？

重要的生物碱

1. 烟碱（nicotine）

烟碱存在于烟草中，又名尼古丁，属于吡啶族生物碱。

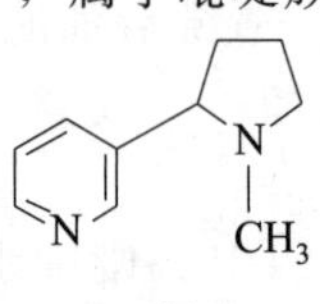

烟碱

3-(1-methylpyrrolidin-2-yl)pyridine

烟碱为无色液体，既溶于水又溶于有机溶剂，沸点 246℃。烟碱具有旋光性，天然存在的是左旋体。烟碱有剧毒，少量对中枢神经有兴奋作用，能升高血压，内服或吸入 40mg 即能抑制中枢神经系统，使心脏停搏以至死亡。烟碱的右旋体的毒性比左旋异构体小得多。烟碱可用作农业杀虫剂。

2. 麻黄碱（ephedrine）

麻黄碱是存在于草药麻黄中的一种生物碱，又称麻黄素。麻黄碱具有旋光性，为左旋异构体。

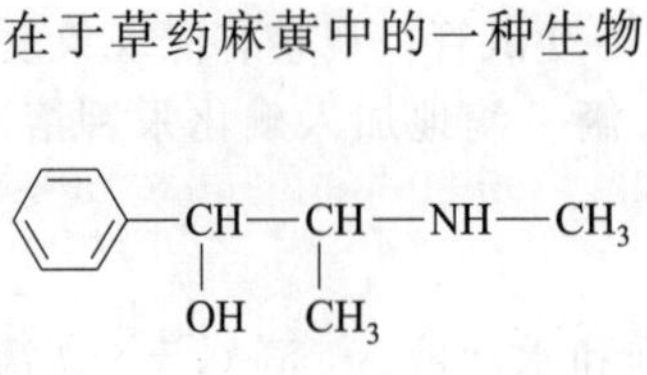

麻黄碱

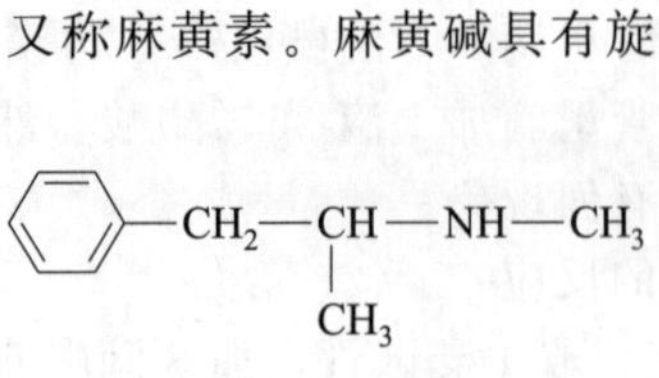

去氧麻黄素

麻黄碱是仲胺类生物碱，为无色结晶，易溶于水和乙醇、乙醚、氯仿等有机溶剂。麻黄碱具有兴奋交感神经，增高血压，扩张气管等作用。在临床上常用盐酸麻黄碱治疗支气管哮喘、过敏性反应、鼻黏膜肿胀以及低血压等。

去氧麻黄素（deoxyephedrine）是无色透明晶体，形状像冰糖或冰，故又称为“冰毒”，是国内外严禁的毒品。它对人体的损害更甚于海洛因（heroin），吸、食或注射 0.2g 即可致死。一般吸食 1～2 周，即产生严重的依赖性而成瘾，并对心、肺、肝、肾及神经系统等产生严重的毒害作用。

3. 吗啡碱（morphine base）

罂粟科植物鸦片中含有 20 余种生物碱，其中重要的是吗啡（morphine）、可待因（codeine）和罂粟碱（papareine）等，属于异喹啉或还原型异喹啉类生物碱。吗啡及其重要衍生物的结构通式以及罂粟碱的结构如下：

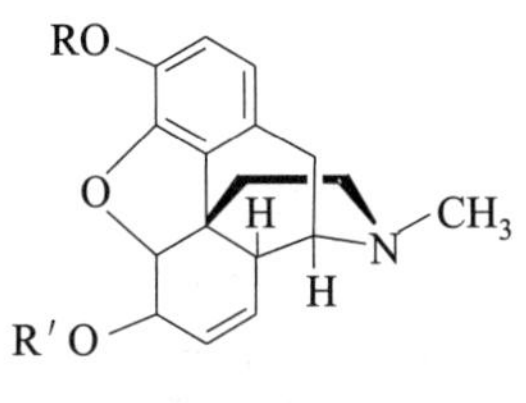

吗啡及其衍生物

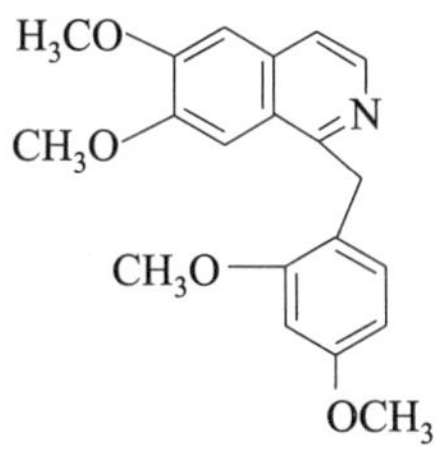

罂粟碱

（吗啡：R=R′=H；可待因：R=CH_3，R′=H；海洛因：R=R′=$COCH_3$）

吗啡是 1817 年被提纯的第一个生物碱，也是鸦片中最重要、含量最多的有效成分，纯品为无色结晶，味苦。分子结构中含有叔氮原子和酚羟基，具有酸性和碱性，为两性化合物。吗啡对中枢神经有麻醉作用，是强烈的镇痛药物。临床用药一般为吗啡的盐酸盐及其制剂，它是一种成瘾药物，一般只为解除晚期癌症患者的痛苦而使用。

可待因为无色结晶，是吗啡的甲基醚。可待因与吗啡有同样的生理作用，成瘾性较吗啡弱。临床用药一般是其磷酸盐制剂，主要用于镇咳，其镇痛作用较小。

海洛因（heroin）纯品为白色结晶性粉末，光照或久置易变为黄色或淡棕色。海洛因是吗啡的二乙酰基衍生物，自然界中不存在，可由吗啡制得，其成瘾性为吗啡的 3～5 倍，故不作为药物，它是对人类危害很大的毒品之一。

罂粟碱也是存在于鸦片中的生物碱，在医药上可用作平滑肌松弛剂以及脑血管扩张剂。

第五章　有机化合物的合成

实验 5-1　环己烯的合成

一、实验目的

1. 学习酸催化下醇脱水制取烯烃的原理和方法。

2. 掌握蒸馏、分馏及液体干燥等操作。

二、实验原理

烯烃（如乙烯、丙烯和丁二烯等）是重要的有机化工原料，工业上主要通过石油裂解，或者醇在氧化铝或分子筛等催化剂下高温（350～400℃）催化脱水得到。实验室中主要采用醇酸催化[1]脱水或卤代烃脱卤化氢的方法，按照查依采夫（Saytzeff）规则制备少量的烯烃。结构不同的醇脱水的易难程度不相同，其相对反应速度为叔醇>仲醇>伯醇。脱水剂有硫酸、磷酸，也可用氧化铝、分子筛等。反应是可逆的，为了提高产率，必须不断的将反应所生成的低沸点烯烃从反应体系中蒸馏出来。

环己烯主要用作有机合成原料，如合成赖氨酸、环己酮、苯酚、聚环烯树脂、氯代环己烷、橡胶助剂、环己醇等，另外还可用作催化剂溶剂和石油萃取剂、高辛烷值汽油稳定剂等。本实验是环己醇以浓磷酸为脱水剂来制备环己烯（cyclohexene），其反应式如下：

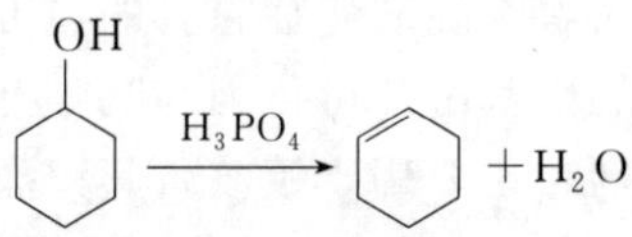

环己醇在酸催化下脱水是单分子消除反应（E1）历程，首先磷酸使醇羟基质子化，失去一分子的水生成碳正离子，后者再失去一个质子，生成环己烯。

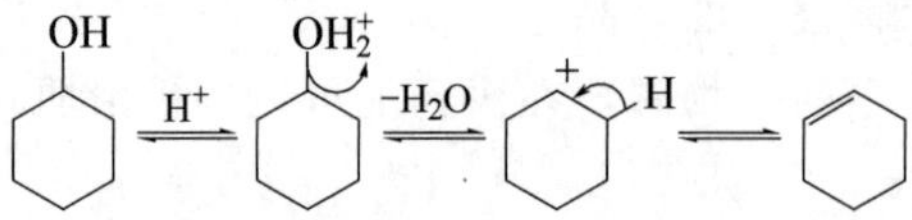

三、试剂与仪器

仪器：圆底烧瓶、分馏柱、冷凝管、蒸馏头、温度计套管、接液管、锥形瓶、量筒、温度计。

试剂：环己醇、磷酸（85%）、食盐、无水氯化钙、5%碳酸钠水溶液。

四、实验流程

环己醇，磷酸 —分馏→ 粗产品 —食盐饱和 / 5% 碳酸钠→ 中和 → 分层（分液漏斗）→ 有机相 —无水氯化钙 / 干燥→ 蒸馏（80～85℃）→ 环己烯

五、实验步骤

在 50mL 干燥的圆底烧瓶中加入 10g（10.4mL，约 0.1mol）环己醇[2]、5mL 85%的磷酸，充分振荡摇匀[3]，加入 2～3 粒沸石，实验装置按分流装置（见图 2-28），将接收器置于冰水浴中。

用小火缓慢加热混合物至沸腾，控制分流柱顶部馏出温度不超过 73℃[4]，慢慢蒸出环

己烯和水的混合物[5]。当无液体蒸出时，可加大火继续蒸馏。当温度计到达 85℃时，停止加热。蒸馏时间约 1h。

将馏出液用 1g 精盐饱和，再加 3～4mL 5%的碳酸钠溶液中和，将液体在分液漏斗中振荡、静置分层，分去水，得到环己烯粗产物。将有机层倒入干燥的小锥形瓶中，加入 1～2g 无水氯化钙干燥[6]。

将干燥后的环己烯粗产物滤入 50mL 蒸馏烧瓶中，加 2～3 粒沸石，蒸馏，收集 82～85℃的馏分[7]。产品为 4～5g。

纯环己烯的沸点为 82.98℃，折射率 $n_D^{20}=1.4465$。

六、注释

[1] 用磷酸作脱水剂比用硫酸作脱水剂有较明显的优势，例如：(1) 不发生炭化反应；(2) 用硫酸作脱水剂时，易生成难闻的二氧化硫气体。但磷酸的用量要比硫酸的用量多一倍。

[2] 环己醇在室温下为黏稠的液体（熔点为 25.2℃），量筒内的环己醇难以倒净，会影响产率。若采用称量法则可避免损失。

[3] 磷酸和环己醇必须混合均匀后才能加热，否则反应物会被氧化。

[4] 用油浴加热可使反应受热均匀。由于环己烯与水形成共沸物（沸点 70.8℃，含水 10%）；环己醇与环己烯形成共沸物（沸点 64.9℃，含环己醇 30.5%）；环己醇与水形成共沸物（沸点 97.8℃，含水 80%）。因此，在加热时温度不可过高，蒸馏速度不宜太快，以减少未反应的环己醇蒸出。

[5] 反应终点的判断可参考下面几个参数：(1) 圆底烧瓶中出现白雾；(2) 柱顶温度下降后又回升至 85℃以上；(3) 反应进行 40min 左右。

[6] 水层应尽量分离完全，否则会增加无水氯化钙的用量。用无水氯化钙干燥粗产品，可除去少量未反应的环己醇。

[7] 加热蒸馏时，在 80℃以下有大量液体馏出，应重新干燥产物再蒸馏。

思考题

1. 用分馏装置制备环己烯时，为什么要控制分馏柱顶温度？
2. 在制备环己烯时，反应后期出现的阵阵白雾是什么？
3. 在环己烯粗产品中，加入食盐使水层饱和的目的是什么？

[附图]

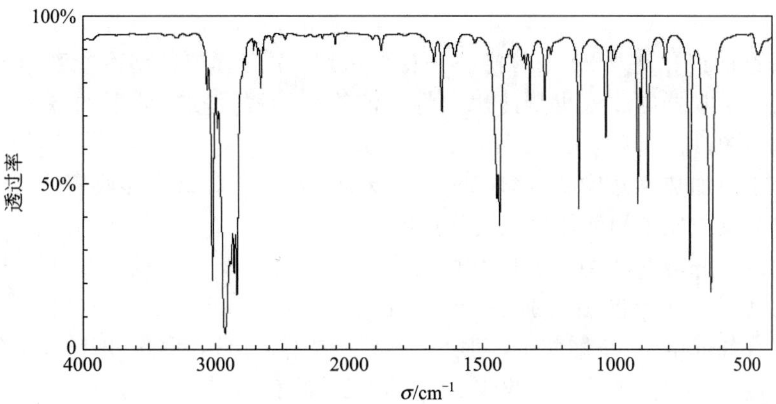

环己烯的红外光谱图

实验 5-2 溴乙烷的合成

一、实验目的

1. 学习以醇为原料制备卤代烃的原理和方法。

2. 掌握低沸点有机物蒸馏的基本操作。

二、实验原理

卤代烃可由醇与氢卤酸的亲核取代反应来制备。溴乙烷（bromoethane）是有机合成中的重要原料，常用于汽油的乙基化；溴乙烷也可用作冷冻剂和麻醉剂，农业上用作熏蒸杀虫剂。溴乙烷常通过乙醇与氢溴酸反应而制得，氢溴酸可用溴化钠与浓硫酸作用生成。硫酸适当过量可使平衡向右移动，并且使乙醇质子化，易发生取代反应。

主反应：

$$NaBr + H_2SO_4 \longrightarrow HBr + NaHSO_4$$

$$C_2H_5OH + HBr \rightleftharpoons C_2H_5Br + H_2O$$

副反应：

$$2C_2H_5OH \xrightarrow{140℃} C_2H_5OC_2H_5 + H_2O$$

$$C_2H_5OH \xrightarrow{170℃} CH_2{=}CH_2 + H_2O$$

$$HBr + H_2SO_4 \longrightarrow Br_2 + SO_2 + 2H_2O$$

三、仪器与试剂

仪器：圆底烧瓶、蒸馏头、冷凝管、锥形瓶、接液管、温度计。

试剂：95%乙醇、无水溴化钠、浓硫酸。

四、实验流程

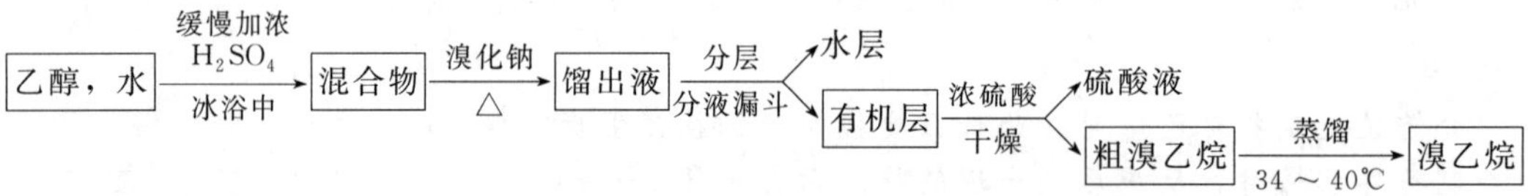

五、实验步骤

在100mL圆底烧瓶中，加入10mL（0.17mol）95%乙醇及9mL水[1]，振荡摇匀混合物，缓缓加入19mL（0.34mol）浓硫酸。冷水浴冷却至室温后，搅拌下加入15g（0.15mol）研细的溴化钠及2～3粒沸石，将烧瓶用75°弯管与直型冷凝管相连[2]。为了避免溴乙烷挥发，接收器内放入少量冷水，将接液管末端浸没在接收器的冷水中[3]，并将接收器浸入冰水浴中。

用加热套小心加热，并控制蒸馏速度、使反应平稳进行，观察接收器，直至无油状物馏出为止。趁热将反应瓶中的液体倒入废液缸中。

将馏出物倒入分液漏斗中，分出有机层[4]（哪一层?），置于锥形瓶中。将锥形瓶浸于冰水浴，在摇动下用滴管慢慢滴加1～2mL浓硫酸[5]。再用干燥的分液漏斗分去硫酸液，将溴乙烷倒入（如何倒?）蒸馏瓶中，加2～3粒入沸石，加热蒸馏。用已称重的干燥锥形瓶做接收器，并浸入冰水浴中冷却。收集34～40℃的馏出物，产物约10g。

纯溴乙烷为无色液体，折射率 $n_D^{20}=1.4239$。

六、注释

[1] 加入少量水可防止反应进行时产生大量泡沫，减少副产物乙醚的生成和避免氢溴酸的挥发。

[2] 由于溴乙烷的沸点较低，为使冷凝充分，必须选用效果较好的冷凝管，装置的各接头处要求严密不漏气。

[3] 溴乙烷在水中的溶解度甚小（1∶100），在低温时又不与水作用。为了减少其挥发，常在接收器内放入冷水，并使接液管的末端稍微浸入水中。

[4] 尽可能将水分净，否则当用浓硫酸洗涤时会产生热量而使产物挥发损失。

[5] 加浓硫酸可除去乙醚、乙醇及水等杂质。为防产物挥发，应在冷却下操作。

思考题

1. 实验中得到的溴乙烷产率常常不高，试分析原因。
2. 为什么用硫酸能除去溴乙烷中的乙醚和乙醇？
3. 为减少溴乙烷的挥发损失，实验应采取哪些措施？

实验 5-3 1-溴丁烷的合成

一、实验目的

1. 学习由正丁醇制备 1-溴丁烷的原理和方法。
2. 掌握带有有害气体吸收装置的回流操作方法。

二、实验原理

实验室制备卤代烷的方法多采用结构上相对应的醇与氢卤酸发生亲核取代反应。用浓硫酸和溴化钠（或溴化钾）作为溴代试剂有利于加速反应和提高产率，但硫酸的存在会使醇脱水而生成烯烃、醚副产物。

1-溴丁烷（*n*-butyl bromide）可用作溶剂及有机合成时的烷基化剂及中间体，还可用作医药、染料、半导体材料的原料等。本实验采用正丁醇与溴化钠在浓硫酸存在下反应合成 1-溴丁烷。

主反应：

$$NaBr + H_2SO_4 \longrightarrow HBr + NaHSO_4$$

$$n\text{-}C_4H_9OH + HBr \rightleftharpoons n\text{-}C_4H_9Br + H_2O$$

副反应：

$$2n\text{-}C_4H_9OH \longrightarrow n\text{-}C_4H_9OC_4H_9\text{-}n + H_2O$$

$$n\text{-}C_4H_9OH \longrightarrow CH_3CH_2CH{=}CH_2 + H_2O$$

$$2HBr + H_2SO_4 \longrightarrow Br_2 + SO_2\uparrow + 2H_2O$$

三、仪器与试剂

仪器：圆底烧瓶、冷凝管、接液管、锥形瓶、量筒、烧杯、分液漏斗、蒸馏头、温度计、电加热套。

试剂：正丁醇、无水溴化钠、浓硫酸、10%碳酸钠溶液、无水氯化钙。

四、实验流程

水，浓硫酸，正丁醇，溴化钠 —回流 30min→ —蒸馏→ 残液 / 馏出液（粗正溴丁烷）

—洗涤：①水；②浓硫酸；③水；④饱和碳酸钠；⑤水→ —无水氯化钙 干燥→ —蒸馏 99～103℃→ 正溴丁烷

五、实验步骤

在 100mL 圆底烧瓶中加入 10mL 水，小心分批加入 12mL（0.22mol）浓硫酸，均匀混合并冷却至室温[1]。再依次加入 7.5mL（0.08mol）正丁醇和 10g（0.1mol）研细的溴化钠，充分摇匀后，加入 2 粒沸石，安装上冷凝管，冷凝管上口接气体吸收装置［见图 2-8(b)］，用 5%的氢氧化钠作吸收剂，加热，间歇摇动烧瓶促进反应完成。由于无机盐水溶液有较大的相对密度，不久会分出上层溶液即正溴丁烷，回流反应 30min。待反应液冷却后，改为蒸馏装置，蒸出粗产物正溴丁烷[2]。

将蒸出液移至分液漏斗中，加入等体积的水洗涤[3]。产物转入另一干燥的分液漏斗中，用5mL的浓硫酸洗涤。尽量分去硫酸层，有机相依次用等体积的水、10%碳酸钠溶液和水洗涤后转入干燥的锥形瓶中。用1～2g无水氯化钙干燥，摇动锥形瓶，直到液体清亮为止。将干燥好的粗产物滤入100mL圆底烧瓶中，加入沸石蒸馏，收集99～103℃的馏分，产量5～6.5g。纯1-溴丁烷的沸点为101.6℃，折射率 $n_D^{20}=1.4399$。

六、注释

[1] 如不充分摇动并冷却至室温，加入溴化钠后，溶液往往变成红色，因为有溴游离出来。

[2] 正溴丁烷是否蒸完，可以从下列几方面判断：①蒸出液是否由浑浊变为澄清；②蒸馏瓶中的上层油状物是否消失；③取一试管收集几滴馏出液，加水摇动观察是否有油珠出现。如无，表示馏出液中已无有机物，蒸馏完成。

[3] 用水洗后产物呈红色，可用少量的饱和亚硫酸氢钠水溶液洗涤，以除去由于浓硫酸的氧化作用生成的游离溴。

思考题

1. 反应后的粗产物中含有哪些杂质？各步洗涤的目的何在？
2. 在分液漏斗中洗涤正溴丁烷时，不知道产物的密度，可用什么简便的方法加以判别？
3. 为什么用饱和碳酸氢钠溶液洗涤前要先用水洗一次？

实验5-4 溴苯的合成

一、实验目的

1. 掌握溴苯制备的原理和方法。
2. 掌握回流和蒸馏实验操作技术。

二、实验原理

芳香族卤代物的制备一般是用卤素（氯或溴）在催化剂（如三卤化铁或金属铁）的作用下与芳香族化合物作用，通过亲电取代反应而将卤原子引入苯环。

溴苯（bromobenzene）可用作压敏和热敏染料的原料和二苯醚系列香料的原料，也用作农药原料以生产杀虫剂溴螨酯，用作医药原料时可生产镇痛解热药和止咳药。实验室常用苯来直接溴代制取溴苯。

主反应：

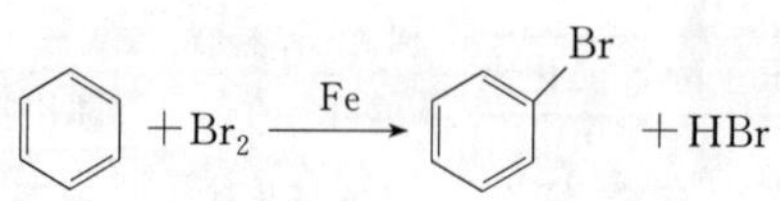

副反应：

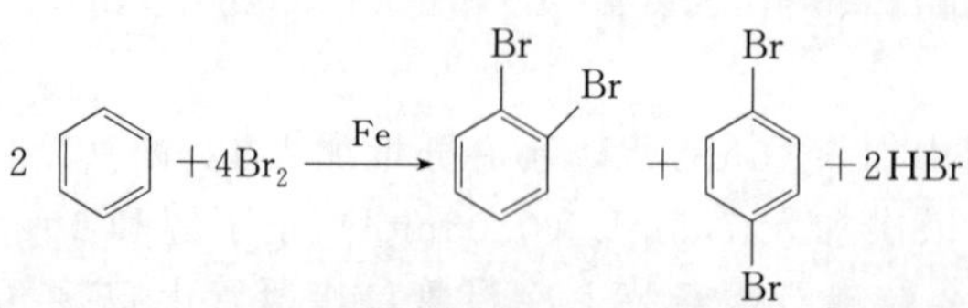

三、仪器与试剂

仪器：三口烧瓶、冷凝管、滴液漏斗、分液漏斗、蒸馏烧瓶、锥形瓶、抽滤瓶。

试剂：溴、无水苯、铁屑、10%氢氧化钠、95%乙醇、无水氯化钙。

四、实验流程

无水苯，铁屑 —回流、搅拌 / 滴加溴→ —60～70℃水浴 / 加热→ 粗产物

—洗涤：①2mL、1mL 10% NaOH 各洗 1 次 / ②2ml 水洗（2 次）→ —干燥 / 无水氯化钙→ —蒸馏 / 140～160℃→ 溴苯

五、实验步骤

在 250mL 三口烧瓶上，分别装上干燥的冷凝管和干燥的滴液漏斗[1]，另一口用塞子塞紧，冷凝管上端连接溴化氢气体吸收装置。

向三口烧瓶内加入 11.5mL（10g，0.13mol）无水苯[2] 和 0.3g 铁屑，在通风橱中，小心量取 5.2mL（16g，0.1mol）液溴，倒入滴液漏斗中。先在三口烧瓶中滴入约 1mL 液溴，不摇动，经片刻诱导后反应即可开始（必要时可用水浴温热）。反应片刻，启动磁力搅拌器，然后缓慢滴入余下的溴[3]，使溶液呈微沸状态，溴加完后（30～40min），将烧瓶置于 60～70℃水浴中加热回流 15min，直到不再有溴化氢气体逸出为止。

通过滴液漏斗向三口烧瓶中加入约 30mL 水，搅拌片刻停止反应，抽滤除去铁屑，将滤液倒入分液漏斗中，依次用 20mL 水[4]、10mL 10%氢氧化钠溶液[5]、20mL 水洗涤后，转到干燥的锥形瓶中，粗产物用无水氯化钙干燥（加塞子，最好过夜）。将干燥好的粗产物滤入到 50mL 圆底烧瓶中，加两粒沸石，先蒸出未反应完的苯。当温度升至 135℃时，换成空气冷凝管，收集 140～170℃馏分，产品 7～8g。

纯溴苯的沸点为 156℃，折射率 $n_D^{20}=1.5597$。

六、注释

[1] 本实验所用仪器必须干燥。

[2] 苯需用无水氯化钙干燥。

[3] 溴代反应是放热反应，加溴速度过快则反应剧烈，二溴苯生成增多。

[4] 水洗目的是除去三溴化铁、溴化氢及部分溴。

[5] 溴在水中溶解度不大，水洗不能除尽时，则需用氢氧化钠溶液洗涤。

思考题

1. 为什么本实验所用仪器都必须干燥？水对反应有何影响？
2. 在制备溴苯时，哪种试剂过量？为什么？应采取哪些措施减少二溴苯的生成？
3. 如何正确使用液溴？

实验 5-5　2-甲基-2-氯丙烷的合成

一、实验目的

1. 了解 2-甲基-2-氯丙烷的制备原理和方法。
2. 进一步掌握蒸馏、分液漏斗的使用。

二、实验原理

2-甲基-2-氯丙烷（2-chloro-2-methylpropane）又称叔丁基氯，可用于合成香料二甲苯麝香，也可用于合成农药及其他精细化工产品。在室温时叔丁醇可与浓盐酸进行反应，生成叔氯代烷，即 2-甲基-2-氯丙烷，该反应是 S_N1 反应，反应式：

$$(CH_3)_3COH + HCl(浓) \longrightarrow (CH_3)_3CCl + H_2O$$

三、仪器与试剂

仪器：分液漏斗、锥形瓶、冷凝管、接液管、温度计。

试剂：叔丁醇、浓盐酸、5%碳酸氢钠溶液、无水氯化钙。

四、实验流程

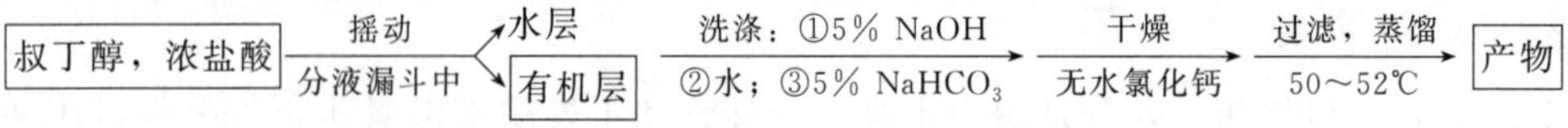

五、实验步骤

在100mL圆底烧瓶中加6.2g叔丁醇[1] 和21mL浓盐酸，轻轻旋摇10min，然后转到分液漏斗中，摇动约2min，注意打开活塞放气，以免反应物喷出。静置分层后分出水层，有机相分别用等体积水、5%碳酸氢钠溶液、水洗涤（用碳酸氢钠洗涤时，要小心操作，注意及时放气）。产物倒入50mL锥形瓶中，用少量无水氯化钙干燥后，过滤，蒸馏，接收瓶用冰水浴冷却，收集50～52℃馏分，产品约6g。纯叔丁基氯的沸点为52℃，折射率为$n_D^{20}=1.3877$。

六、注释

[1] 叔丁醇的熔点为25℃，如呈固体，需在温水中温热熔化后取用。

思考题

1. 洗涤粗产物时，如果碳酸氢钠溶液浓度过高，洗涤时间过长有什么不好？
2. 实验中未反应的叔丁醇如何除去？

实验5-6 1,2-二溴乙烷的合成

一、实验目的

1. 了解1,2-二溴乙烷的制备原理和方法。
2. 掌握制备1,2-二溴乙烷的特殊装置。

二、实验原理

1,2-二溴乙烷（1,2-dibromoethane）为无色具有不愉快甜味的液体，可用作脂肪、油、树脂等的溶剂，谷物和水果等的杀菌剂、木材的杀虫剂等，还用作汽油抗震液中铅的消除剂，常与四乙基铅同时添加在汽油中，可使燃烧后产生的氧化铅变为具有挥发性的溴化铅，从内燃机中排出。

乙醇在浓硫酸、170℃条件下发生消去反应生成乙烯，乙烯再与溴水发生加成反应可生成1,2-二溴乙烷。

反应式：

$$C_2H_5OH \xrightarrow[170℃]{H_2SO_4} CH_2{=}CH_2 + H_2O \qquad CH_2{=}CH_2 + Br_2 \longrightarrow BrCH_2CH_2Br$$

在生成乙烯的过程中，浓硫酸既是脱水剂，又是氧化剂，因此反应过程中还伴有乙醇被氧化的副反应，生成二氧化碳、二氧化硫等气体。二氧化硫与溴发生反应，反应式如下：

$$Br_2 + 2H_2O + SO_2 \longrightarrow 2HBr + H_2SO_4$$

所以生成的乙烯先要经过氢氧化钠洗涤，以除去这些酸性的气体杂质。反应完毕，粗产物中杂有少量未反应的溴，可以用水和氢氧化钠溶液洗涤除去。

三、仪器与试剂

仪器：三口烧瓶、恒压漏斗、抽滤瓶、锥形瓶、烧杯、带支管试管、分液漏斗、直形冷凝管、接液管。

试剂：溴[1]、乙醇、5%浓硫酸、10%氢氧化钠。

四、实验流程

乙醇，浓硫酸 —乙烯发生器→ 乙烯 —溴，170～180℃→ 粗产物

—洗涤：①水；②10%氢氧化钠；③水洗 2 次→ —干燥：无水氯化钙→ —蒸馏：129～133℃→ 产品 1,2-二溴乙烷

五、实验步骤

用 100mL 三口烧瓶 A 为乙烯发生器（制备装置见图 5-1），瓶内加入 7g 干沙（以免加热产生乙烯时出现泡沫，影响反应进行）。三口烧瓶的左端侧口插入温度计于反应液中，中间口装上恒压漏斗（使反应系统与漏斗的压力相平衡，漏斗内的液体借重力滴下），另一侧口用乙烯导出玻璃管与安全瓶 B 相连，内盛少许水，一根长安全管插到水面以下（如发现玻璃管内水柱上升很高甚至喷出来时，应停止反应，检查系统是否堵塞）。C 是洗气瓶（装 10%氢氧化钠溶液，以吸收乙烯中的酸性气体），D 为反应管（内装 3mL 溴，上面覆盖 3～5mL 水，以减少溴的挥发，管外用冷水冷却），E 为吸收瓶（内装 10mL5%氢氧化钠溶液，以吸收被气体带出的少量溴）。仪器连接部分要求紧密，反应管前的所有接口，必须使用橡皮塞[2]。

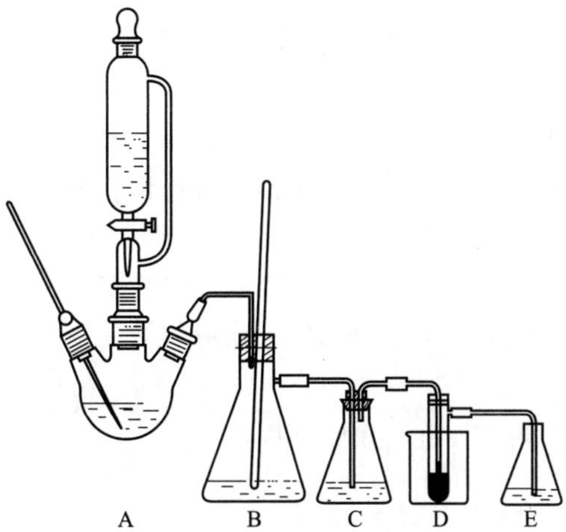

图 5-1　制备 1，2-二溴乙烷装置

仪器安装完毕经检查无误后，在冰水浴冷却下将 15mL 浓硫酸慢慢加到 5mL 95%乙醇中，混合均匀后加到三口瓶 A 中，将 10mL 95%乙醇和 15mL 浓硫酸混合液倒入滴液漏斗中，关好活塞。加热前，先切断 C 与 D 的连接处，待温度上升到约 160℃，此时，系统内大部分空气已被排出，然后连接 C 与 D，当瓶内反应物温度升至 170℃左右，从漏斗中慢慢滴加乙醇-硫酸混合物，产生的乙烯被溴吸收。实验要求乙烯气体连续而均匀地通入装有溴的带支试管 D。如果滴加速度过快，会使产生的乙烯来不及被溴吸收而跑掉，同时带走一些溴进入瓶 E，造成溴的损失并消耗过多的乙醇-硫酸液。反应 1～2h，待具支试管中溴的颜色全部消失后，反应结束[3]。先拆下反应管 C，然后停止加热，将产物倒入分液漏斗中，依次用 10mL 水、10%氢氧化钠溶液洗涤，然后再用等体积的水洗 2 次。产品装入锥形瓶中用少许无水氯化钙干燥，待溶液清亮后，过滤，蒸馏，收集 129～133℃馏分，产品 7～8g。纯 1,2-

二溴乙烷的沸点为131.4℃，折射率n_D^{20}=1.5387。本实验约需6h。

六、注释

[1] 溴为剧毒、强腐蚀性药品，在取用时应特别小心。

[2] 仪器连接是否紧密是本实验成败的关键。不得有漏气处，否则就无足够压力使乙烯通入反应管内，并且给定的乙醇-硫酸混合液就不足以使溴褪色，必须补充。

[3] 反应进行到后期时，吸滤管的冷却温度最好不要太低，因1,2-二溴乙烷的凝固点为9℃。

思考题

1. 为什么将乙烯通入反应管前需将系统内大部分空气排出？
2. 本实验中的恒压漏斗、安全瓶、洗涤瓶和吸收瓶各有什么作用？
3. 在本实验中，下列现象对二溴乙烷的产率有何影响？

①盛溴的抽滤管变得太热；②乙烯通过液溴时迅速鼓泡；③仪器装置不严密带有隙缝；④干燥后的产物未除去干燥剂而直接进行蒸馏。

实验5-7 环己醇的合成

一、实验目的

1. 学习用硼氢化物还原环己酮制备环己醇的方法。
2. 进一步熟练掌握萃取、蒸馏和减压蒸馏等操作技术。

二、实验原理

硼氢化钠是较缓和的还原剂，可还原醛、酮制备醇，反应在醇溶液中进行，操作方便。本实验用硼氢化钠在乙醇溶液中还原环己酮来制备环己醇。理论上1mol硼氢化钠可以还原4mol环己酮，但在实际操作中硼氢化钠使用量多于理论用量，以提高反应收率。环己醇(cyclohexanol)主要用于制取环己酮(进一步制取己内酰胺)和己二酸，还用以制取增塑剂(如邻苯二甲酸环己酯)、表面活性剂以及用作工业溶剂等。

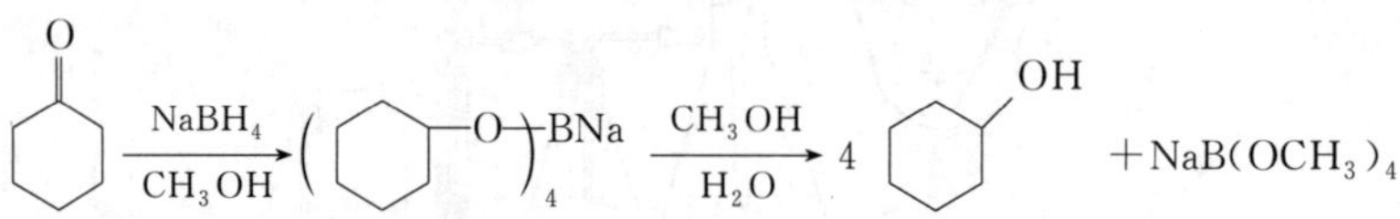

三、仪器与试剂

仪器：圆底烧瓶、冷凝管、磁力加热搅拌器。

试剂：环己酮、甲醇、硼氢化钠、二氯甲烷、无水硫酸钠。

四、实验流程

环己酮，甲醇 —分批加入$NaBH_4$/搅拌→ —加水→ —蒸出甲醇→ 反应液 —盐水洗涤/分液→ 有机层 —干燥/无水硫酸钠→ —减压蒸馏→ 收集环己醇馏分

五、实验步骤

在50mL圆底烧瓶中加入3.1g(0.032mol)环己酮和40mL甲醇，装上回流冷凝管，磁力搅拌器，室温下分批加入0.8g(0.02mol)硼氢化钠，充分搅拌使硼氢化钠完全溶解，继续搅拌0.5h。反应完毕后加入20mL水，改成蒸馏装置，蒸去甲醇，冷却后将残液倒入分液漏斗中，加入冰冷的饱和食盐水，充分振摇，静置分出有机层，水层用二氯甲烷萃取(15mL×3)，合并有机层和萃取液，用无水硫酸钠干燥之。滤去硫酸钠，先用水浴蒸去二氯

甲烷，然后减压蒸馏，收集环己醇馏分，沸点为155.7℃，产品约1.6g，折射率$n_D^{22}=1.4650$。

思考题

1. 由环己酮还原成环己醇时，还可用什么还原剂？各种还原剂的优缺点是什么？
2. 反应完毕后，为什么要加入冰冷的饱和食盐水？

［附图］

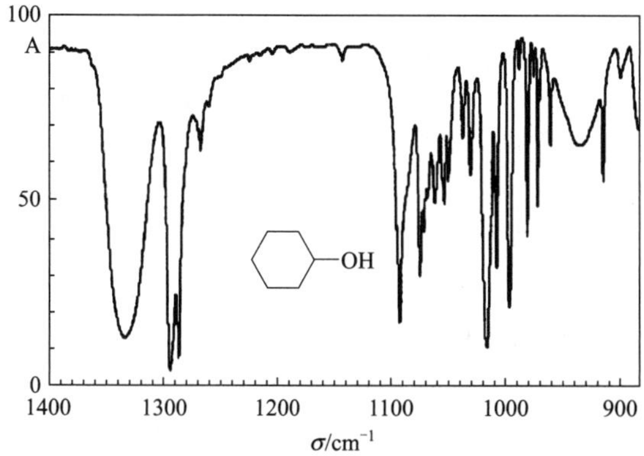

环己醇的红外光谱图

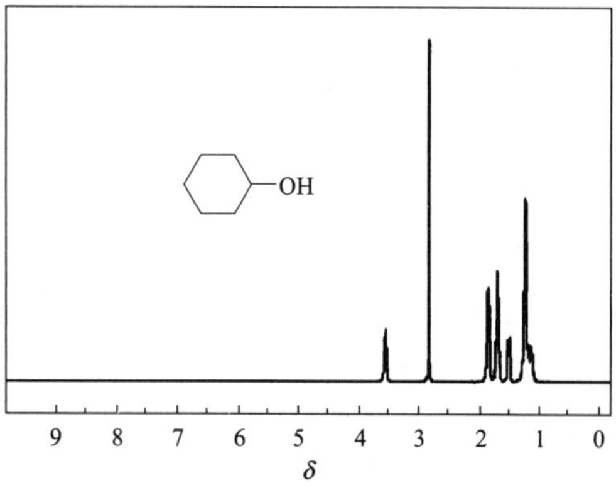

环己醇的核磁共振氢谱图

实验 5-8 2-甲基-2-丁醇的合成

一、实验目的

1. 学习制备2-甲基-2-丁醇的原理和方法。
2. 了解格氏试剂的制备、应用和反应条件。
3. 掌握回流、萃取和蒸馏等操作。

二、实验原理

2-甲基-2-丁醇（2-methyl-2-butanol）又称叔戊醇，主要用于生产新型农药粉锈宁以及频那酮、三唑酮、三唑醇等，并可用于合成茚烷麝香，以及作彩色胶片的成色剂。本实验通过乙基溴化镁与丙酮发生加成反应，然后再水解得到2-甲基-2-丁醇，具体反应如下：

三、仪器与试剂

仪器：三口烧瓶、冷凝管、滴液漏斗、干燥管、圆底烧瓶、接液管、锥形瓶、温度计。

试剂：镁粉、溴乙烷、丙酮、绝对乙醚、碘、氯化钙、氯化铵溶液、碳酸钠溶液、无水碳酸钾。

四、实验流程

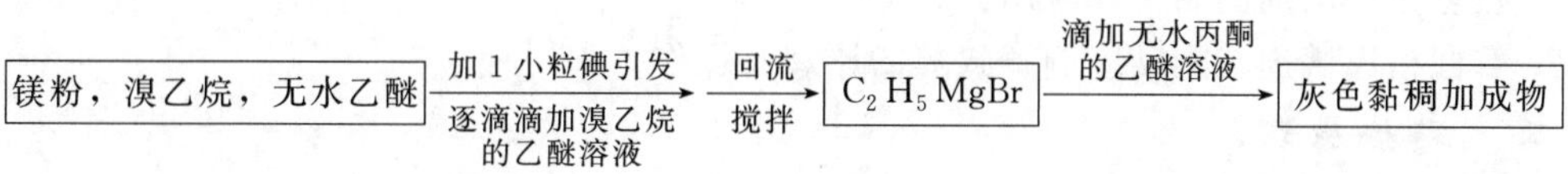

$\xrightarrow{\text{用饱和氯化铵溶液淬灭反应}}$ $\xrightarrow{\text{乙醚萃取}}$ 有机层 $\xrightarrow{\text{洗涤}}$ $\xrightarrow{\text{干燥}}$ $\xrightarrow{\text{蒸馏}}$ 2-甲基-2-丁醇（沸点为 95～105℃）

五、实验步骤

1. 乙基溴化镁的制备

在 250mL 三口烧瓶上装滴液漏斗、回流冷凝管[1]，回流冷凝管的上管口装上氯化钙的干燥管，三口烧瓶中放入 3.5g 干燥的镁屑（或除去氧化膜的镁条）、20mL 无水乙醚和一小粒碘[2]，在滴液漏斗中加入 15mL 乙醚和 20mL 溴乙烷。先滴入约 5mL 的混合液于三口烧瓶中，用温水浴加热至溶液呈微沸，溶液中碘的颜色消失。开动搅拌器，继续滴加其余的混合液，控制滴加速度，维持反应液呈微沸状态[3]。滴加完毕后，继续加热回流 30min，使溴乙烷反应几乎完全。

2. 与丙酮的加成反应

将反应瓶冷却，搅拌下缓慢滴加 10mL（0.14mol）丙酮和 10mL 无水乙醚的混合液，滴加完毕，室温下搅拌 15min。瓶中有灰白色黏稠状固体析出[4]。

3. 产物的水解和提取

拆除无水无氧装置，将反应瓶在冷水浴中冷却，搅拌下加入氯化铵溶液淬灭反应[5]。将反应液转入分液漏斗中，分出乙醚层，水层用乙醚萃取（20mL×2），合并醚层，依次用 15mL 5%碳酸钠溶液和 15mL 的水洗涤，无水碳酸钾干燥。过滤，用电热套加热蒸馏，收集 90～105℃馏分[6]，产品 7～8g。

六、注释

[1] 所用的仪器、药品必须经过严格干燥处理，否则反应难以进行，并可使生成的格氏试剂分解。溴乙烷用无水氯化钙干燥，蒸馏纯化；丙酮用无水碳酸钾干燥，蒸馏纯化；无水乙醚的纯化方法见附录二。

[2] 加入碘的目的是作引发剂，卤代烃或卤代芳烃与镁反应较困难，需用催化剂或加热促使反应开始。

[3] 在乙基溴化镁的制备过程中，滴加溴乙烷的乙醚溶液速度要慢，若滴加速度太快，反应过于剧烈不易控制，并会增加偶联副产物——正丁烷的生成。

[4] 若反应物中含有较多杂质，白色固体就不容易形成，混合物变成有色的黏稠物质。

[5] 氯化铵溶液（将 17g 氯化铵溶于水中稀释至 70mL），或用稀盐酸水解。

[6] 粗产物的乙醚溶液要用无水碳酸钾干燥彻底，否则 2-甲基-2-丁醇与水形成共沸物，前馏分将大大增加，影响产量。

思考题

1. 本实验有哪些要求？为什么？为此你采取了什么措施？
2. 制得的粗产物为什么不能用氯化钙干燥？

实验 5-9 2-甲基-2-己醇的合成

一、实验目的

1. 熟悉格氏试剂的制备和应用。
2. 掌握格氏试剂与酮反应制备叔醇的原理及操作。

二、实验原理

格氏试剂与醛酮反应是合成伯、仲、叔醇的重要方法。结构复杂的醇的制备，无论实验室还是工业上，格氏反应是最重要、最有效的方法。格氏试剂必须在无水无氧条件下进行，微量水的存在会破坏格氏试剂。

本实验先采用正溴丁烷与镁粉反应制备正丁基溴化镁，然后直接与环己酮反应制备 2-甲基-2-己醇。2-甲基-2-己醇是一种生化试剂，可用作生命科学研究相关的生物材料。

$$n\text{-}C_4H_9Br + Mg \longrightarrow n\text{-}C_4H_9MgBr$$

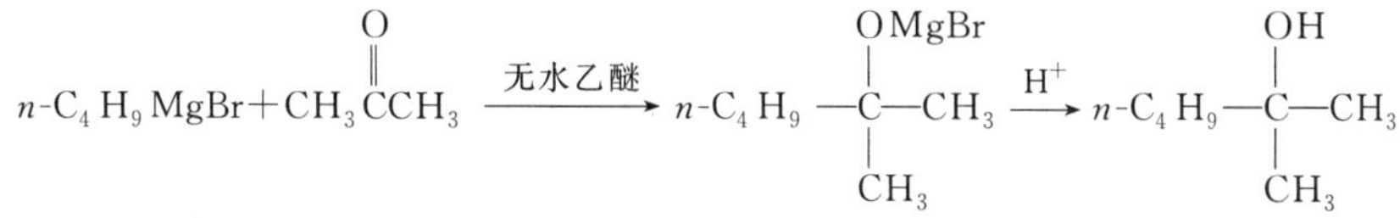

三、仪器与试剂

仪器：三口烧瓶、磁力搅拌器、冷凝管、恒压滴液漏斗、干燥管。

试剂：镁粉、正溴丁烷、丙酮、无水乙醚、乙醚、氯化铵溶液、5%碳酸钠溶液、无水碳酸钾。

四、实验流程

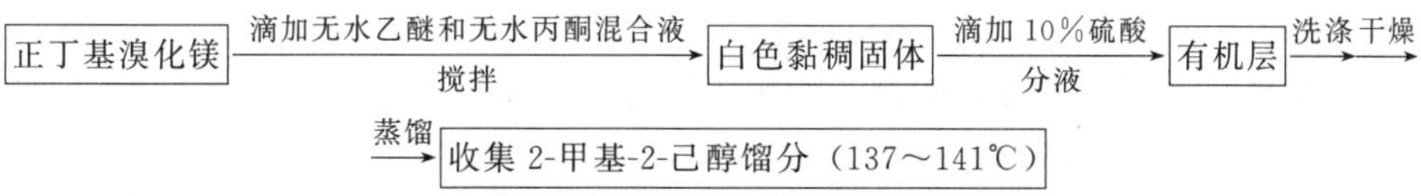

五、实验步骤

1. 正丁基溴化镁的制备

在 250mL 三口烧瓶上装恒压滴液漏斗、回流冷凝管[1]（回流冷凝管的上管口装上氯化钙的干燥管）。在三口烧瓶中加入 3.1g（0.13mol）镁粉和一小粒碘[2]，15mL 无水乙醚[3]，恒压滴液漏斗中装入 13mL（0.13mol）正溴丁烷和 15mL 无水乙醚混合液。先向瓶内滴入约 3mL 混合液，加热至溶液呈微沸，碘的颜色消失[4]。启动磁力搅拌器，缓慢滴入其余的正溴丁烷和乙醚的混合液，严格控制滴液速度，维持反应呈微沸状态，滴加完毕后，再回流 20min，使正溴丁烷反应几乎完全。

2. 2-甲基-2-己醇的制备

将反应瓶冷却，搅拌下缓慢滴加 9.6mL（0.13mol）丙酮的 10mL 无水乙醚的混合液，滴加完毕，在室温下搅拌 15min。瓶中有灰白色黏稠状固体析出。

将反应瓶在冰水浴中冷却，自滴液漏斗中分批加入 100mL 10%硫酸[5]，分解产物。不停搅拌（开始滴入要缓慢），待分解完全后，将溶液倒入分液漏斗中，分出醚层。水层用乙醚萃取（20mL×2），合并醚层，用 30mL 5%碳酸钠溶液洗涤一次，用无水碳酸钾干燥[6]。

将干燥后的粗产物醚溶液滤入 100mL 蒸馏瓶中，蒸除乙醚后，蒸馏收集 137～141℃馏分，产品约 8g。纯 2-甲基-2-己醇的沸点为 143℃，折射率 $n_D^{20}=1.4175$。

六、注释

[1] 所有的反应仪器及试剂必须充分干燥。正溴丁烷事先用无水氯化钙干燥并蒸馏进行纯化。丙酮用无水碳酸钾干燥亦经蒸馏纯化。所用仪器在烘箱中烘干，让其稍冷后，取出放在干燥器中冷却待用。

[2] 镁条应除去氧化层，再用剪刀剪成约 0.5cm 的小段，放入干燥器中待用。镁屑可用 5%盐酸溶液作用数分钟，抽滤除去酸液，用水、乙醇、乙醚洗涤，干燥待用。

[3] 乙醚应为绝对无水，应严格纯化。

[4] 为了使正溴丁烷局部浓度较大，易于发生反应和便于观察反应是否开始，搅拌应在反应开始后进行。若5min后仍不反应，可用温水浴加热，或在加热前加入一小粒碘促进镁和卤代烃的反应。反应开始后，碘的颜色立即褪去。碘催化的过程可用下列方程式表示：

$$Mg + I_2 \longrightarrow MgI_2 \qquad MgI_2 \longrightarrow I\cdot + \cdot MgI$$

$$\cdot MgI + RX \longrightarrow R\cdot + MgXI \qquad MgXI + Mg \longrightarrow \cdot MgX + \cdot MgI$$

$$\cdot R + \cdot MgX \longrightarrow RMgX$$

[5] 硫酸溶液应事先配好，放在冰水中冷却待用。也可用氯化铵的水溶液水解。

[6] 2-甲基-2-己醇与水能形成共沸物，因此必须很好地干燥，否则前馏分将大大地增加。

思考题

1. 在制备正丁基溴化镁时，如反应开始前加入大量正溴丁烷有什么不好？
2. 碘为什么能促进卤代烃与镁发生反应？

实验 5-10 二苯甲醇的合成

一、实验目的

1. 学习以硼氢化钠还原法由酮制备仲醇的原理和方法。
2. 进一步掌握萃取、蒸馏和减压蒸馏以及重结晶等基本操作。

二、实验原理

硼氢化钠是一个负氢试剂，能选择性地将醛酮还原成醇，操作方便。反应可以在含水醇中进行。1mol 硼氢化钠理论上能还原 4mol 醛酮，但在实际反应中常用过量的硼氢化钠，在微型实验中，硼氢化钠是十分理想的试剂。二苯甲醇为有机合成中间体，可用来合成苯甲托品，苯海拉明等药物。利用硼氢化钠合成二苯甲醇的反应式为：

$$(C_6H_5)_2C{=}O + NaBH_4 \xrightarrow{C_2H_5OH} Na^+ B^- [OCH(C_6H_5)_2]_4 \xrightarrow[H^+]{H_2O} 4(C_6H_5)_2CHOH$$

三、仪器与试剂

仪器：三口烧瓶、磁力搅拌器、分液漏斗、抽滤瓶、布氏漏斗。

试剂：二苯甲酮、硼氢化钠、乙醇、石油醚（30～60℃）、10%盐酸。

四、实验流程

二苯甲酮，95%乙醇 —分批加入 $NaBH_4$，搅拌至反应完全→ 反应液 —加冷水→ —加 10% HCl→ —抽滤→ 固体粗产物 —石油醚重结晶→ 二苯甲醇，针状结晶，熔点为 69℃

五、实验步骤

在装有回流冷凝管、分液漏斗和磁力搅拌器的 100mL 三口烧瓶中，加入 5.4g (0.03mol) 二苯甲酮和 30mL 95%乙醇，另一瓶口用塞子塞住，加热使固体物全部溶解。冷至室温后，在搅拌下分批加入 0.57g（0.015mol）硼氢化钠[1]，此时，可观察到有气泡发生，溶液变热，控制硼氢化钠加入速度，使反应温度不超过 50℃为宜。待硼氢化钠加完后，继续搅拌回流 40min，此过程中有大量气泡放出，冷至室温后[2]，通过分液漏斗加入 30mL 冷水，以分解过量的硼氢化钠，然后逐滴加入 5～7mL 10%盐酸，直至反应停止。当反应液冷却后，抽滤，用水洗涤所得固体，干燥后得粗产物。粗产物用石油醚（60～90℃）重结晶[3]得二苯甲醇针状结晶约 3g，测试熔点。纯二苯甲醇熔点为 69℃。

六、注释

[1] 硼氢化钠是强碱性物质，易吸潮，具腐蚀性。称量时要小心操作，勿与皮肤接触。

[2] 若无沉淀出现，可在水浴上蒸去大部分乙醇，冷却后将残液倒入 20g 碎冰和 2mL 浓盐酸的混合液中。

[3] 也可以用己烷代替石油醚进行重结晶。

思考题

1. 硼氢化钠和氢化锂铝都是负氢还原剂，说明它们在还原性及操作上有何不同。
2. 本实验反应完成以后，为什么要加入 10%盐酸？

实验 5-11　乙醚的制备

一、实验目的

1. 掌握实验室制乙醚的原理与方法。
2. 初步掌握低沸点易燃液体的操作要点。

二、实验原理

乙醚（ether）具有良好的溶解性和挥发性，可用作清洗剂，例如清洁金属表面、溶解油脂和去除油漆。在有机合成中可用作溶剂或萃取剂，促进各种有机反应，如酯化、醚化和羰基化反应等。乙醚可以用乙醇和浓硫酸反应制备，浓硫酸是脱水剂，乙醇分子间脱水生成乙醚。反应如下：

$$C_2H_5OH + H_2SO_4 \xrightleftharpoons{100\sim130^\circ C} C_2H_5OSO_2OH + H_2O$$

$$C_2H_5OSO_2OH + C_2H_5OH \xrightarrow{135\sim145^\circ C} C_2H_5OC_2H_5 + H_2SO_4$$

总反应式：

$$2C_2H_5OH \xrightarrow[H_2SO_4]{140^\circ C} C_2H_5OC_2H_5 + H_2O$$

随着温度的升高，伴随有副反应：

$$C_2H_5OH \xrightarrow{H_2SO_4} \begin{cases} \xrightarrow{170^\circ C} CH_2{=}CH_2 + H_2O \\ \xrightarrow[{[O]}]{} CH_3CHO + SO_2 + H_2O \end{cases}$$

$$CH_3CHO \xrightarrow{H_2SO_4} CH_3COOH + SO_2 + H_2O$$

$$SO_2 + H_2O \longrightarrow H_2SO_3$$

三、仪器与试剂

仪器：加热套、三口烧瓶、直形冷凝管、蒸馏头、真空接液管、锥形瓶、滴液漏斗、温度计（200℃、100℃）、烧杯、量筒、分液漏斗。

试剂：95%乙醇、浓硫酸、5%氢氧化钠溶液、饱和氯化钠溶液、饱和氯化钙溶液、无水氯化钙。

四、实验流程

乙醇，浓H_2SO_4 $\xrightarrow{135\sim140℃}$ 粗制乙醚 $\xrightarrow{分液}$ 有机层 $\xrightarrow{洗涤}$ $\xrightarrow{干燥}$ $\xrightarrow{蒸馏}$ 收集乙醚馏分（33～38℃）

五、实验步骤

在 100mL 干燥的三口烧瓶中加入 6mL 95%乙醇，将烧瓶浸入冰水浴中冷却，缓慢加入 6mL 浓硫酸混匀。在滴液漏斗中放入 12.5mL 95%乙醇，漏斗脚末端与温度计的水银球必须浸入液面以下，距瓶底约 0.5～1cm，加入沸石，接收器浸入冰水中冷却，接液管的支管接橡皮管通入下水道或引到室外（图 5-2）。

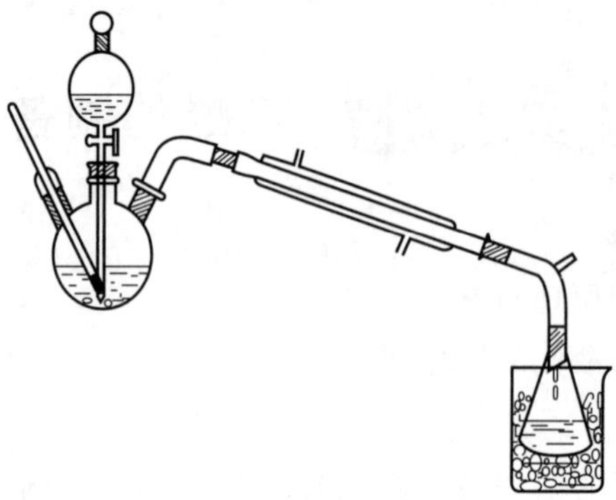

图 5-2 乙醚制备装置图

用加热套使反应瓶温度迅速上升到 140℃，开始由滴液漏斗慢慢滴加乙醇，并控制滴加速度与馏出液速度大致相等（1 滴/s）[1]，控制反应温度在 135～145℃，约 30min 滴加完毕，再继续加热 10min，直到温度上升到 160℃，去掉热源[2]，停止反应。

将粗制乙醚倒入分液漏斗中，分别用 4mL 5%氢氧化钠溶液，4mL 饱和 NaCl 溶液[3]洗涤，最后用 4mL 饱和氯化钙溶液洗涤两次。将分出的乙醚装入小锥形瓶中，加无水氯化钙干燥 30min（在锥形瓶外需用冰水冷却）。当瓶内乙醚澄清时，小心将乙醚倒入干燥的蒸馏烧瓶中，在约 60℃水浴中蒸馏，收集 33～38℃的馏分。

产品为 3.5～4.5g。

六、注释

[1] 控制好反应温度，并控制滴加乙醇的速度，若滴加速度超出馏出速度，使乙醇没有反应就会蒸出，同时会使反应温度下降减少醚的生成。

[2] 在使用乙醚和制备乙醚过程中一定要禁止明火。当反应完拆下仪器装置前先灭火，另外决不允许一边用明火加热一边蒸馏。

[3] 用氢氧化钠洗去酸后，会使醚层碱性很强，直接用氯化钙溶液洗涤时，将有氢氧化钙沉淀产生，为了减少乙醚在水中的溶解度，并洗去残留的碱，在用氯化钙溶液洗涤之前先用饱和氯化钠溶液洗。氯化钙和乙醇结合形成 $CaCl_2 \cdot 4CH_3CH_2OH$，用氯化钙可以洗去未反应的乙醇。

思考题

1. 在制备过程中，反应温度过高或过低对反应有什么影响？

2. 粗制的乙醚中含有哪些杂质？应怎样将它们除去？

[附图]

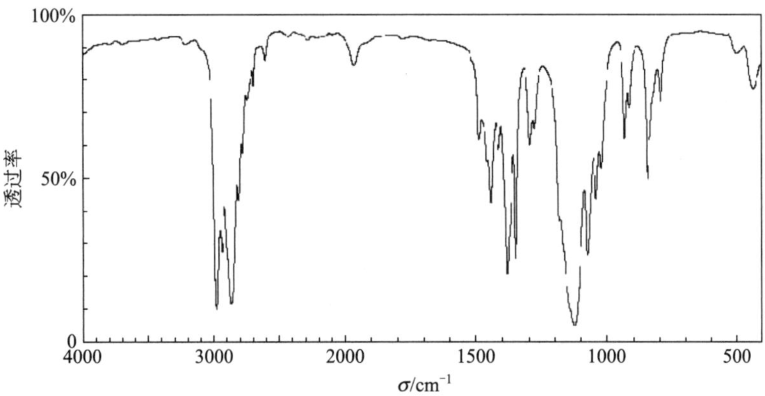

乙醚的红外光谱图

实验 5-12 正丁醚的合成

一、实验目的

1. 掌握正丁醇脱水制备正丁醚的反应原理和实验方法。

2. 学习使用分水器的实验操作。

二、实验原理

正丁醚（dibutyl ether）可用作电子级清洗剂，也用作有机酸、蜡、树脂等的萃取剂和精制剂。由于正丁醚是惰性溶剂，还可用作格氏试剂、橡胶、农药等的有机合成反应溶剂及胶黏剂的稀释剂。用硫酸作为催化剂，在不同温度下正丁醇和硫酸作用生成的产物将会不同，主要是正丁醚或丁烯，温度过高会有更多烯烃生成，因此须严格控制反应温度。

反应式：

$$2CH_3CH_2CH_2CH_2OH \xrightleftharpoons[134\sim135℃]{H_2SO_4} n\text{-}C_4H_9OC_4H_9\text{-}n + H_2O$$

副反应：

$$CH_3CH_2CH_2CH_2OH \xrightleftharpoons[>135℃]{H_2SO_4} CH_3CH_2CH{=}CH_2 + CH_2CH{=}CHCH_3 + H_2O$$

三、仪器与试剂

仪器：三口烧瓶、分水器、冷凝管、温度计、圆底烧瓶、吸量管、阿贝折光仪。

试剂：正丁醇、浓硫酸、饱和食盐水、5% NaOH 溶液、无水氯化钙。

四、实验流程

正丁醇，浓 H_2SO_4 $\xrightarrow[\text{用分水器}]{\text{回流}}$ 粗制正丁醚 $\xrightarrow{\text{分液}}$ 有机层 $\xrightarrow{\text{洗涤}}$ $\xrightarrow{\text{干燥}}$ $\xrightarrow{\text{蒸馏}}$ 收集正丁醚馏分（140～144℃）

五、实验步骤

在 100mL 三口烧瓶中加入 31mL（约 25g，0.34mol）的正丁醇，边摇边加 5mL 浓硫酸，充分混匀[1]，加入几粒沸石。按图 2-9(b) 将仪器安装好。先在分水器中加入一定量[2]的饱和食盐水[3]，然后加热，回流 1h。反应液的蒸气经冷凝管冷凝收集于分水器中，有机液[4] 浮在水面。如果分水器中的水层超过了支管而流回烧瓶，可放掉一部分水。当生成的水量达到4.5～5mL，瓶中反应液温度可到150℃左右，此时停止加热[5]。

待反应液冷却后，拆下分水器，将仪器改成蒸馏装置，加几粒沸石，加热蒸馏至无馏出物为止。

将馏出液倒入盛有10mL水的分液漏斗中，充分振摇，静置弃去水层，上层为粗正丁醚，有机层依次用50%的硫酸（15mL×2）、水（15mL×2）、饱和氯化钙溶液（15mL×2）洗涤[6]，用1～2g无水氯化钙干燥。干燥后产物滤入100mL烧瓶中，蒸馏，收集140～144℃馏分，产品为7～8g。纯正丁醚的沸点为142.4℃，折射率 $n_D^{20}=1.3992$。

六、注释

[1] 如不充分摇动，硫酸局部过浓，加热后易使反应液变黑。

[2] 按反应方程式计算，生成水的量为3g，实际分出水层的体积大于理论计算量，因为有单分子脱水的副产物生成。

[3] 用饱和食盐水的目的是降低正丁醇和正丁醚在水中的溶解度。

[4] 在反应溶液中，正丁醚和水形成的恒沸物沸点为94.1℃，含水33.4%。正丁醇和水形成的恒沸物，沸点为93℃，含水44.5%。正丁醚和正丁醇形成二元恒沸物，沸点为117.6℃，含正丁醇82.5%。此外正丁醚还能和正丁醇、水形成三元恒沸物，沸点为90.6℃，含正丁醇34.6%，含水29.9%。这些含水的恒沸物冷凝后，在分水器中分层。上层主要是正丁醇和正丁醚，下层主要是水。利用分水器就可以使上层有机物流回反应器中。

[5] 反应开始回流时，因为有恒沸物的存在，温度不可能马上达到135℃。但随着水被蒸出，温度逐渐升高，最后达到135℃，即应停止加热。如果温度升得太高，反应溶液会碳化变黑，并有大量副产物丁烯生成。

[6] 在碱洗过程中，不宜剧烈地摇动分液漏斗，否则严重乳化，难以分层。

思考题

1. 试计算理论上应分出多少毫升的水？实际上往往超过理论值，为什么？
2. 反应物冷却后，为什么要倒入水中？精制时，各步洗涤的目的何在？

［附图］

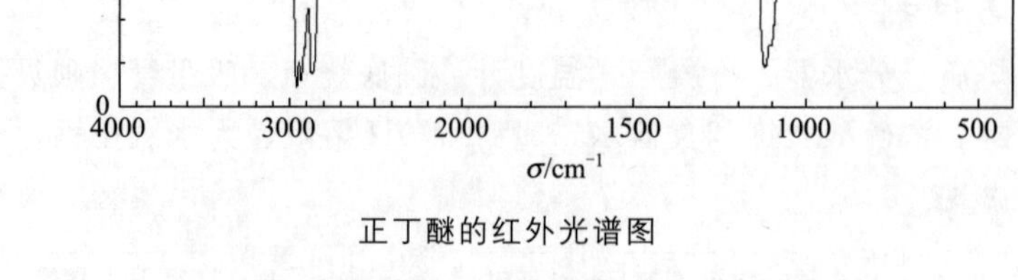

正丁醚的红外光谱图

实验5-13 环己酮的合成

一、实验目的

1. 了解氧化法制备环己酮的原理和方法。
2. 掌握萃取、分离和干燥等实验操作及空气冷凝管的应用。

二、实验原理

环己酮（cyclohexanone）是重要的化工原料，是制造尼龙、己内酰胺和己二酸的主要中间体，也是重要的工业溶剂，如用于油漆，特别是用于那些含有硝化纤维、氯乙烯聚合物及其共聚物或甲基丙烯酸酯聚合物油漆等。环己酮是有机磷杀虫剂及许多类似物农药的优良溶剂，也用作染料、脂、蜡及橡胶的溶剂，也用作活塞型航空润滑油的黏滞溶剂、染色和褪光丝的均化剂、擦亮金属的脱脂剂等。实验室制备脂肪或脂环醛酮，最常用的方法是用铬酸氧化相应的醇。铬酸是重铬酸钠和 40%～50%硫酸的混合物。控制一定条件，以铬酸为氧化剂，环己醇氧化生成环己酮，反应式如下：

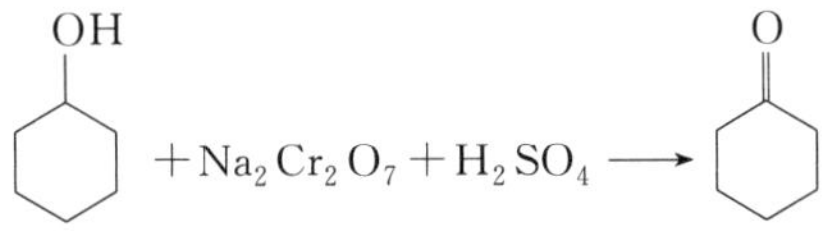

三、仪器及试剂

仪器：圆底烧瓶、直形冷凝管、空气冷凝管、分液漏斗。

试剂：环己酮、重铬酸钠、浓硫酸。

四、实验流程

环己醇，铬酸 —振摇→ 墨绿色液体 —加入水，蒸馏→ 馏出液 —分离→ —萃取→ —干燥→ —蒸馏，152～155℃→ 产品（约 0.8g）

五、实验步骤

1. 铬酸溶液的配制[1]

称取 10g（0.033mol）$Na_2Cr_2O_7 \cdot 2H_2O$ 溶解于 30mL 水中，在搅拌下慢慢加入 7.4mL（0.134mol）97%的浓硫酸，然后用水稀释至 50mL 酸溶液，冷却至 0℃。

2. 过量的铬酸溶液制备环己酮

向装有滴液漏斗、回流冷凝管的 250mL 三口烧瓶中，分别加入 5.2mL（约 5.0g，0.05mol）环己醇和 25mL 乙醚，混合均匀置入冰水浴冷却至 0℃。将已冷至 0℃的铬酸溶液 50mL 分成两次倒入滴液漏斗中。搅拌下 10min 内将铬酸溶液滴加到三口烧瓶中。剧烈搅拌 15min，分出有机物[2]，无机层用乙醚萃取（15mL×2），合并有机层。有机层依次用 10mL5%的碳酸钠、水洗涤（10mL×4），无水硫酸钠干燥。粗产品滤入 100mL 蒸馏烧瓶中，电热套加热，将乙醚蒸出后，再加热收集 152～155℃馏分。产品 3.3～4g，纯环己酮沸点为 155.6℃，折射率 $n_D^{20}=1.4520$。

六、注释

[1] 铬酸和硫酸的水溶液也叫 Jones 试剂。

[2] 如果上下层分界线看不清楚，加入少量乙醚或水即可。

思考题

本实验的氧化剂能否改用硝酸或高锰酸钾，为什么？

实验 5-14 苯乙酮的合成

一、实验目的

掌握利用 Friedel-Crafts 酰基化反应制备苯乙酮（acetophenone）的方法及实验技能。

二、实验原理

苯乙酮主要用作制药及其他有机合成的原料，也用于配制香料、制造香皂和香烟，也可用作纤维素醚、纤维素酯和树脂等的溶剂以及塑料的增塑剂。

Friedel-Crafts 酰基化反应是制备芳酮的最重要的方法。在无水三氯化铝的存在下，酰氯、酸酐与活泼的芳基化合物反应得到高产率的芳酮。本实验使用价廉的乙酐为酰化剂，与苯发生乙酰化反应生成苯乙酮。在此反应中，苯既是反应物又作溶剂，三氯化铝是路易斯酸，可以与反应物形成稳定的配合物，与烷基化反应相比，酰化反应的催化剂用量要大得多。反应式如下：

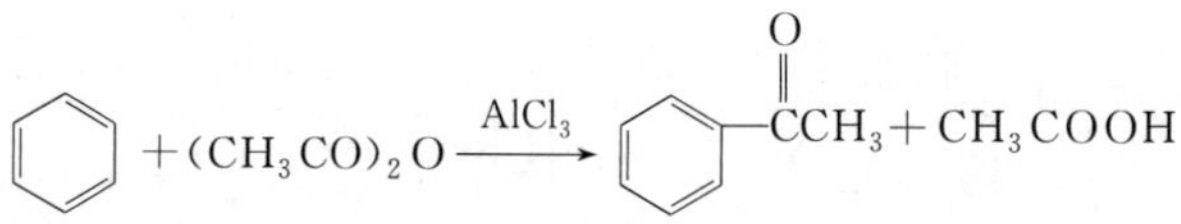

三、仪器与试剂

仪器：三口烧瓶、球形冷凝管、滴液漏斗、温度计。

试剂：醋酸酐、无水苯、无水三氯化铝、浓盐酸、氢氧化钠、无水硫酸镁。

四、实验流程

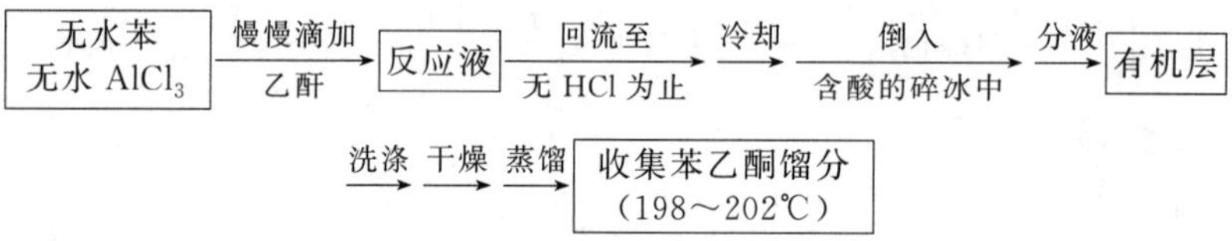

五、实验步骤

在 100mL 的三口瓶上安装 10mL 恒压漏斗、回流冷凝管[1] 和搅拌装置，冷凝管上端装上带有氯化钙干燥管的气体吸收装置。反应过程逸出的氯化氢气体用水吸收。

检查装置的气密性，迅速往三口瓶中加入无水三氯化铝 10g (0.075mol)[2] 和无水纯苯 16mL (0.18mol)[3]，滴液漏斗中加入乙酐 4mL (4.3g，0.042mol)[4]。搅拌下，逐滴加入乙酐，注意控制滴加速度，勿使反应剧烈沸腾，约 10min。加料完毕，待反应稍缓和后，用 95℃左右的水浴加热，并搅拌，直到不再逸出氯化氢气体为止。

取出反应瓶，冷却，将反应物滴入 18mL 浓盐酸和 30～40g 碎冰中，充分搅拌后，若还有沉淀存在，可加适量浓盐酸溶解。取出上层液体，下层用乙醚萃取 (10mL×2)。合并有机层，依次用 10mL 10%氢氧化钠、10mL 水洗涤，然后用无水硫酸镁干燥。过滤，蒸馏，回收苯和乙醚后，收集 198～202℃的馏分，称重，产品为 2.5～3g。

六、注释

[1] 本实验使用的药品、仪器均应充分干燥（氯化氢吸收装置除外）。若要简化装置，可省掉电动搅拌器而采用两口烧瓶进行反应。

[2] 本实验使用的无水三氯化铝应该是小颗粒状或粗粉状，露于湿空气中立刻冒烟，滴少许水于其上则嘶嘶作响。称取和加入三氯化铝时应迅速操作，取用氯化铝后，应立即将原试剂瓶塞好。

[3] 市售的化学纯苯需经无水氯化钙干燥后才能使用。

[4] 所用乙酐必须在临用前重新蒸馏，取 137～140℃馏分使用。

思考题

1. 本实验装置为何要干燥？加料为何要快速？

2. 在 Friedel-Crafts 酰基化反应中，三氯化铝的用量和所得产物的纯度方面有何差别？为什么？

实验5-15 苯甲醇和苯甲酸的合成

一、实验目的

1. 学习 Cannizzaro 反应的原理和方法。

2. 进一步熟练掌握萃取等操作。

二、实验原理

苯甲醇（benzyl alcohol）是制取苄基酯或醚的中间体，可用作药膏的防腐剂，纤维、尼龙丝及塑料薄膜的干燥剂，聚氯乙烯的稳定剂，照相显影剂，醋酸纤维、墨水、涂料、油漆、环氧树脂涂料、染料、酪蛋白、虫胶及明胶等的溶剂。香料工业中苯甲醇用作定香剂和稀释剂，用于配制香皂和日用化妆香精。苯甲酸（benzoic acid）可用于医药、染料载体、增塑剂、香料和食品防腐剂等的生产，也用于醇酸树脂涂料的性能改进。

苯甲醛因无 α-H，在浓氢氧化钾溶液作用下发生 Cannizzaro 歧化反应，一分子苯甲醛被氧化为苯甲酸钾，另一分子被还原为苯甲醇；反应后经酸化处理，苯甲酸钾转化为苯甲酸，最终同时得到苯甲醇和苯甲酸两种产物。相关反应式为：

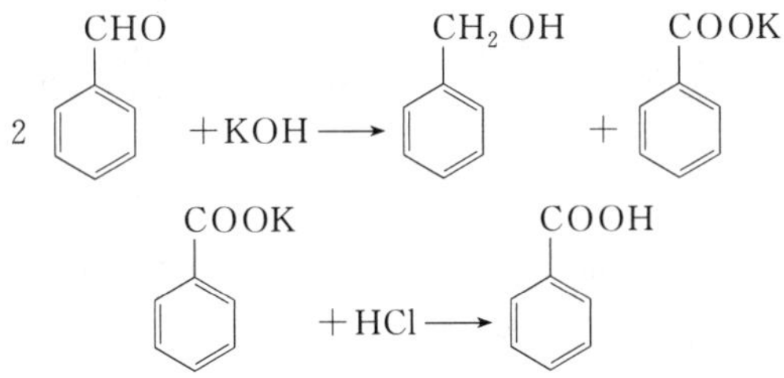

三、仪器与试剂

仪器：烧杯、锥形瓶、分液漏斗、蒸馏瓶、冷凝管、接液管、温度计。

试剂：新蒸的苯甲醛、氢氧化钾、乙醚、10%碳酸钠、浓盐酸、无水硫酸钾、亚硫酸氢钠饱和水溶液、刚果红试纸。

四、实验流程

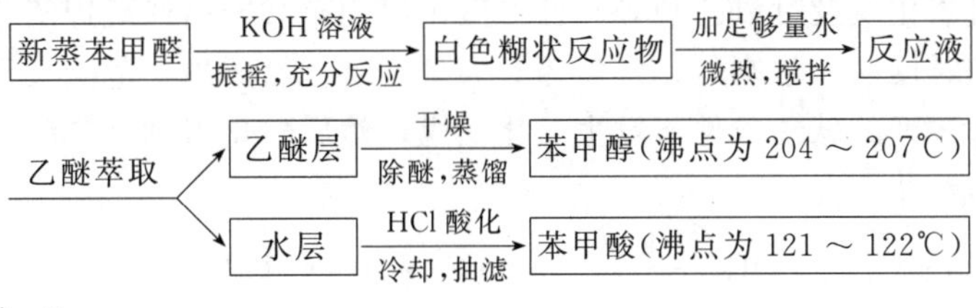

五、实验步骤

在 250mL 锥形瓶中配制 12g 氢氧化钾的 12mL 水溶液，冷至室温，在不断搅拌下分批加入 14mL（14g，0.2mol）新蒸苯甲醛[1]，用橡皮塞塞紧瓶口，用力振摇[2]，使反应物充分混合，直至反应混合物变成黏稠糊状物为止。若反应温度过高，可将锥形瓶放入冷水浴中冷却，放置 24h 以上。

在反应混合物中逐渐加入足够量的水（约 40mL），微热，搅拌，使其中的苯甲酸盐全部溶解。冷却后将溶液倒入分液漏斗中，用 15mL 乙醚萃取两次，合并乙醚萃取液，并依次用 10mL 饱和亚硫酸氢钠溶液洗涤两次，10mL10%碳酸钠溶液和 10mL 水各洗一次，无水硫酸钾干燥。干燥后的溶液滤入蒸馏烧瓶中，先蒸去乙醚，后蒸苯甲醇，收集 204～207℃的馏分，产量约 6g。纯净苯甲醇的沸点为 205.35℃，折射率 n_D^{20} =1.5396。

在搅拌下，将乙醚萃取后的水溶液，慢慢倒入 40mL 浓盐酸，4mL 水和 25g 碎冰混合液中。充分冷却，析出晶体，抽滤，少量水洗涤，粗产物用水重结晶。得苯甲酸 6.5g，熔点为 121℃。

六、注释

[1] 苯甲醛容易被空气氧化，所以使用前应重新蒸馏，收集 179℃的馏分。最好采用减压蒸馏，收集 62℃，1.333kPa（10mmHg）或 90.1℃，5.332kPa（40mmHg）的馏分。

[2] 充分振摇是反应成功的关键。如混合充分，放置 24h 后，混合物通常在瓶内固化，苯甲醛气味消失。

思考题

1. 本实验中两种产物是根据什么原理分离提纯的？用饱和的亚硫酸氢钠及 10%碳酸钠溶液洗涤的目的何在？
2. 乙醚萃取后的水溶液，用浓盐酸酸化到中性是否合适？为什么？
3. 比较 Cannizzaro 反应与羟醛缩合反应所用的原料在结构上有何不同？

实验 5-16 己二酸的制备

一、实验目的

1. 学习环己醇氧化制备己二酸的原理，了解由醇氧化制备羧酸的常用方法。
2. 熟悉浓缩、抽滤、重结晶等实验技术。

二、实验原理

己二酸（adipic acid）主要用作尼龙 66 和工程塑料的原料，也用于生产各种酯类产品，还用作聚氨基甲酸酯弹性体的原料。用作各种食品和饮料的酸化剂时，其作用有时胜过柠檬酸和酒石酸。己二酸也是医药、酵母提纯、杀虫剂、黏合剂、合成革、合成染料和香料的原料。

制备羧酸最常用的是烯、醇、醛等的氧化法。常用的氧化剂有硝酸、重铬酸钾的硫酸溶液、高锰酸钾、过氧化氢及过氧乙酸等。己二酸可以用硝酸或高锰酸钾氧化环己醇制备，其中用硝酸为氧化剂时反应非常剧烈，常伴随有大量二氧化氮放出，危险又污染环境。本实验采用环己醇在高锰酸钾的碱性条件下发生氧化反应，然后酸化得到己二酸。

反应式：

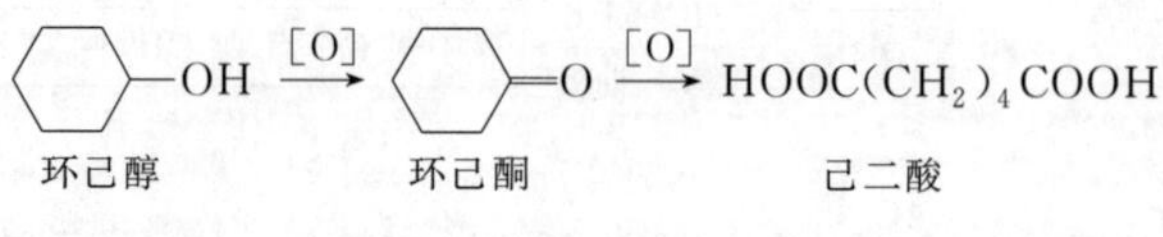

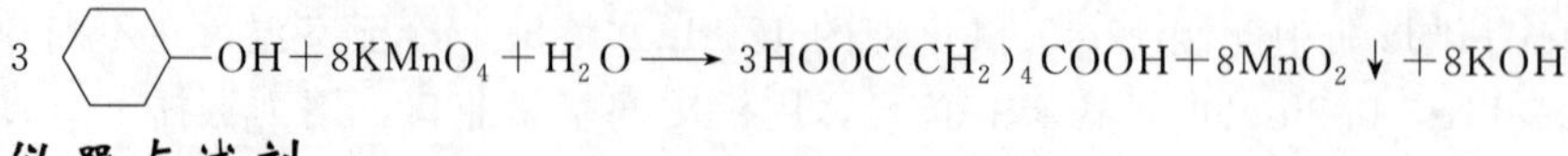

三、仪器与试剂

仪器：三口烧瓶、电动搅拌器、抽滤瓶、布氏漏斗、温度计、球形冷凝管。

试剂：环己醇、高锰酸钾、碳酸钠、亚硫酸氢钠、浓盐酸、石蕊试纸。

四、实验流程

[环己醇，碳酸钠] —高锰酸钾/分批加入→ —控制温度/30℃左右→ —回流反应/30min→ —趁热抽滤→ —H_2SO_4/酸化→ —冷却→ [粗己二酸] —冷却/抽滤→ —干燥→ [己二酸晶体]

五、实验步骤

将 7.5g 碳酸钠溶于 50mL 水，倒入盛有 5.2mL（0.05mol）环己醇[1] 的 250mL 三口烧瓶中，在三口烧瓶中口装机械搅拌器，其中一侧口装温度计（注意：水银球浸入液面以下）。如实验装置图 2-13(a)，装好反应装置。在迅速搅拌下，沿另一侧口将研细的高锰酸钾 22.5g 分小批量加入（一般每 4～5min 加一次，每次 3～4g）。

在加入高锰酸钾时，必须严格控制反应温度不超过 30℃[2]。加完后继续搅拌，直至反应温度不再上升为止。然后装上回流冷凝管，在 50℃水浴上加热并继续搅拌 30min[3]。反应过程中产生大量的二氧化锰沉淀。

待反应结束后，将混合物趁热抽滤，用 20mL10％的碳酸钠溶液洗涤滤渣[4]，在搅拌下，慢慢滴加浓硫酸，直到溶液呈酸性（如何检验?），随着温度降低，己二酸晶体不断析出。充分冷却，抽滤，将产品移入表面皿中，于 100℃烘箱中干燥或晾干，称重，计算产率，测其熔点。产品 4.5g。

六、注释

[1] 环己醇熔点为 24℃，为黏稠液体。为了减少转移损失，用少量水冲洗量筒，并入滴液漏斗中，在室温较低时，可以避免漏斗堵塞。

[2] 加入高锰酸钾后，反应可能不会马上开始，可用 40℃水浴加温，当温度升到 30℃时，必须立即撤离水浴，反应温度超过 30℃时，反应变得难以控制，会引起冲料。

[3] 为了使反应进行的完全，可以继续使用水浴加热，只要反应温度不再上升。

[4] 在二氧化锰渣中易夹杂己二酸钾盐，需用碳酸钠溶液将它冲洗掉。

思考题

1. 制备羧酸的常用方法有哪些?
2. 为什么必须控制氧化反应的温度?
3. 用同一量筒量取硝酸和环己醇可以吗? 为什么?

[附图]

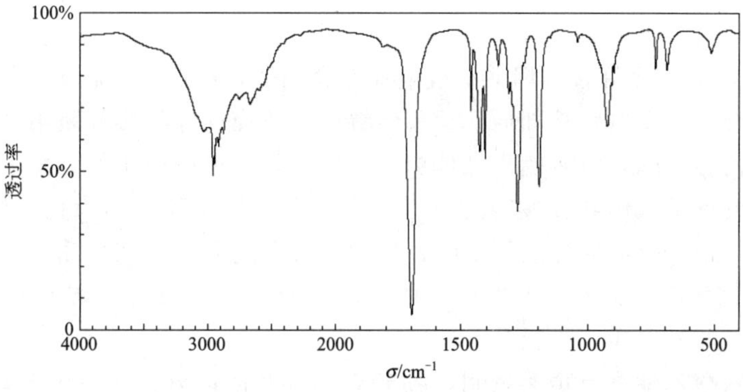

己二酸的红外光谱图

实验 5-17 乙酸乙酯的制备

一、实验目的

1. 了解有机酸合成酯的一般原理和方法。
2. 掌握回流和蒸馏操作。

二、实验原理

乙酸乙酯（ethyl acetate）作为工业溶剂，用于涂料、黏合剂、乙基纤维素、人造革、油毡着色剂、人造纤维等产品的生产中。作为提取剂，乙酸乙酯用于医药、有机酸等的生产；作为香料原料，用作菠萝、香蕉、草莓等水果制品的香精和威士忌、奶油等的香料。

醇和有机酸在浓硫酸或干燥氯化氢、磺酸等作催化剂条件下，发生化学反应后生成酯。酯化反应是可逆反应，为了使反应正向进行，常增加酸或醇的浓度。提高反应温度可加速反应。另外，醇和酸的结构对反应速度也有影响，一般醇的反应活性是伯醇＞仲醇＞叔醇，酸的反应活性是 $RCH_2COOH > R_2CHCOOH > R_3CCOOH$。本实验利用乙醇和乙酸在浓硫酸作用下在 120～125℃下反应合成乙酸乙酯。

主反应：

$$CH_3COOH + C_2H_5OH \xrightleftharpoons[H_2SO_4]{120\sim125^{\circ}C} CH_3COOC_2H_5 + H_2O$$

副反应：

$$2C_2H_5OH \longrightarrow C_2H_5OC_2H_5 + H_2O$$

三、仪器与试剂

仪器：圆底烧瓶、冷凝管、温度计、接液管、锥形瓶。

试剂：无水乙醇、冰醋酸、浓硫酸、饱和食盐水、饱和氯化钙、无水硫酸镁。

四、实验流程

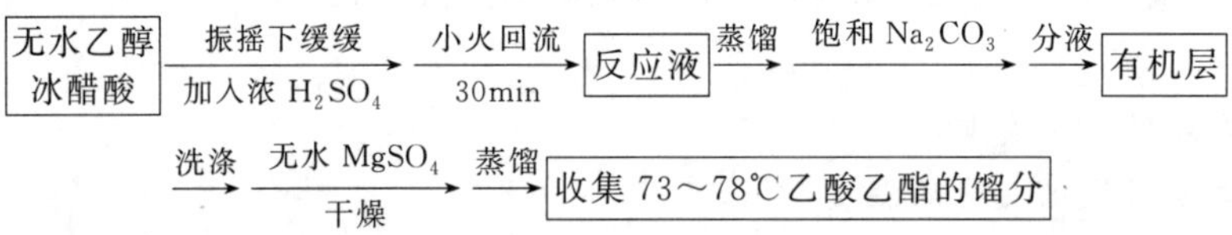

五、实验步骤

将 19mL（16.5g，0.4mol）无水乙醇和 12mL（12g，0.2mol）冰醋酸加入 100mL 圆底烧瓶中，轻轻摇匀。再小心加入 5mL 浓硫酸（每次少量加入），摇动混匀。冷却后，投入 2～3 粒沸石，然后装上冷凝管。用油浴或电加热套加热，保持微沸状态，回流半个小时。

去掉电加热套，待反应物冷却后，反应装置改为蒸馏，并将接收瓶用冷水冷却。加热蒸出反应瓶生成的乙酸乙酯，直到馏出液体积约为反应物总体积的 1/2 为止。

在馏出液中慢慢加入饱和碳酸钠溶液[1]，直至无二氧化碳逸出为止（约 25min）。把混合液倒入分液漏斗中，分离后酯层用 10mL 饱和食盐水洗涤[2]。然后用 10mL 饱和氯化钙洗涤[3]，最后用蒸馏水洗一次，分去下层液体。从分液漏斗上口将乙酸乙酯倒入干燥的小锥形瓶中，用无水硫酸镁干燥，得粗品。

将干燥后的乙酸乙酯进行蒸馏精制，收集 73～78℃的馏分，产品约 10g。

六、注释

[1] 馏出液中除了有酯和水外，还有副产物乙醚，及少量反应物乙酯和乙酸。用碱来除去其中的酸，用饱和氯化钙除去未反应的醇，否则会影响到酯的得率。

[2] 酯层用碳酸钠洗过，接着用氯化钙溶液洗涤可能产生絮状的碳酸钙沉淀，使下一步分离困难。故这两步操作之间须用水洗一下，为了减少乙酸乙酯在水中溶解造成的损失，实际采用饱和食盐水洗涤。

[3] 乙酸乙酯与水或醇可形成共沸物，当三者共存则可形成三元共沸物。因此，酯层中的乙醇不分离干净或干燥不够时，由于形成低沸点的共沸物，从而影响到酯的产率。

思考题

1. 酯化反应有什么特点？
2. 怎样才能使酯化反应向生成物方向进行？
3. 干燥剂能否用无水氯化钙来代替无水硫酸镁？
4. 蒸出的粗乙酸乙酯中主要有哪些杂质？如何除去？

［附图］

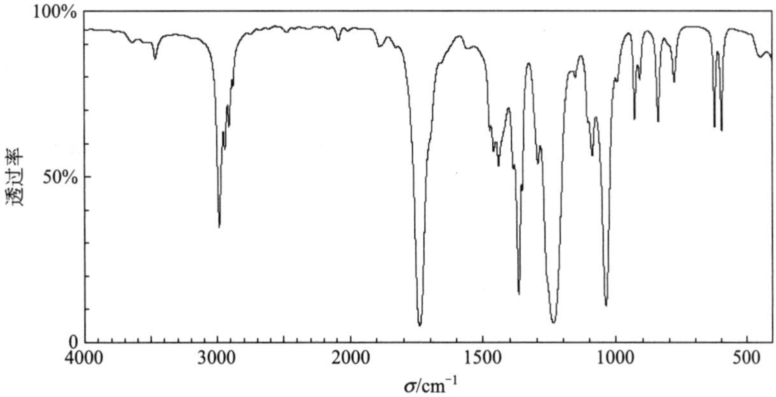

乙酸乙酯的红外光谱图

实验 5-18 乙酸异戊酯的合成

一、实验目的

1. 了解乙酸异戊酯的制备原理和方法。
2. 掌握粗产物的分离技术。

二、实验原理

乙酸异戊酯有类似梨、香蕉、苹果等的香味，广泛用作食用香精。在烟用香精、日用化妆品香精中也有适量应用，还用于人造丝、染料、人造珍珠、青霉素的提取等方面，也用作油脂、橡胶、硝酸纤维素、清漆、鞋油、油墨、防水漆、织物染色处理、药品萃取精制等的溶剂。

乙酸异戊酯可以用乙酸和异戊醇在浓硫酸作催化剂时制备，此反应是可逆反应，制备时要控制反应温度以免副产物增加。

主反应：

$$CH_3COOH+(CH_3)_2CHCH_2CH_2OH \xrightleftharpoons{H^+} CH_3COOCH_2CH_2CH(CH_3)_2+H_2O$$

副反应：

$$(CH_3)_2CHCH_2CH_2OH \xrightleftharpoons{H^+} (CH_3)_2CHCH_2CH_2OCH_2CH_2CH(CH_3)_2+H_2O$$

$$(CH_3)_2CHCH_2CH_2OH \xrightleftharpoons{H^+} (CH_3)_2C{=}CHCH_3+H_2O$$

三、仪器与试剂

仪器：圆底烧瓶、冷凝管、分液漏斗。

试剂：异戊醇、冰醋酸、浓硫酸、5%碳酸氢钠、饱和氯化钠、无水硫酸镁。

四、实验流程

异戊醇，冰醋酸 $\xrightarrow[\text{加入浓 } H_2SO_4]{\text{振摇下缓缓}}$ $\xrightarrow[\text{50min}]{\text{小火回流}}$ 反应液 $\xrightarrow[\text{分液}]{\text{冷却}}$ 有机层

$\xrightarrow[\text{溶液洗涤}]{\text{饱和 } NaHCO_3}$ $\xrightarrow[\text{干燥}]{\text{无水 } MgSO_4}$ $\xrightarrow{\text{蒸馏}}$ 收集 138～143℃乙酸异戊酯的馏分

五、实验步骤

将 13.5mL 异戊醇和 16.0mL 冰醋酸加入 50mL 圆底烧瓶中，摇动下缓慢加入 3.0mL 浓硫酸[1]，混合均匀后加入 2 粒沸石，装上回流冷凝管，小火加热回流 50min。

将反应物冷却至室温，小心转入分液漏斗中，用 30mL 水洗涤圆底烧瓶，并将其合并到分液漏斗中，振摇后分出下层水液，有机层分别用 8.0mL 5%碳酸氢钠溶液[2]、饱和氯化钠溶液洗涤。用 2.5g 无水硫酸镁干燥后，滤入 50mL 圆底烧瓶蒸馏，收集 138～143℃馏分。产品约 9g。纯品沸点为 142.5℃，折射率 $n_D^{20}=1.4003$。

六、注释

[1] 加硫酸时注意与有机物混合均匀，否则加热时有机物会碳化变黑。

[2] 粗产物碱洗时有大量 CO_2 气体产生，开始时不要塞住漏斗口，至振摇无明显气泡产生时再塞住瓶口振摇，并及时放气。

思考题

1. 本实验是如何实现平衡向产物方向进行的？
2. 粗产物用饱和 NaCl 溶液洗涤的目的是什么？

实验 5-19 苯甲酸乙酯的合成

一、实验目的

1. 掌握苯甲酸乙酯的制备原理及方法。
2. 掌握分水器的使用方法。

二、实验原理

苯甲酸乙酯是我国《食品添加剂使用卫生标准》规定允许使用的食品香料，可用于配制香精，也用作纤维素酯、纤维素醚、树脂等的溶剂。苯甲酸乙酯可由苯甲酸和乙醇在少量浓硫酸催化下制得。由于反应体系中的乙醇易在浓硫酸作用下发生分子间脱水生成乙醚这一副反应，故需适当增加乙醇用量以便主反应顺利进行。

主反应：

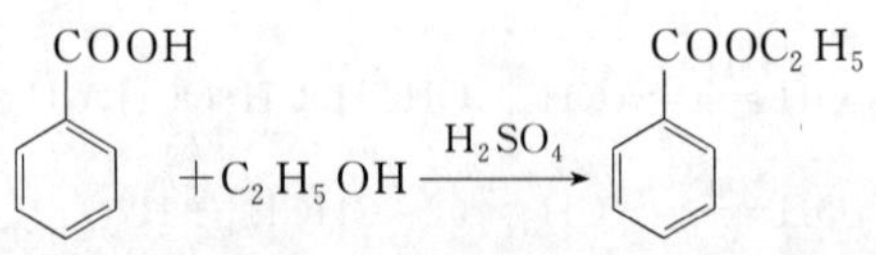

副反应：

$$2C_2H_5OH \xrightarrow{H_2SO_4} C_2H_5OC_2H_5 + H_2O$$

三、仪器与试剂

仪器：圆底烧瓶、分水器、球形冷凝管。

试剂：苯甲酸、乙醇、环己烷、乙醚、浓硫酸。

四、实验流程

苯乙酸，乙醇，环己烷，浓 H_2SO_4 —回流→ 反应 —Na_2CO_3 中和至中性→ —乙醚萃取→ 酯层 —干燥后蒸馏 210～230℃→ 产品

五、实验步骤

在干燥的 100mL 圆底烧瓶中依次加入 6.1g（0.05mol）苯甲酸、13mL 无水乙醇（99.5%）、10mL 环己烷和 2mL 浓硫酸，摇匀后加入 2 粒沸石。装上分水器[1]，分水器中注入环己烷至分水器的支管处，分水器上端安装球形冷凝管[2]。

缓慢加热使液体回流，分水器中逐渐出现上、下两层液体。随着反应的进行，下层逐渐增多，当分水器的水层不再升高时，停止加热。放出水层并记下体积。继续加热蒸出多余的乙醇和环己烷，当分水器被充满时，停止加热，并将分水器中液体放出。

将三口瓶中液体倒入盛有 30mL 水的烧杯中，在搅拌下分批加入研细的碳酸钠粉末至无 CO_2 气体产生[3] 或 pH 呈中性为止。将中和后的液体转入分液漏斗[4]，加入 15mL 乙醚萃取，并入有机层，并用无水氯化钙干燥。干燥后滤入 50mL 圆底烧瓶，先用水浴蒸出乙醚，再加热收集 210～213℃馏分，得产品 6g。纯产品沸点为 213℃，折射率 $n_D^{20}=1.5001$。

六、注释

[1] 根据理论来计算带出的总水量。流入分水器中分为两层：反应中蒸出的液体为环己醇-乙醇-水三元共沸物，沸点为 62.6℃时，其中环己醇 75.5%，乙醇 19.7%，水 4.8%。

[2] 分水器的装置请参看相关部分。

[3] 中和时注意加入碳酸钠的速度，否则大量泡沫的产生可使液体溢出。

[4] 使用分液漏斗时注意放气。

思考题

1. 本实验为何要使用分水装置？
2. 计算分水器中的水量。

实验 5-20 邻苯二甲酸二丁酯的合成

一、实验目的

1. 学习由邻苯二甲酸酐制备邻苯二甲酸二丁酯的原理和方法。
2. 掌握减压蒸馏实验的方法。

二、实验原理

工业上，邻苯二甲酸二丁酯用作增塑剂，称为增塑剂 DBP，还可用作油漆、黏结剂、染料、印刷油墨、织物润滑剂的助剂。它是无色透明液体，具有芳香气味，不挥发，在水中的溶解度为 0.03%（25℃），对多种树脂都具有很强的溶解能力。

本实验采用邻苯二甲酸与丁醇反应制备邻苯二甲酸二丁酯，训练减压蒸馏操作及分水装置的操作和应用。

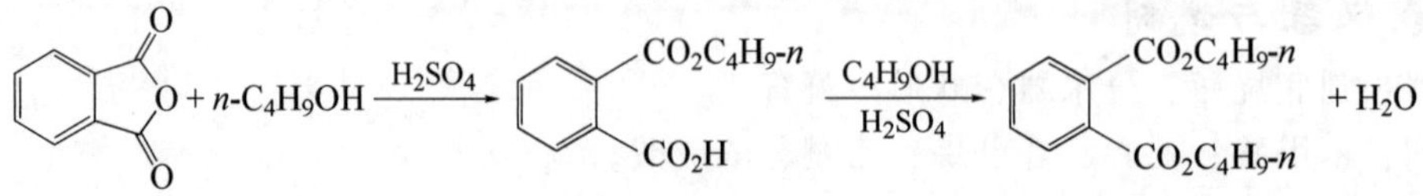

三、仪器与试剂

仪器：三口烧瓶、圆底烧瓶、油水分离器。

试剂：邻苯二甲酸酐、正丁醇、浓硫酸。

四、实验流程

正丁醇，邻苯二甲酸酐 $\xrightarrow{H_2SO_4}$ 反应液 $\xrightarrow[\text{加热 25min}]{\text{油水分离器}}$ $\xrightarrow{\text{分液}}$ 有机层 $\xrightarrow[\text{干燥}]{\text{中和、洗涤}}$ $\xrightarrow{\text{减压蒸馏}}$ 产品

五、实验步骤

将 12.6mL（0.12mol）正丁醇、5.9g（0.04mol）邻苯二甲酸酐和 4 滴浓硫酸加入 100mL 三口烧瓶，摇匀后固定在操作平台上。在三口瓶上装上温度计（离瓶底约 0.5cm）和分水器，余下的口用塞子塞住。分水器上口接装球形冷凝管[1]。

小火加热使瓶内温度缓慢上升，当温度升至 140℃时（约需 2h）[2-3]，停止加热，待瓶内温度降至 50℃以下时将反应液转入分液漏斗，用 20mL 5%碳酸钠溶液中和反应液[4]，再用饱和食盐水洗涤 2 次。完全除去水层，有机层用少量无水硫酸钠干燥后，滤入 10mL 圆底烧瓶，加热先除去过量的正丁醇，再减压蒸馏。得产品 9g，纯产品沸点为 340℃。

六、注释

[1] 分水器的结构参看图 1-1。

[2] 正丁醇和水易形成共沸混合物，将水带入分水器，上层为正丁醇，下层为水，应注意根据反应产生的水量来判断反应进行的程度。

[3] 反应温度不可过高，以免生成的产物在酸性条件被分解。

[4] 中和时应掌握好碱的用量，否则会影响产物纯度及产率。

思考题

1. 计算本次实验反应过程应生成的水量，以判断反应进行的程度。
2. 反应中有可能发生哪些副反应？
3. 若粗产物中和程度不到中性，对后处理会产生什么不利影响？

实验 5-21 乙酰水杨酸的合成

一、实验目的

了解乙酰水杨酸（阿司匹林）的制备原理和方法。

二、实验原理

乙酰水杨酸，即阿司匹林（Aspirin），是 19 世纪末成功合成的。乙酰水杨酸是世界上应用最广泛的解热、镇痛和抗炎药，也作为比较和评价其他药物的标准制剂。乙酰水杨酸在体内还具有抗血栓的作用，能抑制血小板的释放和聚集，临床上用于预防心脑血管疾病。

阿司匹林是由水杨酸（邻羟基苯甲酸）与醋酸酐进行酯化反应而得的。水杨酸可由水杨酸甲酯，即冬青油（由冬青树提取而得）水解制得。反应式如下：

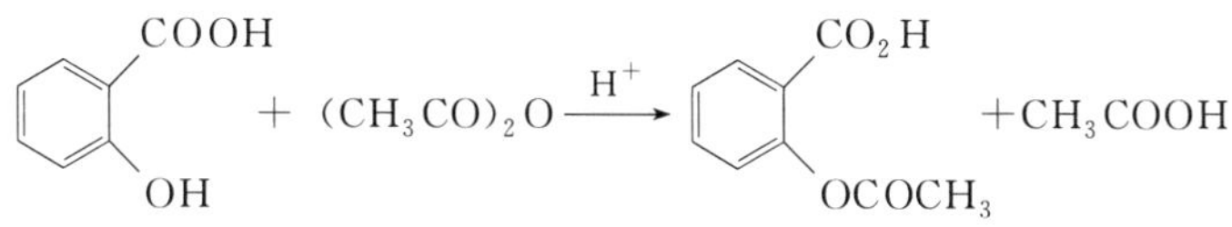

三、仪器和试剂

仪器：锥形瓶、布氏漏斗、抽滤瓶、烧杯。

试剂：水杨酸、醋酸酐、饱和碳酸氢钠、1%三氯化铁溶液、浓盐酸、浓硫酸。

四、实验流程

乙酸酐，水杨酸 —浓硫酸→ —加热，60～70℃→ —冷却→ —抽滤，洗涤→ 粗产物 —10% $NaHCO_3$，搅拌→ —抽滤→ —HCl→ —冷却→ —抽滤，干燥→ 乙酰水杨酸（阿司匹林）→ 熔点测定

五、实验步骤

在 100mL 锥形瓶中加入 4mL 乙酸酐、1.38g（0.01mol）水杨酸[1]和 4 滴浓硫酸，摇动锥形瓶使水杨酸全部溶解。

将锥形瓶在水浴（60～70℃）上加热 10min，停止加热，用冷水冷却使结晶析出。慢慢加入 15mL 水（注意：反应放热，实验时应小心操作），然后用冰水冷却使结晶完全析出。抽滤，用少量水洗涤结晶，滤干得粗产物乙酰水杨酸。

将粗产品转移到 100mL 烧杯中，加入 10%碳酸氢钠溶液，边加边搅拌直至无 CO_2 气泡放出。抽滤，滤液倒入 100mL 烧杯中，边搅拌边缓慢加入 10mL 20%的 HCl 溶液，用冰水冷却结晶。抽滤，并用少量水洗涤结晶 2～3 次，抽干，将少量产品溶解在几滴乙醇中，用 1～2 滴 1%三氯化铁溶液检验，如果发生显色反应[2]，说明产物中仍有水杨酸，产物用乙醇-水混合液重结晶，静置，冷却，过滤，干燥，得产品约 1.1g。熔点 133～135℃[3]。

六、注释

[1] 乙酸酐须重新蒸馏、水杨酸需预先干燥。

[2] 水杨酸属酚类物质，可与三氯化铁发生颜色反应，用几粒结晶加入盛有 3mL 水的试管中，加入 1～2 滴 1% $FeCl_3$ 溶液，观察有无颜色反应（紫色）。

[3] 产品乙酰水杨酸受热易分解，因此熔点不明显，它的分解温度为 125～128℃。用毛细管测熔点时宜先将溶液加热至 120℃左右，再放入样品管测定。

思考题

1. 反应中有哪些副产品？如何除去？
2. 反应中加入浓硫酸的目的是什么？

实验 5-22 苯胺的合成

一、实验目的

1. 掌握酸性介质中金属还原方法及操作。
2. 熟悉水蒸气蒸馏装置。

二、实验原理

苯胺是最重要的胺类物质之一，主要用于制造染料、药物、树脂，还可以用作橡胶硫化促

进剂等。苯胺本身也可作为黑色染料使用，其衍生物甲基橙可作为酸碱滴定用的指示剂。

芳香族硝基化合物在酸性介质中被还原，可以得到芳香族伯胺。常用的还原体系有Fe-HCl、Fe-HAc、Sn-HCl等。本实验用Fe还原硝基苯制备苯胺。

$$4C_6H_5NO_2+9Fe+4H_2O \xrightarrow{H^+} 4C_6H_5NH_2+3Fe_3O_4$$

三、仪器与试剂

仪器：圆底烧瓶、球形冷凝管、直形冷凝管、分液漏斗。

试剂：硝基苯、还原铁粉（40～100目）、冰醋酸、乙醚、精盐、氢氧化钠。

四、实验流程

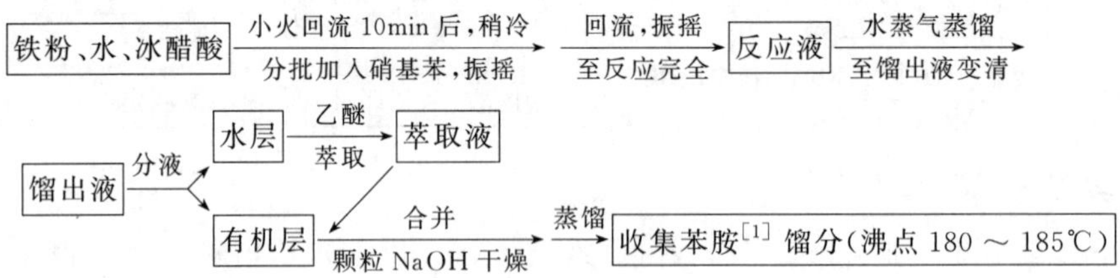

五、实验步骤

在100mL圆底烧瓶中放置10g还原铁粉、10mL水及2mL冰醋酸[2]，充分混合后，装上回流冷凝管，用小火加热煮沸约5min。稍冷后，从冷凝管顶端分批加入5.2mL硝基苯，每次加完后要用力振摇，使反应物充分混合。由于反应放热，每次加入硝基苯时，均有一阵剧烈的反应发生。加完后，将反应物加热回流0.5～1h，并不时摇动，使反应完全[3]，此时，冷凝管回流液应不再呈现黄色。

将反应瓶改为水蒸气蒸馏装置，进行水蒸气蒸馏至馏出液变清[4]，将馏出液转入分液漏斗，分出有机层，水层用食盐饱和（约10g）后[5]，用5mL乙醚萃取2次。合并苯胺层和乙醚萃取液，用粒状氢氧化钠干燥。

将干燥后的苯胺醚溶液用分液漏斗分批加入干燥的蒸馏瓶中，先在水浴上蒸去乙醚，残留物用空气冷凝管蒸馏，收集180～185℃馏分[6]，产品约4g。

纯苯胺的沸点为184.4℃，折射率$n_D^{20}=1.5863$。

六、注释

[1] 苯胺有毒，操作时应避免与皮肤接触或吸入其蒸气。若不慎触及皮肤时，先用水冲洗再用肥皂和温水洗涤。

[2] 目的是使铁粉活化，缩短反应时间。铁-醋酸作为还原剂时，铁首先与醋酸作用，产生醋酸亚铁，它实际是主要的还原剂，在反应中进一步被氧化生成碱式醋酸铁。

$$Fe+2HOAc \longrightarrow Fe(OAc)_2+H_2$$

$$Fe(OAc)_2+[O]+H_2O \longrightarrow 2Fe(OH)(OAc)_2$$

碱式醋酸铁与铁及水作用后，生成的醋酸亚铁和醋酸可以再起上述反应。

$$6Fe(OAc)_2+Fe+2H_2O \longrightarrow 2Fe_3O_4+Fe(OAc)_2+10HOAc$$

所以总的来看，反应中主要是水提供质子，铁提供电子完成还原反应。

[3] 硝基苯为黄色油状物，如果回流液中黄色油状物消失而转变成乳白色油珠（由于游离苯胺引起），表示反应已经完成。还原作用必须完全，否则残留在反应物中的硝基苯，在以下几步提纯过程中很难分离，因而影响产品纯度。

[4] 反应完后，圆底烧瓶壁上黏附的黑褐色物质，可用1∶1（体积比）盐酸水溶液温热除去。

[5] 在20℃时，每100mL水可溶解3.4g苯胺，为了减少苯胺损失，根据盐析原理，加入精盐使馏出

液饱和，原来溶于水中的绝大部分苯胺就成油状物析出。

[6] 纯苯胺为无色液体，但在空气中由于氧化而呈淡黄色，加入少许锌粉重新蒸馏，可去掉颜色。

思考题

1. 如果以盐酸代替醋酸，则反应后要加入饱和碳酸钠至溶液呈碱性后，才进行水蒸气蒸馏，这是为什么？本实验为何不进行中和？
2. 有机物质必须具备什么性质才能采用水蒸气蒸馏提纯？本实验为何选择水蒸气蒸馏法把苯胺从反应混合物中分离出来？
3. 在水蒸气蒸馏完毕时，先灭火焰，再打开 T 形管下端弹簧夹，这样做行吗？为什么？
4. 如果最后制得的苯胺中含有硝基苯，应如何加以分离提纯？

实验 5-23 间硝基苯胺的合成

一、实验目的

了解多硝基苯的部分还原反应。

二、实验原理

间硝基苯胺用于有机合成及松木颜色的检验，也用作染料中间体。

硝基苯还原可以生成苯胺，用多硫化物或硫氢化钠作为还原剂，可以将二硝基苯部分还原生成硝基苯胺。反应式如下：

$$Na_2S + S \xlongequal{} Na_2S_2$$

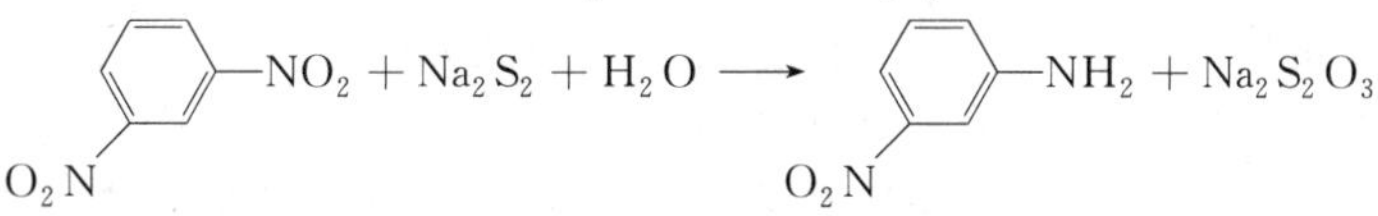

三、仪器与试剂

仪器：三口烧瓶、锥形瓶、电磁加热搅拌器、抽滤装置。

试剂：间二硝基苯、硫化钠、硫黄、浓盐酸、硫酸铜。

四、实验流程

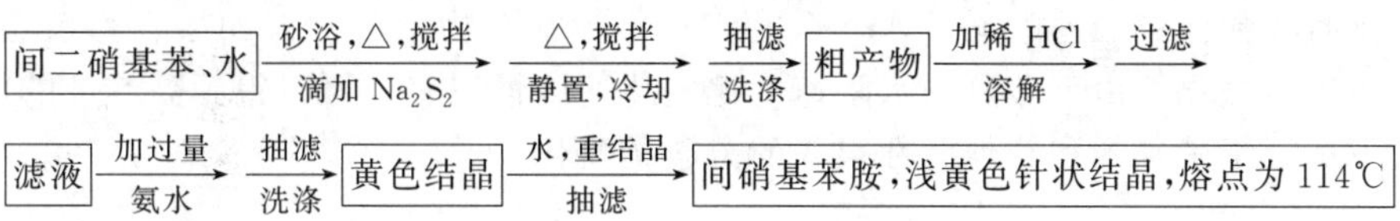

五、实验步骤

1. 多硫化钠溶液的制备

将 8g 硫化钠晶体放入锥形瓶中，加入 30mL 水溶解，再加 2g 硫黄粉，加热搅拌至完全溶解，如有杂质可抽滤，得多硫化合物澄清溶液[1]。

2. 间硝基苯胺的制备

向装有多硫化物的滴液漏斗和回流冷凝管的 100mL 三口烧瓶中，分别加入 5g (0.03mol) 间二硝基苯和 40mL 水，在沙浴上加热至沸，在搅拌下，滴加多硫化钠溶液（滴液漏斗的下端离液面 1cm），25～30min 内加完，继续加热至沸 30min[2]。静置冷却，析出晶体，抽滤，用少量冷水洗涤得到粗产品。

在上述粗产品中加入 1.4mL 稀盐酸[3]，煮沸 10min，使硝基苯胺成盐溶于水，抽滤，除去硫和间二硝基苯等。在滤液中加过量氨水，有黄色间硝基苯胺析出。抽滤，用少量水洗涤，产品约 3g。粗产品用沸水重结晶得黄色结晶，纯品熔点为 114℃。

六、注释

[1] 也可用 Na_2S、$(NH_4)_2S$、NH_4HS 等作部分还原剂。

[2] 反应终点的判断：用吸管吸少许反应物，滴在用硫酸铜溶液浸过的纸上，若生成的硫化铜黑色斑点于 20s 内不消失，即可认为反应已达终点。

[3] 稀盐酸可用 4mL 水加 1mL 浓盐酸配成。

思考题

1. 产品中可能混入哪些杂质？怎样除去？
2. 说明反应终点判断的原理。

实验 5-24 乙酰苯胺的合成

一、实验目的

1. 了解酰化反应的原理和酰化剂的使用。
2. 掌握易氧化基团的保护方法。

二、实验原理

芳胺的酰基化反应在有机合成中有着重要的作用。作为一种保护措施，芳香伯胺和仲胺，在合成中通常被转化为它们的乙酰基衍生物，以降低芳胺对氧化剂的敏感性，使其不被反应试剂破坏；同时，氨基经酰化后，降低了氨基在亲电取代反应（特别是卤化）中的活化能力，使其由很强的邻、对位定位基变为中等强度的邻、对位定位基，使反应由多元取代变为有用的一元取代。由于乙酰基的空间效应，往往选择性地生成对位取代产物。在某些情况下，酰化可以避免氨基与其他官能团或试剂（如 RCOCl，$—SO_2Cl$，HNO_2 等）之间发生不必要的反应。在合成的最后步骤，氨基很容易通过酰胺在酸、碱催化下水解被重新产生。

芳胺可用酰氯、酸酐或与冰醋酸加热来进行酰化，冰醋酸价廉易得，但需要的反应时间较长，适合于规模较大的制备。酸酐一般来讲是比酰氯更好的酰化试剂。用游离胺与纯乙酸酐进行酰化时，常伴有二乙酰胺 [$ArN(COCH_3)_2$] 副产物生成。但如果在醋酸-醋酸钠的缓冲溶液中进行酰化，由于酸酐的水解速度比酰化速度慢得多，可以得到高纯度的产物。但这一方法不适合于硝基苯和其他碱性很弱的芳胺的酰化。

反应式：

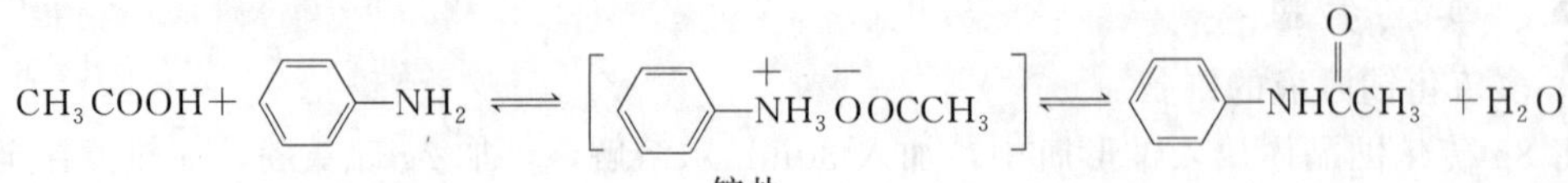

铵盐

乙酰苯胺是磺胺类药物、橡胶硫化促进剂、染料和合成樟脑等的原料和中间体，化妆品工业中可作为双氧水稳定剂。

三、仪器与试剂

仪器：圆底烧瓶、刺型分馏柱、温度计、抽滤瓶、布氏漏斗。

试剂：苯胺（新蒸）、冰醋酸、锌粉。

四、实验流程

苯胺、冰醋酸、锌粉 —100℃；蒸馏，除去水和过量 HOAc→ 反应液 —趁热倒入水中；冷却，抽滤→ 白色固体 —重结晶，抽滤；洗涤→ 乙酰苯胺

五、实验步骤

在 100mL 圆底烧瓶中加入 10.0mL（10.2g，0.11mol）苯胺[1]、15mL（15.7g，0.26mol）冰醋酸及少许锌粉（约 0.1g）[2]，装上一短的刺形分馏柱[3]，其上端装一温度计，支管通过支管接引管与接收瓶相连，接收瓶外部用冷水浴冷却。

将圆底烧瓶用电热套小火加热，使反应物保持微沸 20min。然后逐渐升高温度，当温度计读数达到 100℃左右时，支管即有液体流出。维持温度在 100～110℃之间反应约 1h，生成的水及大部分醋酸已被蒸出[4]，此时温度计读数下降，表示反应已经完成。在搅拌下趁热将反应物倒入装有 200mL 水的烧杯中[5]，冷却后，抽滤析出的固体，用冷水洗涤。粗产物用水重结晶，产品 9～10g，熔点 113～114℃（文献值 114.3℃）。

六、注释

[1] 久置的苯胺色深有杂质，会影响乙酰苯胺的质量，故最好用新蒸的苯胺。

[2] 加入锌粉的目的，是防止苯胺在反应过程中被氧化，生成有色的杂质。

[3] 若属小量制备，最好用微量分馏管代替刺形分馏柱。分馏管支管用一段橡皮管与一玻璃弯管相连，玻璃管下端伸入试管中，试管外部用冷水浴冷却。

[4] 收集醋酸及水的总体积约为 1.0mL。

[5] 反应物冷却后，固体产物立即析出，粘在瓶壁不易处理。故须趁热在搅动下倒入冷水中，以除去过量的醋酸及未作用的苯胺（它可成为苯胺醋酸盐而溶于水）。

思考题

1. 反应时为什么要控制分馏柱上端的温度在 100～110℃？
2. 计算理论上应产生几毫升水？为什么实际收集的液体远多于理论量？
3. 用醋酸直接酰化和用醋酸酐进行酰化各有什么优缺点？除此之外，还有哪些乙酰化试剂？

实验 5-25 对氨基苯磺酸的合成

一、实验目的

1. 掌握磺化反应的基本操作及原理。
2. 了解对氨基苯磺酸的制备方法。

二、实验原理

对氨基苯磺酸为白色或淡黄色结晶粉末，无臭，味微苦，是一种重要的有机合成中间体。对氨基苯磺酸用途广泛，作为染料行业的核心中间体，可用于合成酸性橙Ⅱ、酸性嫩黄等多种酸性染料及活性染料，色泽鲜艳且牢度优异；在医药领域，是合成磺胺类药物的关键原料；在食品工业中，可用作食品添加剂中的发色剂中间体，保障食品色泽稳定性。此外，对氨基苯磺酸还广泛应用于电镀添加剂、农药中间体、印刷油墨等领域。

对氨基苯磺酸的合成主要有磺化反应法和还原反应法，其中磺化反应法也是工业中的常用方法。本实验采用磺化法即通过苯胺与浓硫酸在 170～180℃反应合成。

反应式：

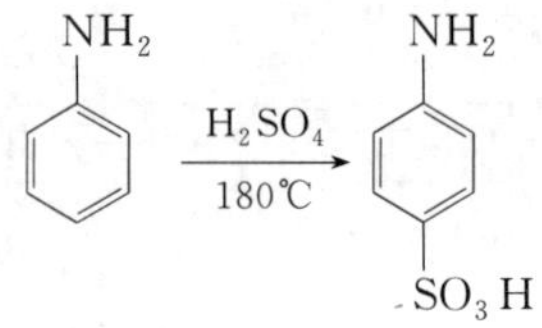

三、仪器与试剂

仪器：圆底烧瓶、空气冷凝管、油浴。

试剂：苯胺、浓硫酸、10%氢氧化钠。

四、实验流程

苯胺 —滴加浓硫酸，180℃,4.5h→ 反应液 —冰水冷却→ 灰白色 —抽滤水洗→ 粗品 —热水重结晶→ 对氨基苯磺酸

五、实验步骤

在 50mL 圆底烧瓶内放入 3g 新蒸馏的苯胺，装上空气冷凝管[1]，自冷凝管上端滴加 9g（5.1mL）浓硫酸。加完硫酸后，加热，温度在 180～190℃，反应 1.5h[2]。然后取出 1～2 滴这种混合物，加到 5～6mL 10% NaOH 溶液中，若得澄清的溶液，则认为反应已完全，如有游离胺析出，则需继续加热。

反应完全后，混合物冷至室温，在不断搅拌下小心地倒至盛有 30mL 冷水或碎冰的烧杯中，有灰白色对氨基苯磺酸析出，冷却后抽滤，用水洗涤。粗产品用热水重结晶，可得到含有两分子结晶水的对氨基苯磺酸[3]。产品约 2.4g（产率 38%～44%）。

六、注释

[1] 苯胺与硫酸剧烈作用后生成固体苯胺硫酸盐，同时苯胺受热挥发，装上空气冷凝管可以避免苯胺损失。

[2] 苯胺硫酸盐在 180～190℃加热时失水，同时分子内部发生重排作用，形成对氨基苯磺酸。

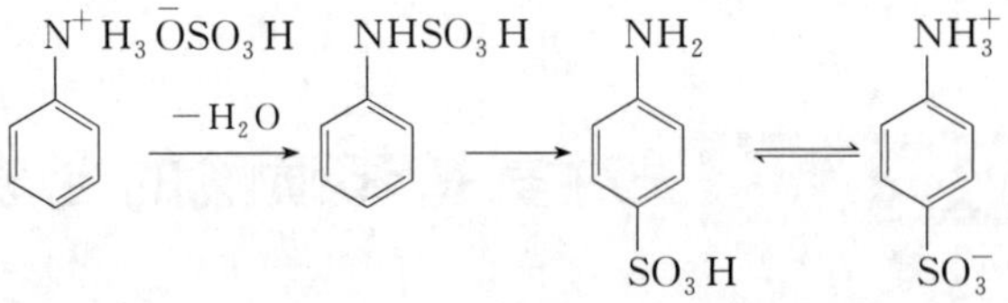

[3] 对氨基苯磺酸具有强酸性的磺酸基和弱碱性的氨基，因此分子本身可形成内盐，无敏锐的熔点。

思考题

1. 对氨基苯磺酸较易溶于水，而难溶于苯及乙醚，试解释。

2. 反应产物中是否会有邻位取代物？若有，邻位和对位取代产物，哪一种较多？说明理由。

实验 5-26 己内酰胺的合成

一、实验目的

1. 学习环己酮肟的制备原理和方法。

2. 通过环己酮肟的贝克曼重排，学习己内酰胺的制备方法。

二、实验原理

酮与羟胺作用生成肟：

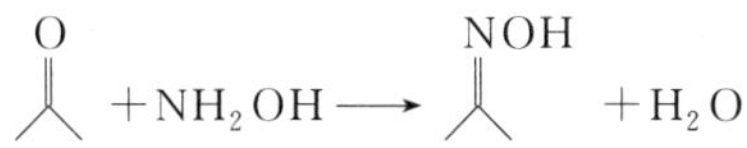

肟在酸性催化剂（如硫酸、多聚磷酸、苯磺酰氯等）作用下，发生分子内重排生成酰胺的反应——贝克曼（Beckmann rearrangement）重排反应。肟重排结果是与羟基处于反位的基团发生迁移。

反应历程如下：

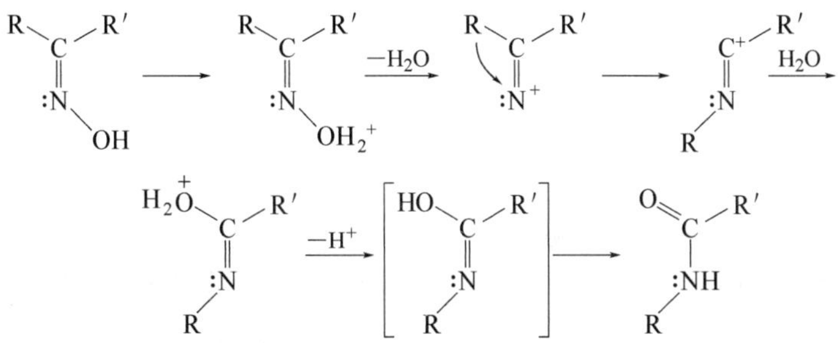

贝克曼重排反应不仅可以用来测定酮的结构，而且具有一定的应用价值。如环己酮肟重排得到己内酰胺。

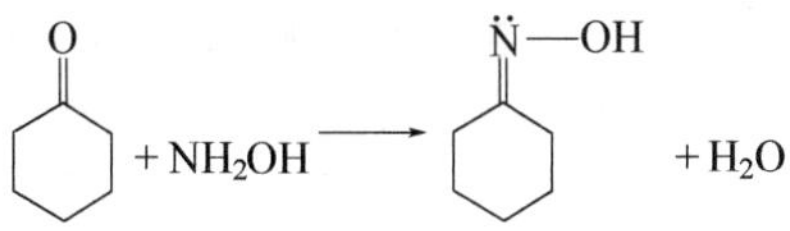

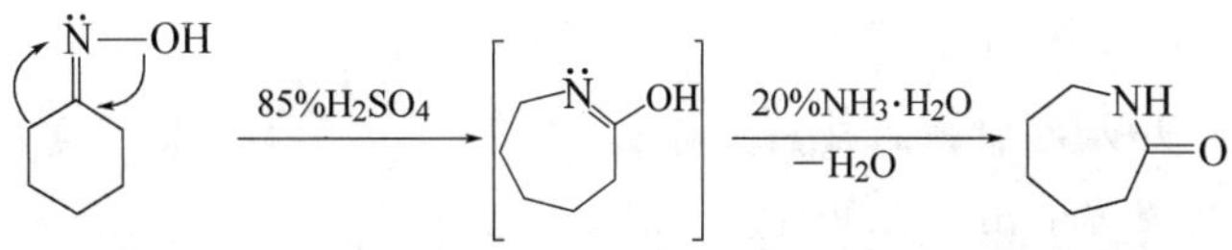

己内酰胺是重要的有机化工原料之一，通过聚合可生成聚酰胺切片（通常称为尼龙-6切片或锦纶-6切片），可进一步加工成锦纶纤维、工程塑料、塑料薄膜等。

三、仪器与试剂

仪器：圆底烧瓶、三口烧瓶烧杯、抽滤瓶、布氏漏斗、锥形瓶、分液漏斗、毛细滴管。

试剂：环己酮、盐酸羟胺、结晶乙酸钠、85%硫酸、20%氨水、二氯甲烷、无水硫酸钠。

四、实验流程

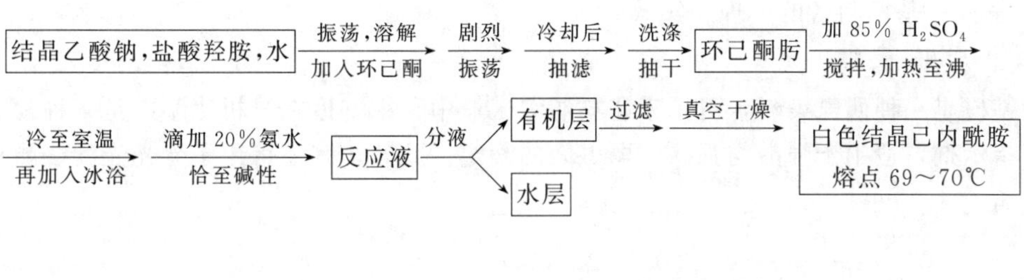

五、实验步骤

1. 环己酮肟的制备

在 100mL 圆底烧瓶中，依次加入 10g 结晶乙酸钠，7g 盐酸羟胺和 30mL 水，振荡使其溶解。用吸量管准确吸取 7.5mL 环己酮，分批加入圆底烧瓶中，加塞，剧烈振荡数分钟。环己酮肟以白色结晶析出[1]。冷却后抽滤，并用少量水洗涤沉淀，抽干。晾干后得产物约 8g，产率约 95%，熔点为 89～90℃。

2. 环己酮肟重排制备己内酰胺

在 500mL 烧杯中[2] 加入 10g 干燥的环己酮肟，并加入 10mL 85%硫酸。边加热边搅拌至沸，此时撤掉热源。反应强烈放热，几秒钟可完成反应[2]。冷却至室温后再放入冰水浴中冷却。慢慢滴加 20%氨水（约 7mL）至碱性[3]，将反应物转移至 100mL 三口烧瓶中[3]（三口烧瓶不能密封严），装上温度计、滴液漏斗等装置。在溶液温度至 0～5℃时，搅拌下慢慢滴加 60mL 20%氨水，控制反应温度在 12～20℃，以免温度过高产物水解，至反应液石蕊试纸呈碱性。产物用分液漏斗分出有机层，加 1g 无水硫酸镁干燥[4]。过滤，真空干燥。产品约 4g，熔点为 69～70℃。

六、注释

[1] 振荡要剧烈，如环己酮肟呈白色小球状，说明反应还未完全，还需振荡。

[2] 由于重排反应进行得很激烈，故须用大烧杯以利于散热，使反应缓和。环己酮肟的纯度对反应有影响。

[3] 用氨水进行中和时，开始要加得很慢，因为此时溶液较黏，发热很厉害，温度升高，影响收率。

[4] 己内酰胺也可用重结晶方法提纯：将粗产物转入分液漏斗，每次用 10mL 四氯化碳萃取 3 次，合并萃取液，用无水硫酸镁干燥后，滤入一干燥的锥形瓶。加入沸石后在水浴上蒸去大部分溶剂，直到剩下 8mL 左右溶液为止。小心向溶液加入石油醚（30～60℃），到恰好出现浑浊为止。将锥形瓶置于冰浴中冷却结晶，抽滤，用少量石油醚洗涤结晶。如加入石油醚的量超过原溶液 4～5 倍仍未出现浑浊，说明开始所剩下的四氯化碳量太多，需加入沸石后重新蒸去大部分溶剂，直到剩下很少量的四氯化碳时，重新加入石油醚进行结晶。

思考题

1. 制备环己酮肟时，加入乙酸钠的目的是什么？
2. 反式甲基乙基酮肟经 Beckmann 重排得到什么产物？
3. 某肟发生 Beckmann 重排后得到一化合物，试推测该肟的结构。

实验 5-27 甲基橙的合成

一、实验目的

1. 学习重氮盐制备技术，了解重氮盐的控制条件。
2. 掌握甲基橙制备的原理及实验方法。

二、实验原理

甲基橙是一种偶氮染料，可用于印染纺织工业中。甲基橙在分析化学中是一种常用的酸碱滴定指示剂，适用于强酸与强碱、弱碱间的滴定。此外，其还可用于分光光度法测定氯离子和溴离子。

芳香族伯胺在酸性介质中和亚硝酸钠作用下生成重氮盐，重氮盐与芳香叔胺偶合，生成偶氮化合物。甲基橙的合成即可采用此法，如：

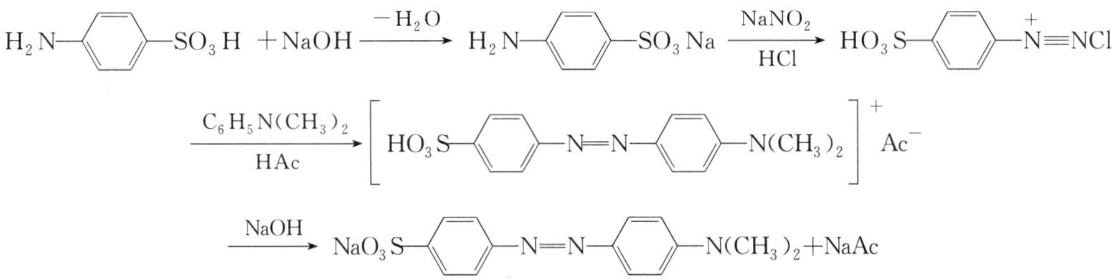

三、仪器与试剂

仪器：烧杯、锥形瓶、抽滤瓶、布氏漏斗。

试剂：对氨基苯磺酸晶体（p-NH_2-C_6H_4-$SO_3H \cdot 2H_2O$）、亚硝酸钠、N,N-二甲基苯胺、盐酸、氢氧化钠、乙醇、乙醚、冰乙酸、淀粉-碘化钾试纸。

四、实验流程

[对氨基苯磺酸，5% NaOH] —①温热，溶解 ②加入亚硝酸钠，并冷却→ —缓缓加入盐酸溶液→ [重氮盐] —滴加 N,N-二甲基苯胺和 HAc 混合液搅拌→

[偶合产物] —加入 15% NaOH 至橙色，冷却，抽滤→ [甲基橙粗产物] —重结晶→ [甲基橙片状结晶]

五、实验步骤

1. 重氮盐的制备

在一烧杯中加入 10mL 5%氢氧化钠溶液和 2.1g（0.01mol）对氨基苯磺酸晶体[1]，温热使其溶解。在另一个烧杯中加 0.8g（0.11mol）亚硝酸钠溶于 6mL 水中，加入上述烧杯中，放入 0～5℃冰盐浴冷却。在不断搅拌下，将 3mL 浓盐酸与 10mL 水配成的溶液缓缓滴加到上述混合溶液中，控制温度在 5℃以下。滴加完后，用淀粉-碘化钾试纸检验[2]，然后在冰盐浴中放置 15min 以保证反应完全[3]。

2. 偶合反应

在试管内混合 1.2g（0.01mol）N,N-二甲基苯胺和 1mL 冰醋酸，在不断搅拌下将此溶液慢慢加到上述冷却的重氮盐溶液中。加完后继续搅拌 10min，然后慢慢加入 25mL 5%氢氧化钠溶液，直至反应物变为橙色，这时反应液呈碱性，粗制的甲基橙呈细粒状沉淀析出[4]。将反应物在热水浴中加热 5min，冷却至室温后，再在冰水浴中冷却，使甲基橙晶体完全析出。抽滤收集结晶，依次用少量水、乙醇洗涤、压干。

若要得较纯产品，用溶有少量氢氧化钠的沸水进行重结晶[5]。得到橙色小叶片状甲基橙结晶[6]，产品约 2.5g。

溶解少许甲基橙于水中，加几滴稀盐酸溶液，然后用稀的氢氧化钠溶液中和，观察颜色变化。

六、注释

[1] 对氨基苯磺酸是两性化合物，酸性比碱性强，以酸性内盐存在，所以它能与碱作用成盐而不能与酸作用成盐。

[2] 若试纸不显蓝色，尚需补充亚硝酸钠溶液。

[3] 在此时往往析出对氨基苯磺酸的重氮盐。这是因为重氮盐在水中可以电离形成中性内盐，在低温时难溶于水而形成细小晶体析出。

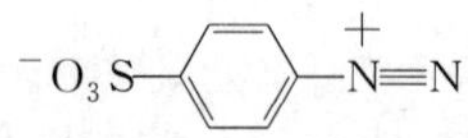

[4] 若反应物中含有未反应的 N,N-二甲基苯胺醋酸盐，在加入氢氧化钠后，就会有难溶于水的 N,N-二甲基苯胺析出，影响产物的纯度。湿的甲基橙在空气中受光的照射后，颜色很快变深，所以一般得紫红色粗产物。

[5] 重结晶操作应迅速，否则由于产物呈碱性，在温度高时易使产物变质，颜色变深。用乙醇、乙醚洗涤的目的是使其迅速干燥。

[6] 甲基橙可用微量方法制备：在 50mL 烧杯中加入 1.05g 磨细的对氨基苯磺酸和 10mL 水，在冰盐浴中冷却至 0℃左右；然后加入 0.4g 磨细的亚硝酸钠，不断搅拌，直到对氨基苯磺酸全溶为止。

在另一试管中放置 0.6g N,N-二甲苯胺（约 0.65mL)，使试管置于 7.5mL 乙醇中，冷却到 0℃左右。然后，在不断搅拌下滴加到上述冷却的重氮化溶液中，继续搅拌 2～3min。在搅拌下加入 1～1.5mL 1mol/L 氢氧化钠溶液。

将反应物（产物）在石棉网上加热至全部溶解。先静置冷却，待生成相当多美丽的小叶片状晶体后，再于冰水中冷却，抽滤，产品可用 7.5～10mL 水重结晶，并用 2.5mL 乙醇洗涤，以促其快干。产量约 1g，产品橙色。用此法制得的甲基橙颜色均一，但产量略低。

思考题

1. 什么叫偶合反应？试结合本实验阐述偶合反应的条件。
2. 本实验中，制备重氮盐时为什么要把对氨基苯磺酸变成钠盐？本实验如改成下列操作步骤：先将对氨基苯磺酸与盐酸混合，再滴加亚硝酸钠溶液进行重氮化的反应，可以吗？为什么？

实验 5-28 甲基红的合成

一、实验目的

1. 掌握重氮盐偶合反应，学习制备甲基红的实验方法。
2. 进一步练习过滤、洗涤、重结晶等基本操作。

二、实验原理

在印染工业中，甲基红可用于涤纶、维纶等纺织品以及皮革和纸张等材料的染色。在生物学中，可用于染色生物标本，如细胞染色、微生物培养基的制备等；在化学分析中，甲基红可以用作酸碱指示剂，还可用于测定金属离子和进行配位物的检测。

利用芳香族伯胺的重氮化反应及重氮盐的偶合反应，可以制备许多偶氮染料。甲基红的制备也可用此方法，反应式如下：

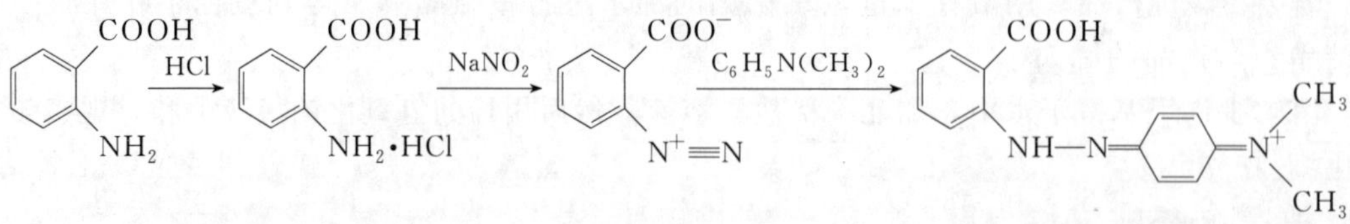

三、仪器与试剂

仪器：烧杯、锥形瓶、抽滤瓶、布氏漏斗。

试剂：N,N-二甲基苯胺、盐酸、95%乙醇、甲苯、甲醇。

四、实验流程

邻氨基苯甲酸盐酸盐 $\xrightarrow[\text{冰浴}]{NaNO_2\text{水溶液}}$ 重氮盐 $\xrightarrow[\text{乙醇溶液，振摇}]{N,N\text{-二甲基苯胺的}}$ $\xrightarrow[\text{抽滤}]{\text{放置}}$ 甲基红粗产物 $\xrightarrow[\text{重结晶}]{\text{甲苯}}$ 甲基红片状晶体，熔点183℃

五、实验步骤

在50mL烧杯中加入3g（0.022mol）邻氨基苯甲酸及12mL 1∶1的盐酸（0.072mol），加热溶解，冷却，析出白色针状邻氨基苯甲酸盐酸盐。抽滤，并用少量冷水洗涤晶体[1]，干燥，得产品约3.2g。

称取1.7g邻氨基苯甲酸盐酸盐，置于100mL锥形瓶中，加30mL水溶解，在冰水浴中冷却至5～10℃。倒入0.7g亚硝酸钠溶于5mL水制成的溶液，振摇，将制成的重氮盐溶液置于冰水浴中备用。

另取1.2g *N*,*N*-二甲基苯胺溶于12mL95%乙醇的溶液，倒入上述已制好的重氮盐中，塞紧瓶口，用力振摇。从冰水中移出，用力振摇。放置，待甲基红红色沉淀析出，过滤；如果沉淀凝成大块，极难过滤，可用水浴加热，再使其缓缓冷却。放置数小时后，抽滤，得到红色无定形固体，用少量甲醇洗涤，干燥后粗产物2g。用甲苯重结晶[2]（每克产品需15～20mL），可得1.5g晶体。

取少量甲基红溶于水中，向其中加入几滴稀盐酸，接着用稀氢氧化钠溶液中和，观察颜色变化。纯甲基红的熔点为183℃。

六、注释

[1] 邻氨基苯甲酸盐酸盐在水中溶解度很大，只能用少量水洗涤。

[2] 为了得到较好的结晶，将趁热过滤下来的甲苯溶液再加热回流，然后放入热水中令其缓缓冷却。抽滤收集后，可得到有光泽的片状结晶。

思考题

试解释甲基红在酸碱介质中的变色原因，并用反应式表示。

实验5-29 从茶叶中提取咖啡因

一、实验目的

1. 学习生物碱提取及其衍生物的制备的方法。
2. 掌握升华的基本操作。

二、实验原理

咖啡因具有刺激心脏、兴奋大脑神经和利尿等作用，主要用作中枢神经兴奋药。它也是复方阿司匹林等药物的组分之一。现代制药工业多用合成方法来制得咖啡因。

茶叶中含有多种生物碱，其中咖啡因含量1%～5%，丹宁酸（或称鞣酸）占11%～12%，色素、纤维素、蛋白质等约占0.6%。咖啡因是弱碱性化合物，易溶于氯仿、热苯等有机溶剂。

咖啡因为嘌呤的衍生物，化学名称是1,3,7-三甲基-2,6-二氧嘌呤，其结构式与茶碱、可可碱类似。

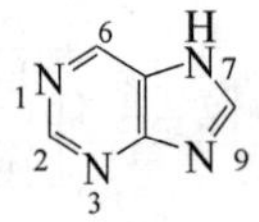

嘌呤(purine)

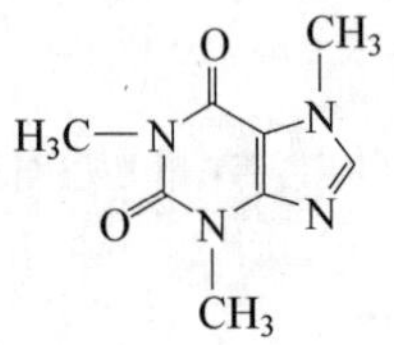

咖啡因 (caffeine)

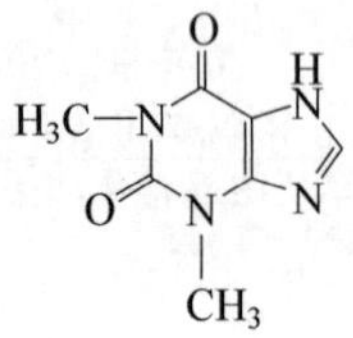

茶碱 (guanine)

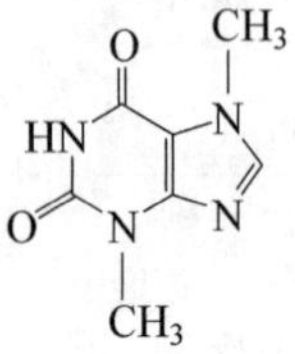

可可碱 (adenine)

含结晶水的咖啡因为白色针状结晶粉末，味苦。能溶于水、乙醇、丙酮、氯仿等，微溶于石油醚，在100℃时失去结晶水，开始升华。120℃时升华显著，178℃以上升华加快。无水咖啡因的熔点为238℃

从茶叶中提取咖啡因是用适当的溶剂（氯仿、乙醇、苯等）在脂肪提取器中连续抽提，然后浓缩得粗咖啡因。粗咖啡因中还含有一些其他的生物碱和杂质，可利用升华进一步提纯。咖啡因是弱碱性化合物，能与酸成盐。其水杨酸盐衍生物的熔点为138℃，可借此进一步验证其结构。

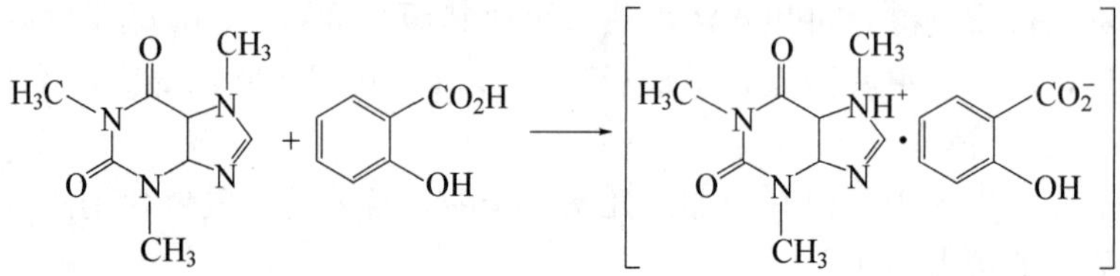

咖啡因　　　　咖啡因水杨酸盐

三、仪器与试剂

仪器：50mL烧杯、表面皿、抽滤瓶、布氏漏斗、50mL圆底烧瓶、50mL烧瓶、蒸馏头、滴管、大试管、脂肪提取器。

试剂：碳酸钠、茶叶、95%乙醇、二氯甲烷、无水硫酸钠、水杨酸、纱布、甲苯、石油醚（60～90℃）、丙酮。

四、实验方法A

1. 试剂　4g茶叶、95%乙醇、生石灰1.6g。

2. 流程

茶叶末 —回流提取/95%乙醇→ 提取液 —蒸馏→ 粗提取液 —蒸干→ 粗提取物 —升华/收集→ 咖啡因

3. 实验步骤

安装好连续提取装置（图1-1）。称取4g茶叶，研细后，放入脂肪提取器（索氏提取器）的滤纸套筒中[1]。在100mL圆底烧瓶中加入50mL 95%乙醇，用电热套加热，连续提取约0.5h至提取液颜色变浅后，停止加热。稍冷，改成蒸馏装置，回收提取液中的大部分乙醇[2]。趁热将瓶中的初提液倾入蒸发皿中，拌入1.6g[3]生石灰粉，使成糊状，在蒸气浴上蒸干，其间应不断搅拌，并压碎块状物。最后将蒸发皿放在石棉网上，用小火焙炒片刻，除去全部水分。冷却后，擦去沾在边上的粉末，以免在升华时污染产物。将口径合适的玻璃漏斗罩在隔以刺有许多小孔滤纸的蒸发皿上，用砂浴小心加热升华[4]。控制砂浴温度在220℃左右（此时纸微黄）。当滤纸上出现许多白色毛状结晶时，停止加热，让其自然冷却至

100℃左右。小心取下漏斗，揭开滤纸，用刮刀将纸上和器皿周围的咖啡因刮下。残渣经拌和后用较大的火再加热片刻，使升华完全。合并两次收集的咖啡因，称重并测定熔点。纯粹咖啡因的熔点为234.5℃。本实验约需3h。

五、实验方法B

1. 试剂　4g茶叶、4g碳酸钠、二氯甲烷。

2. 流程

茶叶末 $\xrightarrow[Na_2CO_3]{碱液煮提}$ 提取液 $\xrightarrow[CH_2Cl_2]{萃取}$ 萃取液 $\xrightarrow{蒸馏}$ 粗提取物 $\xrightarrow[丙酮/石油醚]{结晶}$ 白色晶体 $\xrightarrow[水杨酸]{衍生化}$ 衍生物

六、实验步骤

在50mL烧杯中，将4g碳酸钠溶于40mL蒸馏水中。称取4g茶叶，用纱布包好放入烧杯内，用小火煮沸30min。注意勿使溶液起泡溢出。稍冷后（约50℃），将提取液小心倾倒至另一烧杯中。冷至室温后，转入分液漏斗。加入10mL二氯甲烷振摇，静置分层，此时在两相界面处产生乳化层[5]。在一小玻璃漏斗的颈口放置一小团棉花（棉花放置约1cm厚）和适量Na_2SO_4，直接将有机相滤入一干燥锥形瓶，并用1～2mL二氯甲烷冲洗干燥剂。水相再用6mL二氯甲烷萃取一次。收集于锥形瓶中的有机相应是清亮透明的。

将干燥后的萃取液转入50mL圆底烧瓶，加入几粒沸石，用水浴蒸馏回收二氯甲烷，并用水泵将溶剂抽干。将蒸去二氯甲烷的残渣溶于最少量的丙酮中，慢慢加入石油醚（60～90℃），到溶液恰好浑浊为止，冷却结晶，抽滤、收集产物。干燥后称重并计算收率。

在试管中加入0.1g咖啡因、0.4g水杨酸和8mL甲苯，在水浴上加热摇振使其溶解，然后加入约1mL石油醚（60～90℃），在冰浴中冷却结晶。如无晶体析出，可用玻璃棒或刮刀摩擦管壁。过滤收集产物，测定熔点。纯盐的熔点为138℃。实验需3～4h。

七、注释

[1] 滤纸套筒大小要合适，以既能紧贴器壁，又能方便取放为宜，其高度不得超过虹吸管；要注意茶叶末不能掉出滤纸套筒，以免堵塞虹吸管；纸套上面折成凹形，以保证回流液均匀浸润被萃取物，也可以用塞棉花的方法代替滤纸套筒。用少量棉花轻轻阻住虹吸管口。

[2] 瓶中乙醇不可蒸得太干，否则残液很黏，转移时损失较大。

[3] 生石灰起吸水和中和作用，以除去部分酸性杂质。

[4] 在萃取回流充分的情况下，升华操作是实验成败的关键。升华过程中，始终都需用小火间接加热。如温度太高，会使产物发黄。注意温度计应放在合适的位置，以正确反映出升华的温度。

[5] 乳化层通过干燥剂时可被破坏。

思考题

1. 提取咖啡因时，方法A中用到生石灰，方法B中用到碳酸钠，它们各起什么作用？
2. 从茶叶中提取出的粗咖啡因有绿色光泽，为什么？
3. 方法B中蒸馏回收二氯甲烷时，馏出液为何出现浑浊？

实验5-30　黄连素的提取

一、实验目的

1. 学习从中草药中提取生物碱的原理和方法。
2. 掌握固液提取的装置及方法。

二、实验原理

黄连为我国特产药材之一，有很强的抗菌力，对急性结膜炎、口疮、急性细菌性痢疾、急性肠胃炎等均有很好的疗效。黄连中含有多种生物碱，以黄连素（俗称小檗碱，Berberine）为主要有效成分，随野生和栽培及产地的不同，黄连中黄连素的含量为4%～10%。含黄连素的植物很多，如黄柏、三颗针、伏牛花、白屈菜、南天竹等均可作为提取黄连素的原料，但以黄连和黄柏中的含量较高。

黄连素是黄色针状体，微溶于水和乙醇，较易溶于热水和热乙醇中，几乎不溶于乙醚。黄连素存在三种互变异构体，但自然界多以季铵碱的形式存在。黄连素的盐酸盐、氢碘酸盐、硫酸盐、硝酸盐均难溶于冷水，易溶于热水，其各种盐的纯化都比较容易。

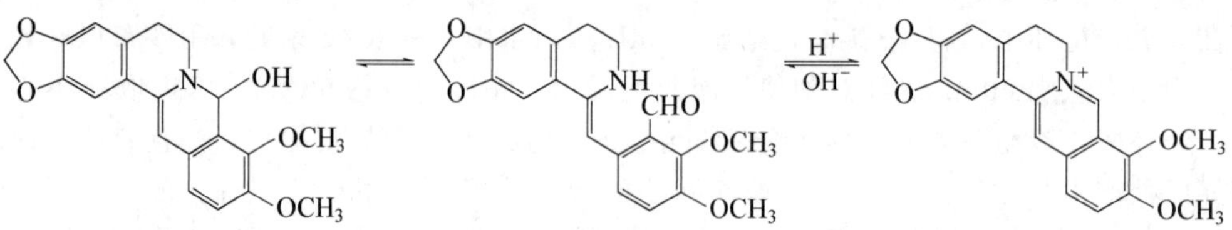

醇式　　醛式　　季铵碱式

三、仪器与试剂

仪器：50mL烧瓶、冷凝管、蒸馏头、5mL吸量管、布氏漏斗、抽滤瓶。

试剂：黄连、95%乙醇、浓盐酸、1%乙酸。

四、实验流程

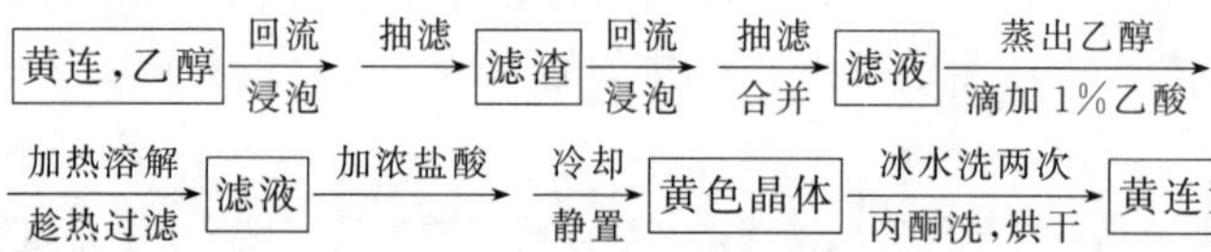

五、实验步骤

称取10g磨细的中药黄连，放入100mL圆底烧瓶中，加入50mL乙醇，装上回流冷凝管，在热水浴中加热回流30min，冷却并静置浸泡30min，抽滤，滤渣重复上述操作处理一次[1]。合并两次所得滤液，在水泵减压下蒸出乙醇，再加入1%乙酸溶液（25～28mL），加热溶解，趁热抽滤不溶物，然后在滤液中滴加浓盐酸至溶液浑浊为止（约需10mL），放置冷却[2]，即有黄色针状晶体析出[3]。抽滤结晶，并用冰水洗涤两次，再用丙酮洗涤一次，烘干后称重约1.0g[4]。本实验约需3.5h。

六、注释

[1] 后一次提取可适当减少乙醇用量和缩短浸泡时间，也可用索氏提取器连续提取。

[2] 最好用冰水浴冷却。

[3] 如晶形不好，可用水重结晶一次。

[4] 得到纯净的黄连素晶体比较困难。将黄连素盐酸盐加热水至刚好溶解，煮沸，用石灰乳调节pH=8.5～9.8，冷却后滤去杂质，滤液继续冷却到室温以下，即有针状体的黄连素析出，抽滤，将结晶在50～60℃下干燥，熔点为145℃。

思考题

1. 黄连素为何种生物碱类的化合物？

2. 为何要用石灰乳来调节pH值，用强碱氢氧化钾（钠）行不行？为什么？

实验 5-31 菠菜色素的提取和色素分离

一、实验目的

1. 通过绿色植物色素的提取和分离，了解天然物质分离提纯方法。

2. 通过柱色谱和薄层色谱分离操作，加深了解微量有机物色谱分离鉴定的原理。

二、实验原理

绿色植物如菠菜叶中含有叶绿素（绿）、胡萝卜素（橙）和叶黄素（黄）等多种天然色素。

叶绿素存在两种结构相似的形式即叶绿素 a（$C_{55}H_{72}O_5N_4Mg$）和叶绿素 b（$C_{55}H_{70}O_6N_4Mg$），其差别仅是 a 中一个甲基被 b 中的甲酰基所取代。它们都是吡咯衍生物与金属镁的络合物，是植物进行光合作用所必需的催化剂。植物中叶绿素 a 的含量通常是 b 的 3 倍。尽管叶绿素分子中含有一些极性基团，但大的烃基结构使它易溶于醚、石油醚等一些非极性的溶剂。

胡萝卜素（$C_{40}H_{56}$）是具有长链结构的共轭多烯。它有三种异构体，即 α-，β-和 γ-胡萝卜素，其中 β-异构体含量最多，也最重要。在生物体内 β-体受酶催化氧化即形成维生素 A。目前 β-胡萝卜素已可进行工业生产，可作为维生素 A 使用，也可作为食品工业中的色素。叶黄素（$C_{40}H_{56}O_2$）是胡萝卜素的羟基衍生物，它在绿叶中的含量通常是胡萝卜素的两倍。与胡萝卜素相比，叶黄素较易溶于醇而在石油醚中溶解度较小[1]。

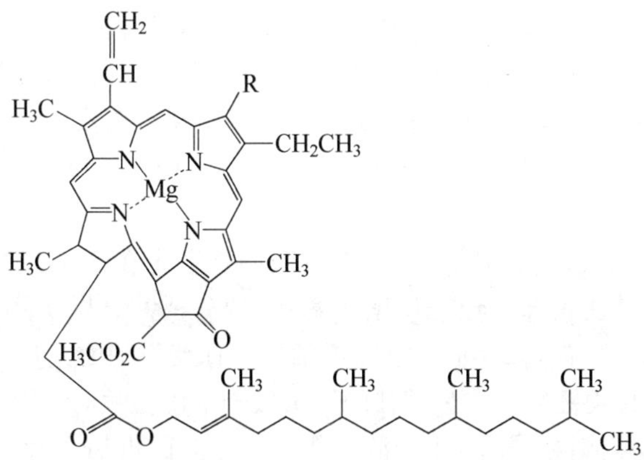

叶绿素a(R=CH$_3$)　　叶绿素b(R=CHO)

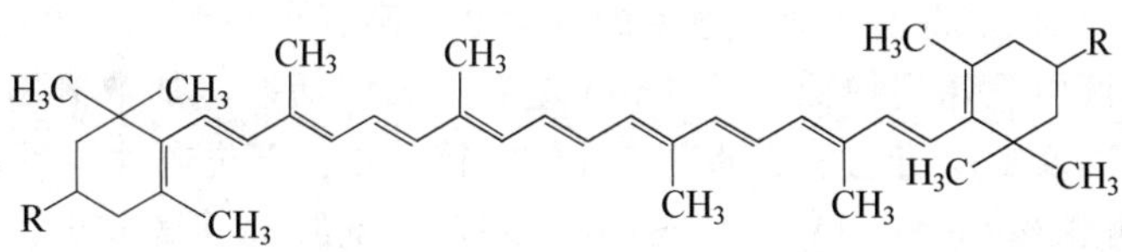

β-胡萝卜素(R=H)　　叶黄素(R=OH)

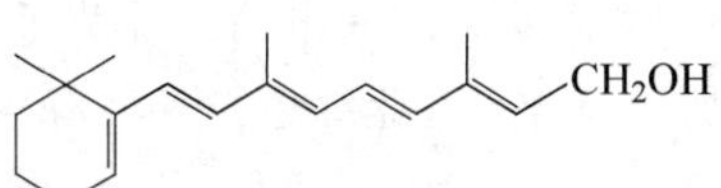

维生素A

本实验从菠菜中提取上述几种色素，并通过薄层色谱和柱色谱进行分离。

三、仪器与试剂

仪器：研钵、布氏漏斗、圆底烧瓶、直形冷凝管、展开槽。

试剂：硅胶 G、中性氧化铝、甲醇、石油醚（60～90℃）、丙酮、乙酸乙酯、菠菜叶。

四、实验流程

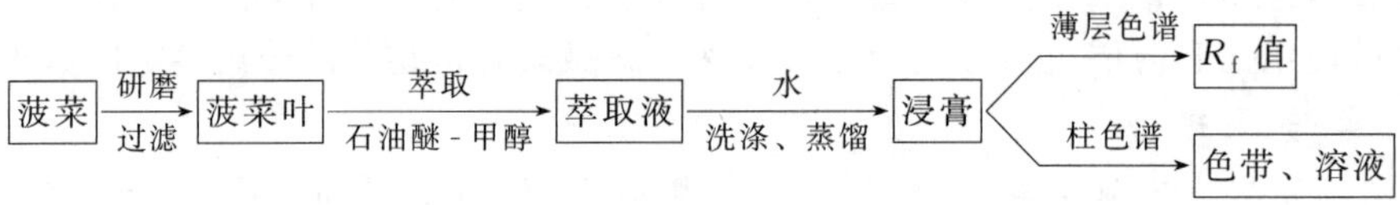

五、操作步骤

1. 菠菜色素的提取

称取 10g 洗净后的新鲜（或冷冻）菠菜叶，用剪刀剪碎并与 100mL 甲醇拌匀，在研钵中研磨约 5min 后，用布氏漏斗抽滤菠菜汁，弃去滤渣。将菠菜汁放回研钵，每次用 100mL 3∶2（V/V）的石油醚-甲醇混合液萃取两次，每次需加以研磨并且抽滤。合并深绿色萃取液，转入分液漏斗，每次用 50mL 水洗涤两次，以除去萃取液中的甲醇。洗涤时要轻轻旋荡，以防止产生乳化。弃去水-甲醇层，石油醚层用无水硫酸钠干燥后滤入圆底烧瓶，在水浴上蒸去大部分石油醚，至体积约为 1mL 为止。

2. 薄层色谱

取四块显微载玻片，用硅胶 G 加 0.5%羧甲基纤维素调制后制板，晾干后在 110℃活化 1h。展开剂：(a) 石油醚-丙酮＝8∶2（V/V）；(b) 石油醚-乙酸乙酯＝6∶4（V/V）。取活化后的色谱板，点样后，小心放入预先加入选定展开剂的广口瓶内，盖好瓶盖。待展开剂上升至规定高度时，取出色谱板，在空气中晾干，用铅笔做出标记，并进行测量，分别计算出 R_f 值。分别用展开剂 a 和 b 展开，比较不同展开剂系统的展开效果。观察斑点在板上的位置并排列出胡萝卜素、叶绿素和叶黄素的 R_f 值的大小次序。注意更换展开剂时，须干燥层析瓶。

3. 柱色谱

在色谱柱中，加 3cm 高的石油醚。另取少量脱脂棉，先在小烧杯用石油醚浸湿、挤压以驱除气泡，然后放在色谱柱底部，轻轻压紧，塞住底部。将 3g 层析用的中性氧化铝（150～160 目）从玻璃漏斗中缓缓加入，小心打开柱下活塞，保持石油醚高度不变，流下的氧化铝在柱子中堆积。必要时用橡皮锤轻轻在色谱柱的周围敲击，使吸附剂装得均匀致密。柱中溶剂面由下端活塞控制，既不能满溢，更不能干涸。装完后，上面再加一片圆形滤纸，打开下端活塞，放出溶剂，直到氧化铝表面溶剂剩下 1～2mm 高时关上活塞（注意！在任何情况下氧化铝表面不得露出液面）。将上述菠菜色素的浓缩液用滴管小心地加到色谱柱顶部，加完后，打开下端活塞，让液面下降到柱面以上 1mm 左右，关闭活塞，加数滴石油醚，打开活塞，使液面下降，经几次反复，使色素全部进入柱体。待色素全部进入柱体后，在柱顶小心加洗脱剂—石油醚-丙酮溶液＝9∶1（V/V）。打开活塞，让洗脱剂逐滴放出，层析即开始进行，用锥形瓶收集。当第一个有色成分即将滴出时，取另一锥形瓶收集，得橙黄色溶液，它就是胡萝卜素。用石油醚-丙酮＝7∶3（V/V）作洗脱剂，分出第二个黄色带，它是叶黄素[1]。再用丁醇-乙醇-水＝3∶1∶1（V/V）。洗脱叶绿素 a（蓝绿色）和叶绿素 b（黄绿色）。

六、注释

[1] 叶黄素易溶于醇而在石油醚中溶解度较小，从嫩绿菠菜得到的提取液中，叶黄素含量很少，柱色谱中不易分出黄色带。

思考题

试比较叶绿素、叶黄素和胡萝卜素三种色素的极性，为什么胡萝卜素在色谱柱中移动最快？

实验 5-32　从烟叶中提取烟碱

一、实验目的

1. 了解生物碱提取的基本原理。

2. 掌握从烟叶中提取烟碱的基本操作（萃取、分离及衍生物制备）。

二、实验原理

烟碱又名尼古丁（nicotine），是烟草生物碱（nicotiana alkaloids）（包括 12 种以上单一成分）的主要成分，于 1928 年首次被分离出来。烟碱具有吡啶环和吡咯烷环，天然产烟碱为左旋体。

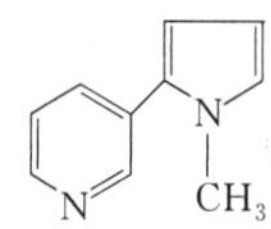

烟碱在商业上用作杀虫剂以及兽医药剂中寄生虫的驱除剂。烟碱剧毒，致死剂量为 40mg。

烟碱为无色或灰黄色油状液体，无臭，味极辛辣，一经日光照射即被分解，转变为棕色并有特殊的烟臭。沸点为 247℃/745mmHg，沸腾时部分分解。比旋光度 $[\alpha]_D^{20}=-169°$，呈强碱性反应。在 60℃以下与水结合成水合物，故可与水任意量混合。易溶于酒精、乙醚等许多有机溶剂。能随水蒸气挥发而不分解。由于分子中两个氮原子都显碱性，故一般能与两摩尔的酸成盐。

烟碱与柠檬酸或苹果酸结合为盐类而存在于植物体中，在烟叶中 2%～3%。本实验以强碱溶液（5% NaOH）处理烟叶，使烟碱游离，再经乙醚萃取和衍生物制备进行精制。由于烟碱是液体，从 6g 烟叶中得到的烟碱量很少，不便纯化和操作，因此本实验采用在萃取液中加入苦味酸，将烟碱转变成二苦味酸盐的结晶进行分离纯化，并通过测定衍生物的熔点加以鉴定。

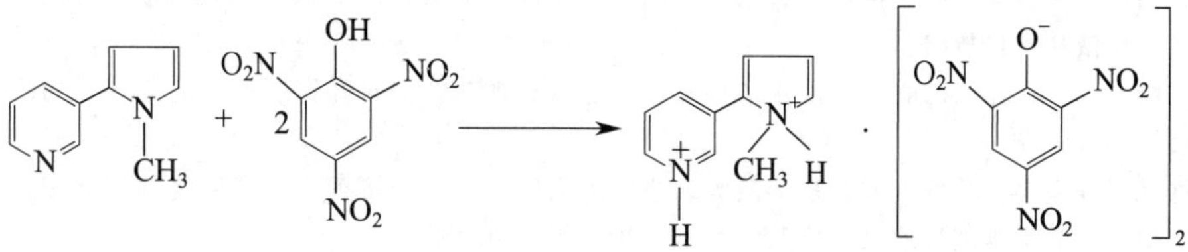

三、仪器与试剂

仪器：烧杯、微型布氏漏斗、抽滤瓶、分液漏斗、圆底烧瓶、锥形瓶。

试剂：干燥烟叶 6g、5% NaOH 溶液 60mL、乙醚 45mL、饱和苦味酸甲醇溶液、甲醇。

四、实验流程

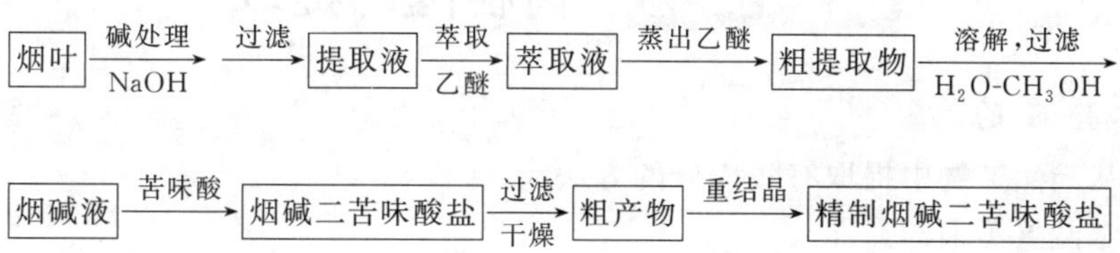

五、实验步骤

1. 碱处理

在 100mL 烧杯中加入 6g 干燥碎烟叶和 6mL 5% NaOH 溶液，搅拌 10min，然后用带尼龙滤布的布氏滤斗抽滤[1]，并用干净的玻璃塞挤压烟叶以挤出碱提取液。接着用 12mL 水洗涤烟叶，再次抽滤挤压，将洗涤水合并至碱提取液中。

2. 醚萃取

将黑褐色滤液移入 100mL 分液漏斗中，用 45mL 乙醚分三次萃取。萃取时应轻旋液体，勿振荡漏斗以免形成乳浊液导致分层困难。上层醚相从漏斗上口倒入 100mL 圆底烧瓶中[2]。

3. 蒸除乙醚

合并醚萃取液，在水浴上蒸去乙醚[3]，并用水泵将溶剂抽干。

4. 重新溶解

残留物中加入 6 滴水和 6mL 甲醇，使残渣溶解，然后将溶液通过放有玻璃丝的短颈漏斗滤入 100mL 烧杯中，并用 3mL 甲醇冲洗烧瓶和玻璃丝，合并至烧杯中[4]。

5. 衍生物制备

在搅拌下往烧杯中加入 6mL 饱和苦味酸盐的甲醇溶液，立即有浅黄色的二苦味酸烟碱盐沉淀析出。用玻璃砂漏斗过滤，干燥称重，测定熔点，并计算所提取的烟碱的百分产量。此操作所得二苦味酸烟碱盐熔点为 217～220℃。

6. 重结晶

用刮刀将粗产物移入 50mL 锥形瓶中，加入 12mL 50%乙醇-水（V/V）溶液，加热溶解，室温下静置冷却，析出亮黄色长形棱状结晶。抽滤，烘干，称重，测熔点。纯二苦味酸烟碱盐的熔点为 222～223℃。

六、注释

[1] 滤纸在碱液中会很快溶胀并失去作用。此处宜采用尼龙滤布挤压过滤。

[2] 在分液漏斗中进行乙醚萃取时，应注意不时放气，减低乙醚蒸气在漏斗内的压力。此时可一手握紧上口旋塞，让漏斗倾斜，下支管口朝上，另一只手打开分液旋塞放气，或者在垂直放置时打开上口旋塞放气。在分离液层时，应小心使醚层与夹杂在中间出现在漏斗尖底部的少量黑色乳状液相分离。上层液从上口倒出，下层液从下口放出。

[3] 乙醚易燃，在蒸馏乙醚时应用水浴加热，不能直火加热。同时开窗通风，避免外泄的乙醚蒸气富集遇火引燃，酿成火灾。

[4] 烟碱毒性极强，其蒸气或其盐溶液吸入或渗入人体可使人中毒死亡。高浓度的烟碱液操作时务必小心。若不慎手上沾上烟碱提取液，应及时用水冲洗后用肥皂擦洗。

思考题

1. 试设计以烟杆等废弃物为原料，制取杀蚜虫药烟碱硫酸盐的一个简易方法。
2. 若用硝酸或高锰酸钾氧化烟碱，将得到什么产物？

实验 5-33 肉桂醛的提取

一、实验目的

1. 了解从天然产物中提取有效成分的方法。
2. 熟练水蒸气蒸馏的操作技术。

3. 进一步熟悉固液萃取操作。

二、实验原理

许多植物具有独特的令人愉快的气味，植物的这种香气是由其所含的香精油所致。肉桂树皮中香精油的主要成分是肉桂醛（cinnamaldehyde），其结构式为 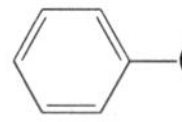—CH═CHCHO 。

纯品系黄色油状液体，相对密度 $d_4^{20}=1.049$，沸点为 248℃（反-3-苯基丙烯醛，252℃），$[\alpha]_D^{20}=1.618\sim1.632$，微溶于水，易溶于乙醇、二氯甲烷等有机溶剂，在空气中久置易氧化成肉桂酸。在自然界中，它因存在于肉桂树皮中而得名肉桂醛。从肉桂树皮中提取肉桂醛的方法有水蒸气蒸馏法、压榨法和溶剂萃取法。本实验采用溶剂萃取法和水蒸气蒸馏法两种方法提取肉桂醛。肉桂醛主要用作饮料和食品的增香剂，也用于其他的调和香料。学习肉桂醛的提取方法对从天然产物中提取类似的产品有一定的实用价值。

三、仪器与试剂

仪器：50mL 圆底烧瓶、索氏提取器、冷凝管、阿贝折光仪、漏斗（$\varphi=40$mm）、蒸发皿（$\varphi=40$mm）。

试剂：肉桂树皮、二氯甲烷、1% Br_2/CCl_4 溶液、2,4-二硝基苯肼试液、托伦（Tollen）试剂、品红醛试剂（Shiff 试剂）。

四、实验步骤

1. 肉桂醛的提取

方法 A：固液萃取法

在固-液萃取装置或索氏提取器[1] 中加入 2.4g 研细的肉桂树皮粉，将 30mL 二氯甲烷放入 50mL 圆底烧瓶中，安装装置，在二氯甲烷沸腾条件下回流 30min，此时产品肉桂醛从肉桂树皮中完全浸出，进入二氯甲烷提取液中。将提取液转移到离心管中，离心分离，吸取清液置于 $\phi=40$mm 的蒸发皿中，盖上玻璃漏斗，置空气浴上微热，在通风橱中蒸出二氯甲烷[2]，待二氯甲烷剩余约 1mL 时，离开热源，室温晾干，即得 1 滴黄色油状的肉桂醛产品。

肉桂树皮粉末 $\xrightarrow[\text{CH}_2\text{Cl}_2]{\text{回流}}$ 提取液 $\xrightarrow{\text{离心分离}}$ 清液 $\xrightarrow[\text{晾干}]{\text{蒸干}}$ 肉桂醛

方法 B：水蒸气蒸馏法

取 3g 桂皮在研钵中研碎，放入 20mL 圆底烧瓶中，加水 8mL，装上冷凝管，加热回流 10min。冷却后倒入蒸馏瓶中进行水蒸气蒸馏，收集馏出液 5～6mL。将馏出液转移到 15mL 分液漏斗中，用每份 2mL 乙醚萃取 2 次。弃去水层，乙醚层移入小试管中，加入少量无水硫酸钠干燥，20min 后，滤出萃取液，在通风橱内用水浴加热蒸去乙醚，得肉桂醛。用毛细滴管吸取 1 滴在阿贝折光仪上测折射率。

肉桂树皮粉末 $\xrightarrow[\text{H}_2\text{O}]{\text{回流}}$ 提取液 $\xrightarrow{\text{水蒸气蒸馏}}$ 馏出物 $\xrightarrow[\text{乙醚}]{\text{萃取}}$ 萃取液 $\xrightarrow[\text{Na}_2\text{SO}_4]{\text{干燥}}$ 粗提取物 $\xrightarrow{\text{蒸干}}$ 肉桂醛

2. 肉桂醛的性质试验

（1）取提取液 1 滴于试管中，加入 1 滴 Br_2/CCl_4 溶液，观察红棕色是否褪去。

（2）取提取液 2 滴于试管中，加入 2 滴 2,4-二硝基苯肼试剂，观察有无黄色沉淀生成。

（3）取提取液 1 滴于试管中，加入 2～3 滴吐伦试剂，水浴加热，观察有无银镜产生。

(4) 取提取液1滴于试管中，加入品红试剂2滴，振摇，1min后呈现深紫红色，若紫红色不出现，可采用水浴微热2～3min，紫红色将出现。

五、注释

[1] 提取时，将肉桂树皮处理成一定的细度，用细纱布包好，用线吊住放在液面上方，用二氯甲烷进行回流提取，二氯甲烷溶剂不断进入肉桂树皮中，肉桂醛就不断从其中浸出，进入二氯甲烷之中。

[2] 二氯甲烷有毒，必须在通风橱中操作。

思考题

为什么在方法A中不将二氯甲烷很快蒸干，而须在未蒸干时室温晾干？

实验5-34 从槐花米中提取芦丁

一、实验目的

1. 学习黄酮苷类化合物的提取方法。
2. 掌握趁热过滤及重结晶等基体操作

二、实验原理

芦丁（rutin）又称云香苷（rutioside），有调节毛细血管壁的渗透性作用，临床上用作毛细血管止血药，作为高血压症的辅助治疗药物。

芦丁存在于槐花米和荞麦叶中，槐花米是槐系豆科槐属植物的花蕾，含芦丁量高达12%～16%，荞麦叶中含8%。芦丁是黄酮类植物的一种成分，黄酮类植物成分是存在于植物界并具有以下基本结构。就黄色色素而言，它们的分子中都有一个酮式羰基且显黄色，故称为黄酮。

黄酮的中草药成分几乎都带有一个以上羟基，还可能有甲氧基、烃基、烃氧基等其他取代基，3,5,7,3′,4′-位上有羟基或甲氧基的机会最多，6,8,1′,2′-位上有取代基的机会比较少见。由于黄酮类化合物结构中的羟基较多，大多数情况下是一元苷，也有二元苷。芦丁是黄酮苷，其结构如下：

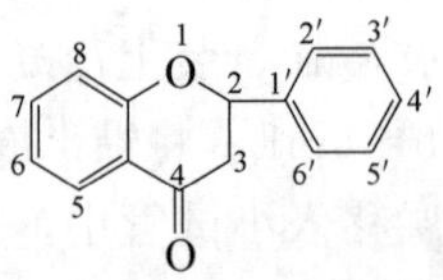

黄酮

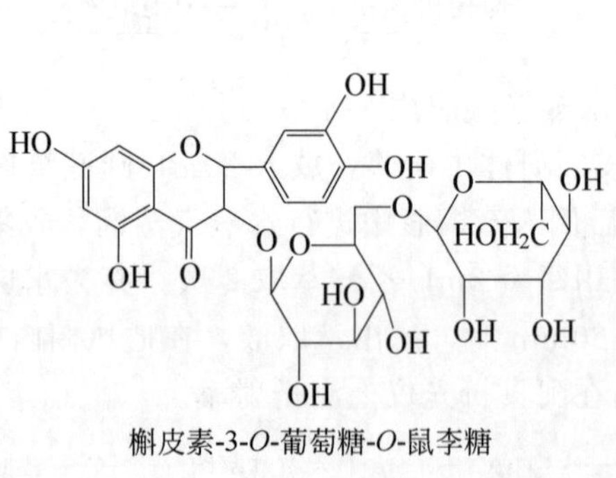

槲皮素-3-*O*-葡萄糖-*O*-鼠李糖

芦丁（槲皮素-3-*O*-葡萄糖-*O*-鼠李糖）为淡黄色小针状结晶，不溶于乙醇、氯仿、石油醚、乙酸乙酯、丙酮等溶剂，易溶于碱液中呈黄色，酸化后析出。可溶于浓硫酸和浓盐酸呈棕黄色，加水稀释后析出。含3个结晶水时熔点为174～188℃，无水物的熔点为188℃。

三、仪器与试剂

仪器：研钵、烧杯、布氏漏斗。

试剂：槐花米、饱和石灰水溶液、15%盐酸。

四、实验流程

槐花米粉末 $\xrightarrow[\text{饱和石灰水}]{\text{煮沸提取，抽滤}}$ 粗提物 $\xrightarrow[\text{15\% HCl}]{\text{中和，沉淀，抽滤}}$ 粗提取物 $\xrightarrow[H_2O]{\text{洗涤}}$ 粗产物 $\xrightarrow[\text{饱和石灰水}]{\text{煮沸，溶解}}$ $\xrightarrow{\text{热过滤}}$ 滤液 $\xrightarrow[\text{15\% HCl}]{\text{酸化，静置，过滤}}$ 晶体 $\xrightarrow[H_2O]{\text{洗涤}}$ 芦丁

五、实验步骤

称取 6g 槐花米于研钵中研成粉状物，置于 100mL 烧杯中，加入 60mL 饱和石灰水溶液[1]，于石棉网上加热至沸，并不断搅拌，煮沸 15min 后，抽滤。滤渣再用 20mL 饱和石灰水溶液煮沸 10min，抽滤。合并二次滤液，然后用 15%盐酸中和（约需 4mL），调节 pH 值为 3～4[2]。放置 1～2h，使沉淀完全，抽滤，沉淀用水洗涤 2～3 次，得到芦丁的粗产物。

将制得的粗芦丁置于 50mL 的烧杯中，加水 30mL，于石棉网上加热至沸，不断搅拌并慢慢加入约 10mL 饱和石灰水溶液，调节溶液的 pH 值为 8～9，待沉淀溶解后，趁热过滤。滤液置于 50mL 的烧杯中，用 15%盐酸调节溶液的 pH 值为 4～5，静置 30min，芦丁以浅黄色结晶析出，抽滤，产品用水洗涤 1～2 次，烘干后重约 0.6g，熔点 174～176℃（文献值为 174～178℃）。

六、注释

[1] 加入饱和石灰水溶液既可以达到碱溶解提取芦丁的目的，又可以除去槐花米中大量多糖黏液质。也可直接加入 150mL 水和 1g $Ca(OH)_2$ 粉末，而不必配成饱和溶液，第二次溶解时只需加 100mL 水。

[2] pH 值过低会使芦丁形成𬭩盐而增加了水溶性，降低收率。

实验 5-35 十二烷基磺酸钠的合成

一、实验目的

1. 了解阴离子表面活性剂的性能及用途。
2. 掌握高级醇磺酸盐阴离子表面活性剂的合成方法。

二、实验原理

十二烷基磺酸钠是用月桂醇与氯磺酸反应，再加碱中和而成的。它是一个有机分子磺化的过程，即在有机分子中引入—OSO_3H 基，生成 C—O—S 键。十二烷基磺酸酯钠盐是阴离子表面活性剂的一个典型代表，它的泡沫性能好、去污力强、乳化效力高、能被生物降解，耐酸、耐硬水，但在强酸性溶液中易发生水解，稳定性较磺酸盐差，它广泛用作水乳型黏合剂、涂料、农药、洗涤剂的乳化剂和分散剂。主要反应如下：

$$n\text{-}C_{12}H_{25}OH + ClSO_3H \longrightarrow n\text{-}C_{12}H_{25}OSO_3H + HCl$$

$$n\text{-}C_{12}H_{25}OSO_3H + NaOH \longrightarrow n\text{-}C_{12}H_{25}OSO_3Na + H_2O$$

三、仪器与试剂

仪器：三口瓶、磁力搅拌器、温度计、气体吸收装置。

试剂：月桂醇、氯磺酸、30%氢氧化钠、30%双氧水。

四、实验流程

9.3g(0.05mol) 月桂醇 $\xrightarrow{\text{滴加 6.4g (0.055mol) 氯磺酸}}$ $\xrightarrow[40\sim45℃]{\text{搅拌 2h}}$ 十二烷基磺酸酯 $\xrightarrow[\text{调 pH}=7]{\text{加 30\% NaOH}}$ 十二烷基磺酸钠

五、实验步骤

在100mL三口瓶中加入9.3g月桂醇[1]，装上滴液漏斗、温度计和气体吸收装置，用磁力搅拌器搅拌，于室温下（25℃）慢慢滴入6.4g氯磺酸[2]，加完后在40～45℃下反应2h。停止搅拌冷至25℃，慢慢滴加30％氢氧化钠溶液直到反应物呈中性为止。将反应物倒入烧杯中，搅拌下滴加50mL 30％双氧水，继续搅拌30min，得十二烷基磺酸钠黏稠液体。

六、注释

[1] 因氯磺酸遇水会分解，故所用玻璃仪器必须干燥。

[2] 氯磺酸为腐蚀性很强的酸，使用时必须戴好橡皮手套，并在通风橱内量取。

思考题

1. 举出几种常见的阴离子表面活性剂，并写出其结构。
2. 高级醇磺酸酯盐有哪些特性和用途？

实验5-36 十二烷基二甲基甜菜碱的合成

一、实验目的

1. 了解两性表面活性剂的性能及用途。
2. 了解两性表面活性剂的合成方法。

二、实验原理

两性表面活性剂分子中既有阳离子又有阴离子，是同时具有两种离子性质的表面活性剂，在多数情况下阳离子部分由铵盐或季铵盐作为亲水基，阴离子部分大多为羧酸盐或磺酸盐。由季铵盐构成阳离子部分叫甜菜碱型两性表面活性剂。甜菜碱型两性表面活性剂无论在酸性、碱性或中性条件下都溶于水，在任何pH值时均可使用，反应式为：

$$ClCH_2COONa + C_{12}H_{25}N(CH_3)_2 \xrightarrow[\text{回流}]{C_2H_5OH} C_{12}H_{25}(CH_3)_2N^+CH_2COO^- + NaCl$$

十二烷基二甲基甜菜碱具有良好的去污、渗透及抗静电性能。杀菌性能温和、刺激性小，对人体没有什么毒性。

三、仪器与试剂

仪器：三口烧瓶、温度计、磁力搅拌器、球形冷凝管。

试剂：氯乙酸钠、*N*,*N*-二甲基十二烷基胺、乙醇、盐酸。

四、实验流程

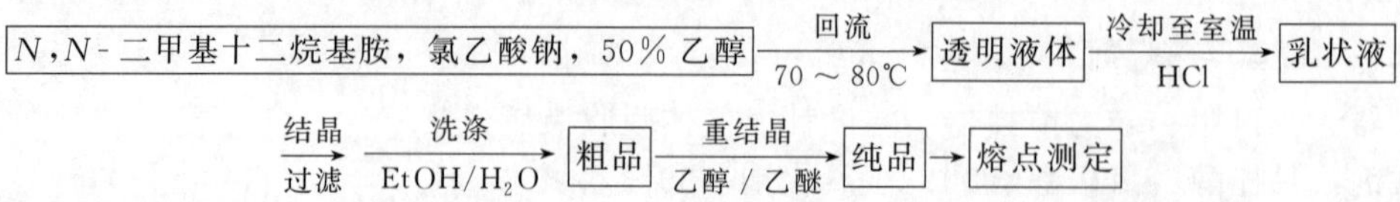

五、实验步骤

在50mL三口瓶[1] 中加入5.5g *N*,*N*-二甲基十二烷基胺、3.0g氯乙酸钠和15mL 50％乙醇，装上温度计和球形冷凝管，另一口用塞子塞住，在磁力搅拌器下搅拌并加热到70～80℃，在此温度下回流至液体成为透明状。停止反应，冷至室温，在搅拌下滴加浓盐酸[2]，直至出现乳状液不再消失为止。在冰水浴中冷却结晶（或放置过夜结晶），结晶（粗产品）用 2mL 乙醇-水（1∶1）的混合液洗涤两次[3]，干燥。粗产品用乙醇-乙醚（2∶1）重结晶，得到精制的产品，测定熔点、计算产率。

六、注释

[1] 所用玻璃仪器必须干燥。

[2] 浓盐酸滴加不能太多，以乳状液不再消失为限。

[3] 洗涤粗产品时溶剂用量不能太多。

思考题

1. 两性表面活性剂有哪些类型？它们有何用途？

2. 甜菜碱型两性表面活性剂在性能上有何特点？

实验 5-37 *N*,*N*-二甲基十二烷基氧化胺的合成

一、实验目的

1. 了解氧化胺表面活性剂的性能。

2. 学习氧化胺型表面活性剂的制备。

二、实验原理

氧化胺型表面活性剂是一个强极性分子，它是一类特殊的表面活性剂。在中性和碱性介质中它属非离子型分子，但由于氧原子上电荷密度大，在酸性条件下易与 H^+ 结合，使整个分子成为阳离子。

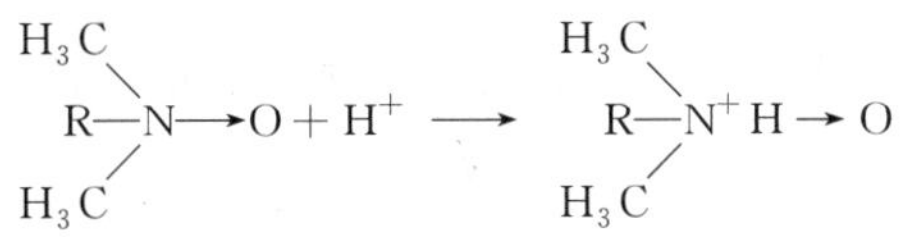

三、仪器与试剂

仪器：三口瓶、温度计、球形冷凝管、分液漏斗。

试剂：*N*,*N*-二甲基十二烷基胺、30% H_2O_2。

四、实验流程和装置

[*N*,*N*-二甲基十二烷基胺] —滴加 30% H_2O_2，60～65℃→ [氧化物] —加蒸馏水，85～90℃→ —搅拌 1h→ [产品]

五、实验步骤

1. 氧化胺的合成

在 50mL 三口烧瓶中加入 11.0g *N*,*N*-二甲基十二烷基胺，装上球形冷凝管、温度计和滴液漏斗，在电磁搅拌器上搅拌，并加热至 60～65℃，30min 内滴加完 5.5g 30% H_2O_2 溶液。然后加入 15mL 蒸馏水，升温至 85℃，并在 85～90℃下继续搅拌 40min。冷却至室温，得产品。

2. 胺值测定

精确称取 1g（精确至 0.1mg）氧化胺产品，加 2mL CH_3I 于 50℃下加热 15min，再加 50mL 异丙醇。用 0.2mol/L HCl 标准液滴定至终点。

$$胺值=\frac{V\times c\times 56.1}{m}$$

式中　V——所耗标准 HCl 溶液的体积，mL；

c——标准 HCl 溶液的浓度；

m——产品质量，g；

56.1——KOH 分子量。

思考题

1. 氧化胺属哪一类表面活性剂？它有什么结构特点？
2. 氧化胺型表面活性剂有何用途？
3. 查阅相关资料，给出其他的合成方法。

实验 5-38　氯化三乙基苄基铵的制备

一、实验目的

1. 学习季铵盐的制备。
2. 练习微型回流、蒸馏及抽滤等基本操作。

二、实验原理

季铵盐常作为阳离子型表面活性剂使用。它可用叔胺与卤代烃反应制得，反应式如下。

$$C_6H_5CH_2Cl+(CH_3)_3N\xrightarrow{ClCH_2CH_2Cl}C_6H_5CH_2N^+(CH_3)_3Cl^-$$

三、仪器与试剂

仪器：50mL 圆底烧瓶、冷凝管、吸滤瓶、电磁加热搅拌器。

试剂：氯化苄、三乙胺、1,2-二氯乙烷。

四、实验流程

氯化苄，三乙胺 $\xrightarrow[\text{回流，搅拌}]{\text{1,2-二氯乙烷}}$ 白色晶体 $\xrightarrow[\text{洗涤，干燥}]{\text{冷却，抽滤}}$ 氯化三乙基苄基铵，熔点 120℃

五、实验步骤

在 100mL 圆底烧瓶中装入 2.8mL(25mmol) 氯化苄和 3.5mL(25mmol) 三乙胺以及 10mL 1,2-二氯乙烷。装上冷凝管在磁力搅拌器下用水浴加热回流搅拌约 45min。保持水浴温度在 80℃[1]。有白色晶体析出，冷却抽滤，晶体用少量 1,2-二氯乙烷洗涤，烘干后放入干燥器中[2]。得产品 4.0～5.0g，纯氯化三乙苄基铵的熔点为 120℃。

六、注释

[1] 反应温度不宜过高，回流速度要慢，这样可以避免三乙胺挥发，又可使产品不变为黄色。

[2] 产品极易吸水，应放在干燥器中保存。又因产品极易吸潮，熔点较难测准。

思考题

试比较该反应在不同的溶剂中进行情况，并分析产率高低不同的原因。

第六章　综合性和设计性实验

综合性实验是学生在完成基础实验后具有一定实验操作技能的前提下，结合各专业培养目标和生产实际，进行的更为系统、复杂的实验；设计性实验是学生通过查阅的文献资料，自行设计实验方案，利用实验室开放时间独立完成自己感兴趣的实验。

有机化学综合性和设计性实验是连接“知识—能力—创新”的关键环节，达到知识维度由“验证”到“重构”的目的。其将分章讲授的反应类型（亲核取代、氧化还原、缩合、金属催化等）、分离技术（萃取、层析、升华）与表征手段（NMR、IR、MS）整合于同一研究任务，打破“章节点状”认知，形成“网状”知识图谱。综合性和设计性实验引入光催化、电合成、机械化学、生物酶催化等新兴方向，使经典原理与现代研究无缝衔接，缩短了教材与文献的时间差，通过“有机＋材料”“有机＋药物”“有机＋计算”模块，让学生体验交叉学科语言，为后续跨学科科研奠定术语与思维基础。

本部分列出了一些典型的综合性实验，有机化合物性质鉴别、简单和复杂化合物的合成等设计实验，以启迪学生的科研思维。对实验中的给定目标分子或性能指标，学生需自主完成逆合成分析、路线比选、试剂经济性与安全评估，形成“目标—路径—参数—验证”闭环，训练学生通过控制实验、对照实验快速定位变量，培养工程化思维，完整模拟“立项→文献调研→假设提出→实验验证→结果讨论→论文撰写→口头答辩”链条，使学生经历一次“迷你型”科研周期，降低未来进入课题组的心理门槛。设计性实验允许学生对指定分子进行任意结构修饰，只要逻辑自洽且路线可行即可实施，优秀结果可直接转化为大学生创新创业项目或毕业论文，可形成“课堂—竞赛—论文—专利”一体化上升通道。

综合性和设计性实验的开设，可提高学生的实验技能，启发学生的科学研究思路，为将来从事科学研究或进一步学习奠定良好的专业基础，同时也为在校大学生的科学训练计划（SRTP）提供平台。

实验 6-1　4-苯基-2-丁酮的制备

一、实验目的

1. 学习通过乙酰乙酸乙酯法合成 4-苯基-2-丁酮的原理和方法。
2. 了解 4-苯基-2-丁酮的亚硫酸氢钠加成物的制备法。

二、实验原理

4-苯基-2-丁酮（4-phenyl-2-butanone）存在于香杜鹃的挥发油中，具有止咳、祛痰的作用。作为治疗剂，4-苯基-2-丁酮药物一般被制成亚硫酸氢钠加成物，便于服用或存放，同时不影响疗效。

本实验以乙酰乙酸乙酯为原料，在强碱性条件下与苄氯发生亲核取代反应，生成的苄基取代的乙酰乙酸乙酯，在稀碱作用下进行成酮反应，获得目标产物 4-苯基-2-丁酮。所得产物可进一步与焦亚硫酸氢钠反应生成亚硫酸氢钠加成物。反应式为：

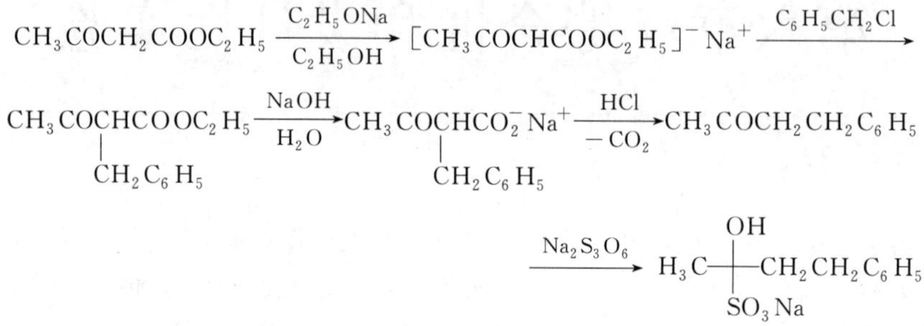

三、仪器与试剂

仪器：磁力搅拌器、冷凝管、滴液漏斗、三颈瓶。

试剂：金属钠、无水乙醇、乙酰乙酸乙酯、苄氯、氢氧化钠、盐酸、95%乙醇、焦亚硫酸钠。

四、实验步骤

1. 4-苯基-2-丁酮的制备

在装有磁力搅拌器、回流冷凝管（加装氯化钙干燥管）和滴液漏斗的 50mL 干燥三口烧瓶（剩余的一口用真空塞塞住）中加入 10mL 无水乙醇。分批向瓶内加入 0.6g 切成小块的金属钠，搅拌至金属钠全部溶解，室温下滴加 4mL 乙酰乙酸乙酯，加完后搅拌 20min，慢慢滴加 4mL 苄氯，约 15min 加完，电热套加热回流 1.5h 至反应物呈米黄色乳浊状。停止加热，稍冷后缓慢加入 1.6g NaOH 和 16mL 水配成的溶液，约 15min 加完，此时反应液变为橙黄色，并呈强碱性。将混合物加热回流 2h 至有油层析出，水层 pH 为 8～9。停止加热，冷却至 40℃以下，缓慢加入 4mL 浓盐酸至 pH 为 1～2，约 15min 加完，加热回流 1h，直至无 CO_2 气泡放出为止。反应结束后，改为蒸馏装置[1]，蒸出低沸点物。停止加热，冷却后将反应物转入分液漏斗，分出红棕色有机相[2]，用无水硫酸钠干燥，过滤，即得 4-苯基-2-丁酮粗产物[3]。

2. 4-苯基-2-丁酮亚硫酸氢钠的制备

在 50mL 烧瓶中将上述粗品加入 4mL 95%乙醇，水浴加热至 60℃备用。在另一 50mL 圆底烧瓶中加入 0.75g 焦亚硫酸钠和 3.0mL 水，加热至 80℃左右，搅拌至固体溶解，趁热缓慢加入上述配好的粗品-乙醇溶液，装上球形冷凝管，加热回流 15min，得到透明溶液，冷却结晶，过滤，用少量乙醇洗两次，得白色片状晶体，为 4-苯基-2-丁酮的亚硫酸氢钠加成物。在上述 4-苯基-2-丁酮的亚硫酸氢钠加成物中加入适量 70%乙醇，回流溶解，趁热过滤，滤液为无色透明。冷却，析出白色鳞片状晶体，过滤后干燥，得到精制的 4-苯基-2-丁酮亚硫酸氢钠加成物。

五、注释

[1] 此时进行的是脱羧反应。

[2] 有机相为红棕色，是 4-苯基-2-丁酮和副产品的混合物。

[3] 实验第一步要求仪器干燥并使用绝对乙醇，否则收率会降低。

思考题

1. 乙酰乙酸乙酯在有机合成上有什么用途？

2. 烷基取代的乙酰乙酸乙酯用稀碱及浓碱处理时分别得到什么产物？

实验 6-2　2-庚酮的制备

一、实验目的

1. 学习和掌握乙酰乙酸乙酯在合成中的应用原理，了解生物信息素的作用及应用。

2. 进一步熟练掌握蒸馏、减压蒸馏、萃取的基本操作。

二、实验原理

2-庚酮（2-heptanone）发现于成年工蜂的颈腺中，是一种警戒信息素。同时，也是臭蚁属蚁亚科小黄蚁的警戒信息素。当小黄蚁嗅到 2-庚酮时，迅速改变行走路线，四处逃窜。2-庚酮微量存在于丁香油、肉桂油、椰子油中，具有强烈的水果香气，可用于香精。它的合成是由乙酰乙酸乙酯和乙醇钠反应，生成钠代乙酰乙酸乙酯，该负碳离子与正溴丁烷进行 S_N2 反应，得到正丁基乙酰乙酸乙酯，经氢氧化钠水解，再进行酸化脱羧后，用二氯甲烷萃取，蒸馏纯化，得到最终产物 2-庚酮。

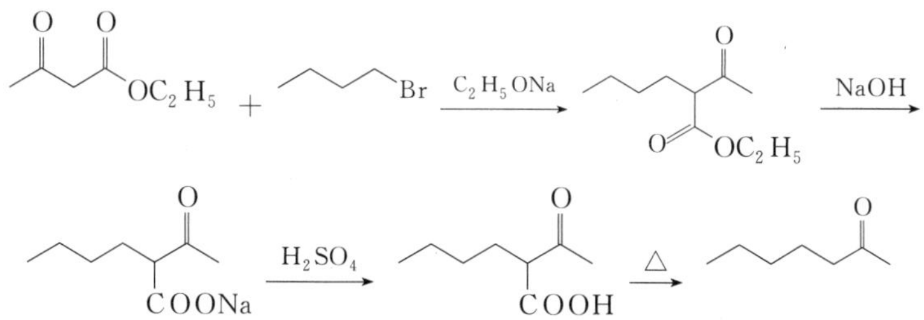

三、仪器与试剂

仪器：磁力搅拌器、冷凝管、滴液漏斗、25mL 三口烧瓶、分液漏斗、抽滤瓶、锥形瓶。

试剂：乙酰乙酸乙酯、无水乙醇、金属钠 0.4g、正溴丁烷 2.3g、盐酸、5%氢氧化钠水溶液、50%硫酸、石蕊试纸、二氯甲烷、40%的氯化钙水溶液、无水硫酸镁。

四、操作步骤

1. 正丁基乙酰乙酸乙酯的制备

在装有磁力搅拌器、冷凝管和滴液漏斗的干燥 100mL 三口烧瓶中，放置 25mL 绝对无水乙醇，在冷凝管上方装上干燥管[1]，将 2.0g 金属钠碎片分批加入[2]，以维持反应不间断进行为宜，保持反应液呈微沸状态。待金属钠全部作用完后，加入 0.4g 碘化钾粉末[3]，塞住三口瓶的另一口，开动搅拌器，室温下滴加 7.8g(8mL，0.06mol) 乙酰乙酸乙酯[4]，加完后继续搅拌、回流 20min。然后，慢慢滴加 9.2g(8mL，0.068mol) 正溴丁烷，30min 加完，使反应液徐徐地回流 3～4h，直至反应完成为止。此时，反应液呈橘红色，并有白色沉淀析出。为了测定反应是否完成，可取 1 滴反应液点在湿润的红色石蕊试纸上，如果仍呈红色，说明反应已经完成。

将反应物冷至室温，过滤，除去溴化钠晶体，用 2.5mL 绝对无水乙醇洗涤 2 次。简单蒸馏除去过量乙醇。冷至室温，加入稀盐酸（50mL 水加 1.0mL 浓盐酸），将反应物转移至分液漏斗中，分去水层，用水洗涤有机层。并用无水硫酸钠干燥，过滤，减压蒸馏，收集 107～112℃/17kPa(13mmHg) 馏分，产品为 5～6g。

2. 2-庚酮的制备

在 50mL 圆底烧瓶中加入 25mL 5%氢氧化钠水溶液和 3.0g 正丁基乙酰乙酸乙酯，装上冷凝管和磁力搅拌装置，室温剧烈搅拌 3.5h。然后，在电磁搅拌下慢慢滴加 5mL50%硫酸[5]，此时，有二氧化碳气泡放出。当二氧化碳气泡不再逸出时，将混合物倒入 50mL 烧瓶，进行简易水蒸气蒸馏，使产物和水一起蒸出，直至无油状物蒸出为止，约 13mL 馏出液。在馏出液中加入颗粒状氢氧化钠，直至红色石蕊试纸刚呈碱性为止。用分液漏斗分出下面水层，得到酮层。用 6mL 二氯甲烷萃取水层两次，萃取液在水浴上蒸除二氯甲烷，得到残留的 2-庚酮。合并酮溶液，用 2mL 40%的氯化钙水溶液洗涤 2 次，无水硫酸镁干燥，过滤，蒸馏，收集 135～142℃/81.3kPa(150mmHg) 或 145～152℃的馏分，即 2-庚酮，产品为无色透明液体，为 0.8～1.0g。实验需 8～10h。

五、注释

[1] 仪器和乙醇中有水，会降低产率。

[2] 金属钠遇水放出氢气，并放热，使用时注意安全。

[3] 加入碘化钾可加速反应的进行。

[4] 乙酰乙酸乙酯储存时间长，会出现部分分解，使用前需减压蒸馏重新纯化。

[5] 滴加速度不宜过快，否则，酸分解时逸出大量二氧化碳而冲料。

思考题

1. 乙酰乙酸乙酯在合成中有什么用途？烷基取代乙酰乙酸乙酯与稀碱和浓碱作用，将分别得到什么产物？
2. 如何利用乙酰乙酸乙酯合成下列化合物？

(1) 4-苯基-2-丁酮　(2) 4-甲基-2-己酮　(3) 2,6-庚二酮

(4) 苯甲酰乙酸乙酯　(5) 3-甲基-2-庚酮

实验 6-3　香豆素-3-羧酸的制备

一、实验目的

1. 学习利用 Knoevenagel 反应制备香豆素的原理和实验方法。
2. 了解酯水解制羧酸的方法。

二、实验原理

本实验以水杨醛和丙二酸二乙酯为原料，在六氢吡啶催化下发生 Knoevenagel 缩合反应制得香豆素-3-羧酸酯，然后在碱性条件下水解得香豆素-3-羧酸（coumarin-3-carboxylic acid)。反应式为：

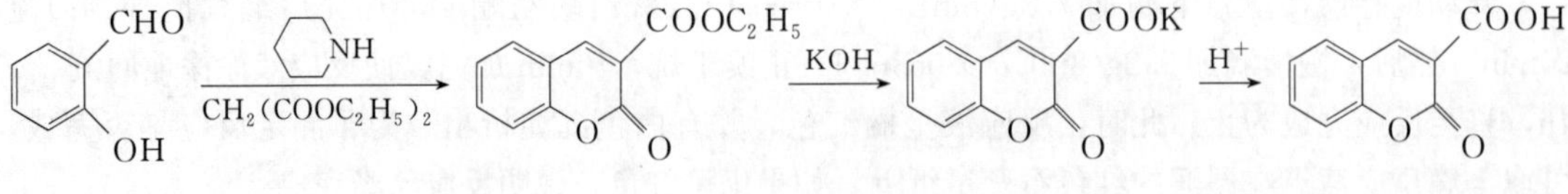

三、仪器与试剂

仪器：圆底烧瓶、球形冷凝管、布氏漏斗。

试剂：水杨醛、丙二酸二乙酯、无水乙醇、六氢吡啶、冰醋酸、浓盐酸、氢氧化钾、无水氯化钙。

四、实验步骤

在 100mL 圆底烧瓶中依次加入 4mL 水杨醛、4.8mL 丙二酸二乙酯、20mL 无水乙醇和 0.5mL 六氢吡啶及一滴冰醋酸[1]，在无水条件下搅拌回流 1.5h，待反应物稍冷后去掉干燥管，从冷凝管顶端加入约 30mL 冷水，待结晶析出后抽滤，并用 4mL 被冰水冷却过的 50%

乙醇洗两次[2]，粗品可用25%乙醇重结晶，干燥后得到香豆素-3-羧酸乙酯，熔点为93℃。

在50mL圆底烧瓶中分别加入1.6g香豆素-3-羧酸乙酯、1.2g氢氧化钾、8mL乙醇和4mL水，加热回流约15min。趁热将反应产物倒入10mL浓盐酸和10mL水的混合物中，立即有白色结晶析出，冰水浴冷却后过滤，用少量冰水洗涤，干燥后的粗品约3.2g，可用水重结晶，熔点为190℃（分解）。

五、注释

[1] 实验中除了加六氢吡啶外，还加入少量冰醋酸，反应很有可能是水杨醛先与六氢吡啶在酸催化下形成亚胺化合物，然后再与丙二酸二乙酯的负离子反应。

[2] 用冰过的50%乙醇洗涤可以减少酯在乙醇中的溶解。

思考题

1. 试写出用水杨醛制备香豆素-3-羧酸的反应机理。
2. 在羧酸盐酸化得羧酸沉淀析出的操作中应如何避免酸的损失，提高酸的产量？

实验6-4 8-羟基喹啉的制备

一、实验目的

1. 学习Skraup法合成8-羟基喹啉的原理和方法。
2. 巩固水蒸气蒸馏、重结晶等基本操作。

二、实验原理

本实验以邻氨基酚、邻硝基酚、无水甘油和浓硫酸为原料，通过Skraup反应制得目标产物8-羟基喹啉（8-hydroxyquinoline）。其中，浓硫酸的作用是使甘油脱水生成丙烯醛，并使邻氨基酚与丙烯醛的加成产物脱水成环。硝基酚为弱氧化剂能将成环产物—8-羟基-1,2-二氢喹啉氧化成8-羟基喹啉，同时本身还原为氨基酚继续参加反应。反应式为：

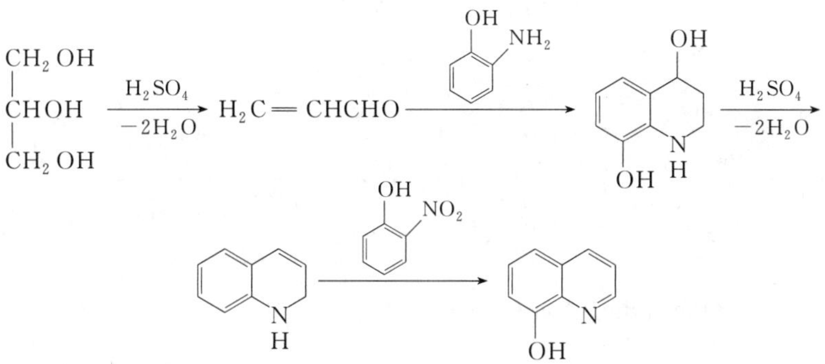

三、仪器与试剂

仪器：圆底烧瓶、球形冷凝管、直形冷凝管。

试剂：无水甘油、邻氨基苯酚、邻硝基苯酚、浓硫酸、饱和碳酸钠溶液、50%氢氧化钠水溶液、乙醇-水（4∶1，体积比）。

四、实验步骤

在50mL圆底烧瓶中依次加入3.0mL无水甘油、0.4g邻硝基苯酚和1.2g邻氨基苯酚，剧烈振荡使之混合，在不断振荡下缓慢滴加浓硫酸4.0mL（若瓶内温度较高，可用冷水浴降温），装上回流装置，小火加热约5min使溶液微沸，移开热源。反应大量放热，待反应缓和后，继续小火加热，保持反应物回流1h。冷却后，进行简易水蒸气蒸馏以除去未反应的邻硝基苯酚。待溶液冷却后，缓慢加入50%氢氧化钠溶液约1.5mL至pH为7，摇匀后，再缓慢滴加饱和碳酸钠溶液至内容物呈中性（pH=7）[1]，再次进行水蒸气蒸馏，蒸出8-羟基喹啉（约25min）。待馏出液充分冷却后，抽滤收集析出物，即为粗品。粗品可用4∶1（体积比）乙醇-水进行重结晶，也可使用升华的方法纯化，纯品的熔点为72～74℃。

五、注释

[1] 酸和碱都可以使8-羟基喹啉成盐，一旦形成盐类，8-羟击喹啉就无法被水汽带出，因此，要仔细调节pH值。

思考题

1. 在合成8-羟基喹啉时，可否用硝基苯代替邻硝基苯酚作氧化剂？
2. 两次水蒸气蒸馏的操作过程，条件有什么不同？目的是什么？
3. 第二次水蒸气蒸馏前，如果pH值调节不当会导致怎样后果？若pH值调得太高，应采取什么补救措施？

实验6-5 苯呐呐醇的制备

一、实验目的

1. 通过二苯甲酮光化还原制备苯呐呐醇。
2. 加深对有机光化学反应基本概念及实验方法的认识。

二、实验原理

本实验中，二苯甲酮的异丙醇溶液用300～350nm紫外光照射时，异丙醇不吸收光能，只有二苯甲酮由于羰基接受光能后，外层非键电子发生跃迁，经单线态瞬间窜跃成三线态。由于三线态有较长的半衰期和相当大的能量（314～334.7kJ/mol），它可以从异丙醇的C2碳上夺取氢，使C2碳上的C—H键均裂，各自形成自由基，再经过自由基的转移，偶合形成苯呐呐醇（1,1,2,2-tetraphenyl-1,2-ethanediol）。反应式为：

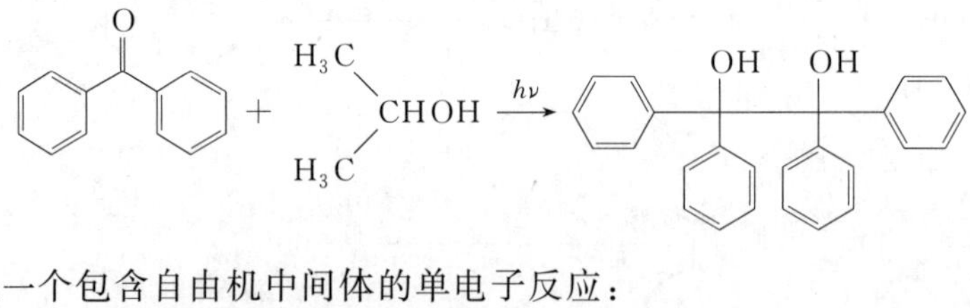

还原过程是一个包含自由机中间体的单电子反应：

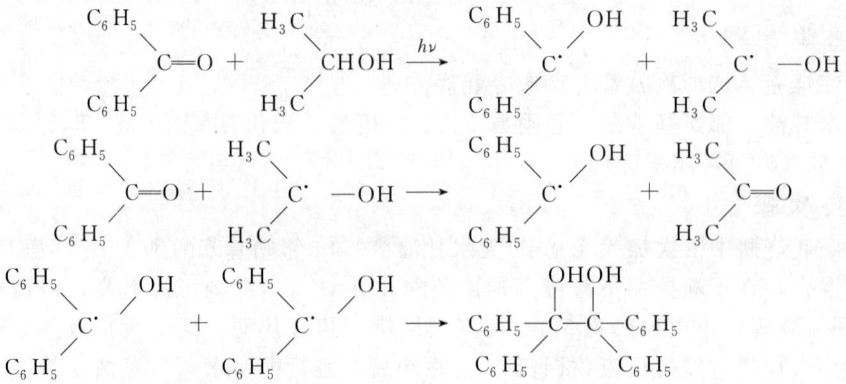

苯呐呐醇也可由二苯酮在镁汞齐与碘的混合物（二碘化镁）作用下发生双还原来进行制备。

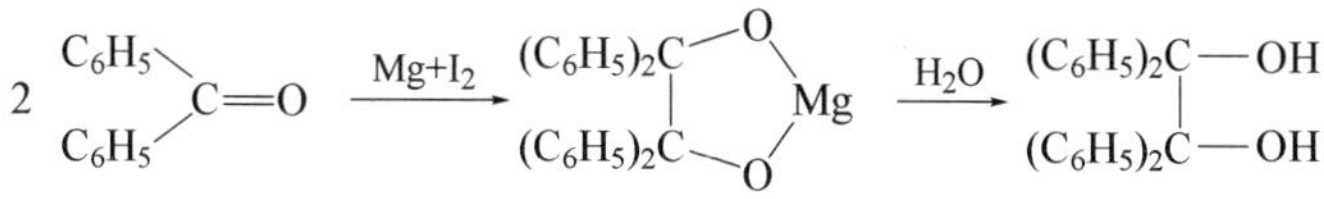

苯呐呐醇与强酸共热或用电作催化剂，在冰醋酸中发生 Pinacol 重排，生成苯呐呐酮。

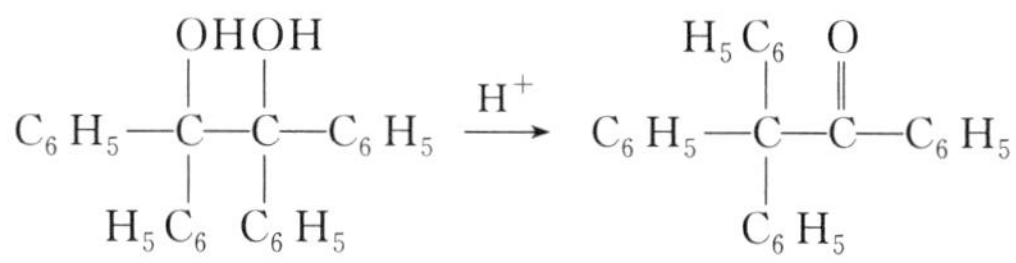

三、仪器与试剂

仪器：微型试管、250W 汞弧灯、漏斗。

试剂：二苯甲酮、异丙醇、冰醋酸。

四、实验步骤

在 2 支 10mL 微型试管中分别加入 1.0g 二苯甲酮，加入适量异丙醇（4mL），水浴中温热使其溶解完全，冷却至室温，用毛细管加入一小滴冰醋酸[1]，充分振摇后再加入异丙醇使其充满试管，用包有塑料膜的塞子塞紧[2]，观察管内是否有气泡。将两支试管分别置于日光下和暗室中，光照下的试管 1 周后即有无色晶体析出（也可以置于 250W 汞弧灯下进行照射 2h），然后将晶体过滤、洗涤、干燥，即为苯呐呐醇晶体，熔点 173～174℃。

五、注释

[1] 玻璃器具有弱碱性，加一滴醋酸可以中和其碱性。

[2] 二苯甲醇在发生光化学反应时有自由基产生，而空气中的氧会消耗自由基，使反应速度减慢。

思考题

1. 试论述二苯甲醇光化学还原的机理。
2. 光化学反应实验中，如果试管口没加塞，会对反应带来什么影响？
3. 反应前若没有滴加冰醋酸，会对实验有何影响？试写出有关反应。

实验 6-6 除草剂 2,4-二氯苯氧乙酸的合成

一、实验目的

1. 了解 2,4-二氯苯氧乙酸的制备方法。
2. 学习机械搅拌、分液漏斗使用、重结晶操作等。

二、实验原理

2,4-二氯苯氧乙酸（2,4-dichlorophenoxyactetic acid，简称 2,4-D）是一个熟知的除草剂和植物生长调节剂，是 20 世纪开发最成功、全球应用最广的除草剂之一。从 1942 年上市以来，半个多世纪持续占有较大的市场份额，广泛用于预混、芽后防治一年及多年生阔叶杂草。它属选择性内吸除草剂，易被根和叶吸收。工业上通常采用下列方法：(1) 苯酚氯化缩合法，即苯酚在其熔融状态下氯化，随后将得到的二氯酚与氯乙酸缩合；(2) 苯酚与氯乙酸在碱性条件下缩合生成苯氧乙酸，再使用氯气氯化来生产。前一方法有许多缺陷，最重要的是此法不能确保制备完全没有二噁英类化合物（dioxins）的 2,4-D，而二噁英是剧毒物质，即使在每十亿分之几的极低量下也会对人和动植物造成毒害。例如 2,3,7,8-四氯二苯并-对-二噁英的大鼠口服半

致死剂 LD_{50} 为 0.2μg/kg。其次，用此法制备高质量产品所需的纯化操作冗长，成本高。在氯酚生产厂中存在的剧毒难闻物质不仅对生产人员直接构成危险，而且对周围环境造成严重的安全性问题。此外，由二氯酚与氯乙酸缩合时产生的大量有毒废物带来费用昂贵的三废治理问题。相反，后一方法可防止二噁英的生成，并克服了前一方法的其他缺陷，三废处理量较小，因而较优。本实验遵循先缩合后氯化的合成路线，并采用浓盐酸加过氧化氢和次氯酸钠在酸性介质中的分步氯化来制备 2,4-二氯苯氧乙酸。其反应式如下：

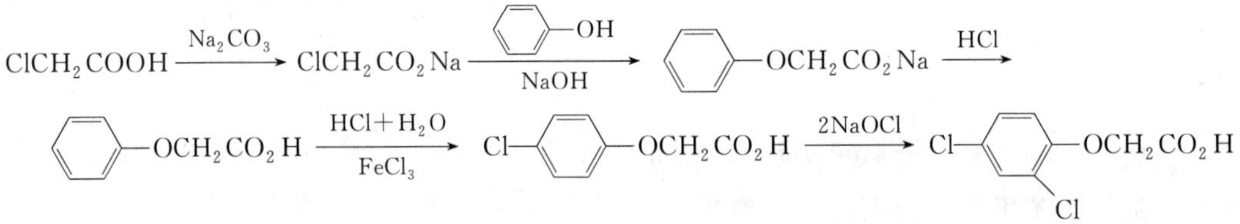

三、仪器和试剂

仪器：25mL 三口烧瓶、烧杯、微型机械搅拌器、回流冷凝管、抽滤瓶、布氏漏斗、锥形瓶。

试剂：0.8g(0.0085mol) 氯乙酸、0.5g(0.0053mol) 苯酚、饱和碳酸钠溶液、35%氢氧化钠溶液、冰醋酸、浓盐酸、33%过氧化氢液、次氯酸钠、乙醇、乙醚、四氯化碳。

四、实验操作

1. 苯氧乙酸的制备

① 成盐。将 4.0g(0.034mol) 氯乙酸和 50mL 水置入装有搅拌器、回流冷凝管和滴液漏斗的 100mL 三口烧瓶中，开动搅拌，慢慢滴加 10mL 饱和 Na_2CO_3 水溶液，调节 pH 至 7～8，使氯乙酸转变为氯乙酸钠[1]。

② 取代。在搅拌下往氯乙酸钠溶液中加入 2.5g(0.027mol) 苯酚，并慢慢滴加 35% NaOH 溶液使反应混合物溶液 pH 等于 12。将反应混合物在沸水浴上加热 30min。在反应过程中 pH 值会下降，应及时补加氢氧化钠溶液，保持 pH 值为 12。在沸水浴上再加热 10min 使取代反应完全。

③ 酸化沉淀。将三口烧瓶移出水浴，把反应混合物转入锥形瓶中。摇动下滴加浓 HCl，酸化至 pH 3～4，此时有苯氧乙酸结晶析出。经冰水冷却[2]，抽滤，水洗 2 次，在 60～65℃下干燥，得粗品苯氧乙酸。测熔点，称重，计算产率。粗品可直接用于对氯苯氧乙酸的制备。纯苯氧乙酸的熔点为 98～99℃。

2. 对氯苯氧乙酸的制备

① 氯代。在装有微型搅拌器、回流冷凝管和滴液漏斗的 100mL 三口烧瓶中置入 3.0g 苯氧乙酸和 10mL 冰醋酸，水浴加热至 55℃，搅拌下加入 20mg $FeCl_3$ 和 10mL 浓 HCl。在浴温升至 60～70℃时在 5min 内滴加 3.0mL 33% H_2O_2 溶液[3]。滴加完后，保温 20min。此时有部分固体析出。

② 分离。升温使固体全部溶解，经冷却、结晶、抽滤、水洗、干燥，得粗品对氯苯氧乙酸。

③ 重结晶。将粗品对氯苯氧乙酸从 1∶3 乙醇-水溶液中重结晶，即得精品对氯苯氧乙酸。纯的对氯苯氧乙酸的熔点为 158～159℃。

3. 2,4-二氯苯氧乙酸 (2,4-D) 的制备

① 氯代。在 50mL 锥形瓶中混合 1.0g 对氯苯氧乙酸和 11mL 冰醋酸，随后置冰浴中冷却，摇动下分批滴加 19mL 5% NaOCl 溶液，室温下反应 10min，此时颜色变深[4]。

② 分离。加水 30mL，用 6mol/L HCl 酸化至刚果红试纸变蓝。在分液漏斗中用 2×

10mL 乙醚萃取，合并醚层液。用 6mL 水洗涤后，用 8mL 10% Na_2CO_3 溶液萃取醚层。分离水层得碱性萃取液。

③ 酸化。在 50mL 烧杯中加入碱性萃取液和 10mL 水，用浓 HCl 酸化至刚果红试纸变蓝，此时析出 2,4-二氯苯氧乙酸结晶。经冷却、抽滤、水洗、干燥，得粗品。称重，计算产率。

④ 重结晶。将粗品 2,4-二氯苯氧乙酸从 CCl_4 或 40%～60%乙酸溶液中重结晶，得纯品 2,4-D。纯 2,4-二氯苯氧乙酸熔点为 138℃。

五、注释

[1] 先用饱和碳酸钠溶液将氯乙酸转变为氯乙酸钠，以防氯乙酸水解。因此，滴加碱液的速度宜慢。

[2] 冰水冷却 10min 使结晶完全，此时母液透明。

[3] HCl 勿过量，滴加 H_2O_2 宜慢，严格控温，让生成的 Cl_2 充分参与亲核取代反应。Cl_2 有刺激性，特别是对眼睛、呼吸道和肺部器官。应注意操作勿使逸出，并注意开窗通风。

[4] 严格控制温度、pH 和试剂用量是 2,4-D 制备实验的关键。NaOCl 用量勿多，反应保持在室温以下。

思考题

1. 从亲核取代反应、亲电取代反应和产品分离纯化的要求等方面说明本实验中各步反应调节 pH 值的目的和作用。
2. 以苯氧乙酸为原料，如何制备对溴苯氧乙酸？为何不能用本法制备对碘苯氧乙酸？

实验 6-7 (±)-苯乙醇酸的制备

一、实验目的

1. 了解 (±)-苯乙醇酸的制备原理和方法。
2. 学习相转移催化合成基本原理和技术。

二、实验原理

苯乙醇酸（俗名扁桃酸，mandelic acid，又称苦杏仁酸）可作医药中间体，用于合成环扁桃酸酯、扁桃酸乌洛托品及阿托品类解痛剂，也可用作测定铜和锆的试剂。

本实验利用氯化三乙基苄基铵作为相转移催化剂，将苯甲醛、氯仿和氢氧化钠在同一反应器中进行混合，通过卡宾加成反应直接生成目标产物。需要指出的是，用化学方法合成的扁桃酸是外消旋体，只有通过手性拆分才能获得对映异构体。反应式为：

$$HCCl_3 + NaOH \longrightarrow Cl_2C: + NaCl + H_2O$$

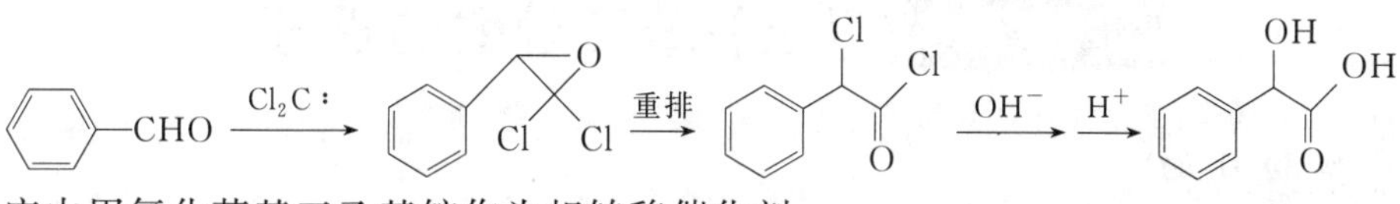

反应中用氯化苄基三乙基铵作为相转移催化剂：

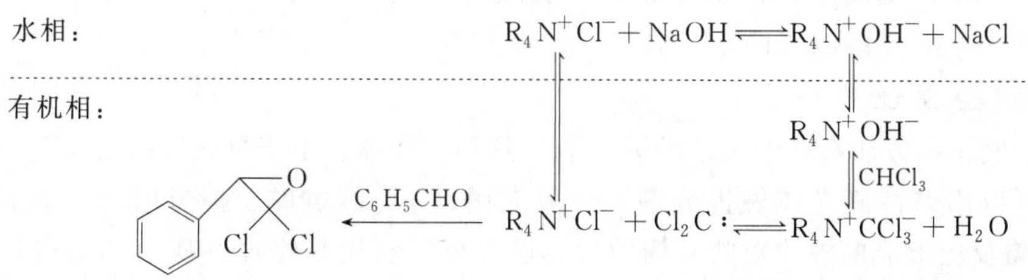

三、仪器与试剂

仪器：圆底烧瓶、布氏漏斗、球形冷凝管、搅拌器、滴液漏斗、温度计。

试剂：苄氯、三乙胺、苯、苯甲醛、氯仿、30%氢氧化钠溶液、乙醚、无水硫酸镁。

四、实验步骤

依次向 50mL 圆底烧瓶中加入 6mL 苄氯、7mL 三乙胺、12mL 苯，加几粒沸石后，加热回流 1.5h 后冷却至室温[1]，氯化苄基三乙基铵即呈晶体析出。减压过滤后，将晶体放置在装有无水氯化钙和石蜡的干燥器中备用[2]。

在 100mL 三口烧瓶上配置搅拌器、冷凝管、滴液漏斗和温度计。依次加入 5.6mL 苯甲醛、10mL 氯仿和 0.70g 氯化苄基三乙基铵，水浴加热并搅拌[3]。当温度升至 56℃时，自滴液漏斗中加入 35mL 30%的氢氧化钠溶液，滴加过程中保持反应温度在 60～65℃，约 20min 滴毕，继续搅拌 40min，反应温度控制在 65～70℃。反应完毕后，用 50mL 水将反应物稀释并转入 250mL 的分液漏斗中，分别用 20mL 乙醚连续萃取两次，合并醚层，用硫酸酸化水相至 pH 为 2～3，再分别用 20mL 乙醚连续萃取两次，合并所有醚层，用无水硫酸镁干燥。过滤，水浴下蒸除乙醚，即得扁桃酸粗品。将粗品置于 50mL 烧瓶中，加入少量甲苯[4]，回流。沸腾后补充甲苯至晶体完全溶解，趁热过滤，静置母液待晶体析出后过滤。(±)-苯乙醇酸的熔点为 120～122℃。

五、注释

[1] 取样及反应都应在通风橱中进行。

[2] 干燥器中放石蜡以吸收产物中残余的烃类溶剂。

[3] 此反应是两相反应，剧烈搅拌反应混合物，有利于加速反应。

[4] 重结晶时，甲苯的用量为 1.5～2mL。

思考题

1. 以季铵盐为相转移催化剂的催化反应原理是什么？
2. 本实验中若不加季铵盐会产生什么后果？
3. 反应结束后，为什么要先用水稀释？后用乙醚萃取，目的是什么？
4. 反应液经酸化后为什么再次用乙醚萃取？

实验 6-8 (±)-苯乙醇酸的拆分

一、实验目的

1. 了解酸性外消旋体的拆分原理和实验方法。
2. 掌握萃取、重结晶等操作技术。

二、实验原理

通过一般化学方法合成的苯乙醇酸只能得到外消旋体。由于（±)-苯乙醇酸是酸性外消旋体，故可以用碱性旋光体做拆分剂，一般常用（—)-麻黄碱。拆分时（±)-苯乙醇酸与(—)-麻黄碱反应形成两种非对映异构的盐，进而可以利用其物理性质（如溶解度）的差异对其进行分离。反应式为：

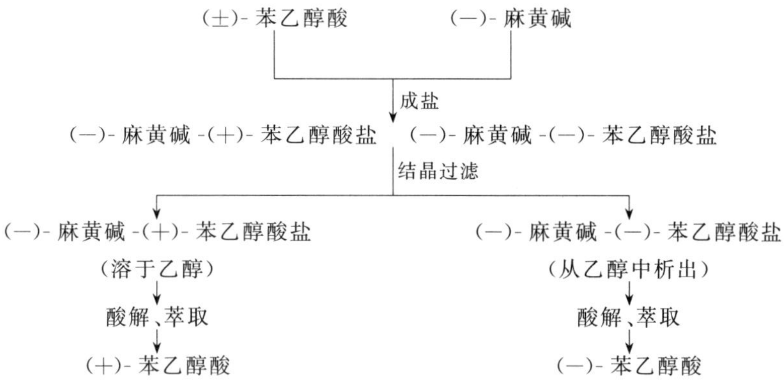

三、仪器与试剂

仪器：圆底烧瓶、分液漏斗、球形冷凝管、漏斗。

试剂：(±)-苯乙醇酸、盐酸麻黄碱、无水乙醇、乙醚、苯、盐酸、氢氧化钠、乙醚、无水硫酸镁。

四、实验步骤

1. 麻黄碱的制备

称取 4g 市售盐酸麻黄碱，用 20mL 水溶解，过滤后在滤液中加入 1g 氢氧化钠，使溶液呈碱性。然后用乙醚对其萃取三次（3×20mL），醚层用无水硫酸钠干燥，蒸除溶剂，即得(−)-麻黄碱。

2. 非对映体的制备与分离

在 50mL 圆底烧瓶中加入 2.5mL 无水乙醚、1.5g（±)-苯乙醇酸，使其溶解。缓慢加入（−)-麻黄碱乙醇溶液（1.5g 麻黄碱与 10mL 乙醇配成），在 85～90℃水浴中回流 1h。回流结束后，冷却混合物至室温，再用冰浴冷却使晶体析出。析出晶体为(−)-麻黄碱-(−) 苯乙醇酸盐，(−)-麻黄碱-(+)-苯乙醇酸盐仍留在乙醇中，过滤即可将其分离。(−)-麻黄碱-(−)-苯乙醇酸盐粗品用 2mL 无水乙醇重结晶，可得白色粒状纯化晶体，熔点为 166～168℃。将晶体溶于 20mL 水中，滴加 1mL 浓盐酸使溶液呈酸性，用 15mL 乙醚分三次萃取，合并醚层并用无水硫酸钠干燥，蒸除有机溶剂后即得（−)-苯乙醇酸。熔点为 131～133℃，比旋光度 $[a]_D^{23}=-153°(c=2.5, H_2O)$。(−)-麻黄碱-(+)-苯乙醇酸盐的乙醇溶液加热除去有机溶剂，用 10mL 水溶解残余物，再滴加浓盐酸 1mL 使固体全部溶解，用 30mL 乙醚分三次萃取，合并醚层并用无水硫酸钠干燥，蒸除有机溶剂后即得（+)-苯乙醇酸(1)。熔点 131～134℃，比旋光度 $[a]_D^{23}=+154°(c=2.8, H_2O)$。

思考题

1. 试提出拆分下列化合物的方法。

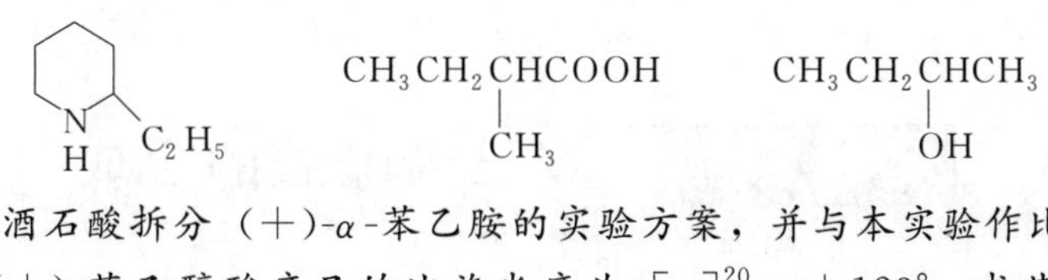

2. 试拟定用（+)-酒石酸拆分（+)-α-苯乙胺的实验方案，并与本实验作比较。

3. 如果实验所得（+)-苯乙醇酸产品的比旋光度为 $[a]_D^{20}=+123°$，求其光学纯度，即比值，并计算出其中右旋体和左选体各占多少？

实验 6-9 化合物鉴别方法设计

一、设计目的

通过对指定化合物鉴别方法的设计，加深对化合物化学性质的理解。

二、设计提示

根据给定的各组化合物的化学性质特征及现有的试剂，设计出一套完整的切实可行的鉴别方案（必须形成文字并经指导老师审阅），方案确定后，即可在预约时间内进行实验操作。

三、设计内容

1. 2-氯丁烷、2-丁醇、戊二醛、乙酰乙酸乙酯；
2. 乙醇、乙醛、丙酮、苯甲醛；
3. 饱和苯酚溶液、2%水杨酸、2%苯甲酸、苯乙酮；
4. 5%葡萄糖、5%果糖、10%蔗糖、1%淀粉。

四、可选试剂

Benedict 试剂、15%碘化钠-丙酮溶液、5%2,4-二硝基苯肼溶液、Fehling 试剂、2%高锰酸钾溶液、金属钠、Seliwanoff 试剂、饱和溴水、溴-四氯化碳溶液、5%碳酸氢钠溶液、碘液、5%氢氧化钠溶液、Tollens 试剂、5%亚硝酰铁氰化钠溶液、1%三氯化铁、硝酸银-乙醇溶液、饱和亚硫酸氢钠溶液。

实验 6-10 吡咯甲醛的合成

一、设计目的

1. 学习和了解 Vilsmeier 反应原理及其在芳香醛合成中的应用。
2. 掌握吡咯甲醛的合成方法。

二、合成路线

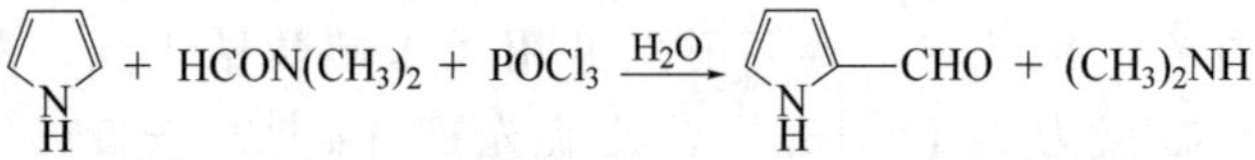

三、实验方案素材

[1] 胡国忠. 吡咯-2-甲醛合成工艺优化［J］. 中国现代应用药学，1985 (3)：12-12.

[2] 陈建初. 2-吡咯甲醛的一步法合成研究［J］. 武汉化工学院学报，1998，20 (1)：17-20.

[3] 2-吡咯甲醛的合成与表征［J］. 山东化工，2020，49 (14)：33-35.

[4] Solai Pandidurai，et al. Organocatalytic domino 1，3-dipolar cycloaddition/rearomatization：synthesis of pyrrolo-thiazine-2-carbaldehydes［J］. Organic Letters，2024，26：2821-2826.

[5] Hunt J T，et al. Synthesis of 2-pyrrolecarbaldehyde intermediates for aurora kinase inhibitors［J］. J. Med. Chem.，2007，50 (18)：4292-4304.

实验 6-11 聚己内酰胺的合成

一、设计目的

在己内酰胺制备的基础上，掌握尼龙-6 的实验室合成原理和方法。

二、合成路线

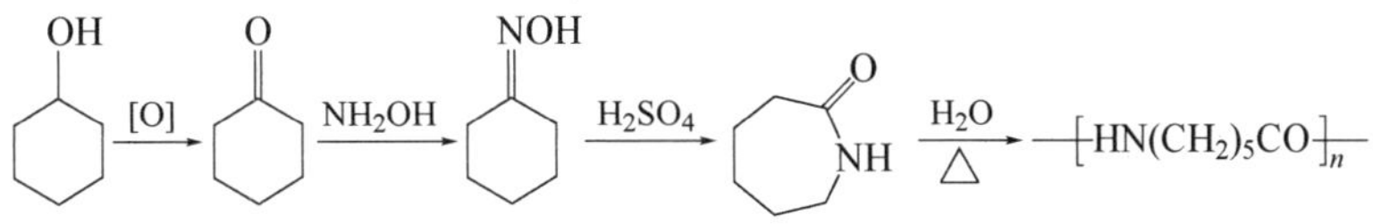

三、实验方案素材

［1］ 何翼云．聚己内酰胺固相缩聚工艺［J］．化工学报，2003，(11)：165-168.

［2］ 王佳臻，蒯平宇，刘会敏，等．国内尼龙 6、尼龙 66 产业的发展现状［J］．合成纤维，2021，50 (3)：8-11.

［3］ 谢海彬．聚己内酰胺制备工艺与临床研究概述［J］．大众科技，2021，(2)：38-40.

［4］ 韩庆荣，赵坤，王琴，等．聚 *N*-乙烯基己内酰胺的合成方法：CN102516432A［P］．2012-06-27.

实验 6-12 邻磺酰苯甲酰亚胺(糖精)的合成

一、设计目的

了解工业生产甜味素的生产方法，掌握实验室制备糖精的方法和原理。

二、合成路线

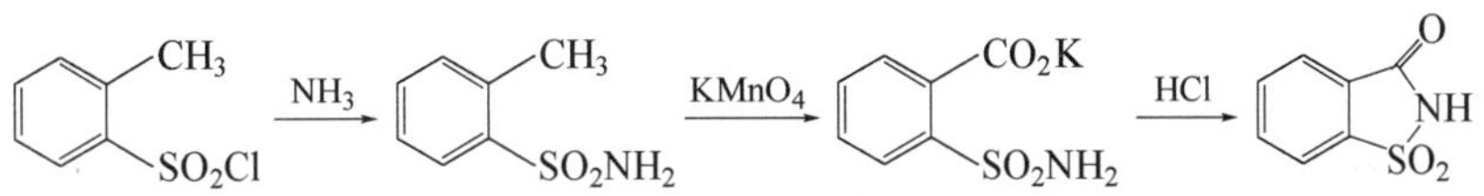

三、实验方案素材

［1］ 孟繁秋，李树全．高纯邻磺酰苯甲酰亚胺的制备方法：CN101786998B［P］．2011-07-20.

［2］ 新型酰基磺酰亚胺类化合物的合成及生物活性［J］．农药学学报，2023.

［3］ Cloudsdale I S，Anderson R J，Chinn H R，et al. Herbicidal sulfonylamide［M］// ACS Symposium Series. Washington，DC：American Chemical Society，1995：37-45.

［4］ Kuee L D，Eicken K D，Schwalge B D，et al. Herbicides accepting Ag-phenyl-tetanylasopthetaimide derivatives and process for producing the ingredients：HU200766B［P］. 1990.

［5］ Vogel. S，Textbook of Practical Organic Chemistry (4th edition)，Longman Group Limited，London ，1978.

实验 6-13 葡萄糖酸钙的合成

一、设计目的

1. 了解葡萄糖酸钙的生理作用及在医学上的应用。
2. 掌握葡萄糖酸钙实验室的制法和原理。

二、合成路线

$$C_6H_{12}O_6 \cdot H_2O \xrightarrow{[O]} C_6H_{12}O_7 \xrightarrow{CaCO_3} (C_6H_{12}O_7)_2Ca \cdot H_2O$$

三、实验方案素材

[1] 胡国忠．葡萄糖酸钙注射液生产工艺条件探讨［J］．中国现代应用药学，1985，(3)：12-12.
[2] 谢海彬．葡萄糖酸钙制备工艺与临床研究概述［J］．大众科技，2021，(2)：38-40.
[3] 杨银萍，李子静，周琳，等．葡萄糖酸钙制备的实验研究［J］．山东医学高等专科学校学报，2020，42 (6)：533-536.
[4] 陈建初．一步法合成葡萄糖酸钙［J］．武汉化工学院学报，1998，20 (1)：17-20.
[5] 葡萄糖酸钙的合成［M］．北京：科学出版社，2024.

实验 6-14 葵子麝香的合成

一、设计目的

1. 了解天然香料的种类及来源。
2. 掌握葵子麝香实验室的合成方法及原理。

二、合成路线

葵子麝香化学名为 2,6-二硝基-3-甲氧基-4-叔丁基甲苯，其合成路线如下：

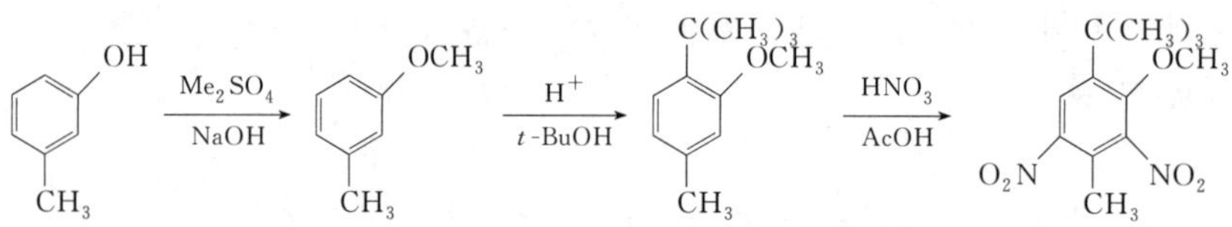

三、实验方案素材

[1] 邓玉美．葵子麝香合成工艺研究［J］．天津化工，2010，24 (2)：47 - 49.
[2] 一种葵子麝香的合成方法［P］．CN107417537A.
[3] 一种葵子麝香的制备方法［P］．CN117865809A.
[4] 水体中合成麝香检测方法的研究进展．材料与测试，2023.

实验 6-15 微波辐射合成肉桂酸

一、设计目的

1. 了解微波加热技术的原理和实验操作方法。
2. 学习微波辐射条件下合成肉桂酸的原理和方法。

二、合成路线

$$C_6H_5CHO+(CH_3CO)_2O \xrightarrow[170\sim180^\circ C]{CH_3CO_2K} C_6H_5CH=CHCOOH+CH_3CO_2H$$

三、实验方案素材

黄飞，屈飞强，任晓琼，姚兵，吴文芳，李建华．肉桂酸催化合成工艺的研究［J］．重庆工商大学学报(自然科学版)，2015，32 (1)：33-37.

附　　录

附录一　常用元素的原子量

元素名称		原子量	元素名称		原子量
银	Ag	107.8682	镁	Mg	24.3050
铝	Al	26.981538	锰	Mn	54.938049
溴	Br	79.904	氮	N	14.00674
碳	C	12.0107	钠	Na	22.989770
钙	Ca	40.078	镍	Ni	58.693761
氯	Cl	35.4527	氧	O	15.9994
铬	Cr	51.9961	磷	P	30.973761
铜	Cu	63.546	铅	Pb	207.2
氟	F	18.9984	钯	Pd	106.42
铁	Fe	55.845	铂	Pt	195.078
氢	H	1.00794	硫	S	32.006
汞	Hg	200.59	硅	Si	28.0855
碘	I	126.90447	锡	Sn	118.710
钾	K	39.0983	锌	Zn	65.39

附录二　常用有机溶剂的纯化

有机溶剂的纯度直接关系到反应速率、反应产率及产品的纯度。低纯度试剂会导致实验结果不稳定，重复性差。高纯度溶剂是特定反应的必要条件，否则可能破坏产物结构或稳定性。很多有机试剂性质不稳定，长期储存容易变质。某些杂质具有毒性或腐蚀性，会增加操作风险。这就要求对试剂进行纯化，此外，在合成中如需用大量纯度较高的有机溶剂时，为了降低成本，也常用工业级的普通溶剂纯化后供实验室使用。

以下是一些常见有机溶剂在实验室条件下的纯化方法。

一、乙醇（ethyl alcohol）

化学式：CH_3CH_2OH；分子量：46.07；bp 78.5℃；$[\alpha]_D^{20}$ 1.361；d_4^{20} 0.780 3。

乙醇俗称酒精，为无色透明液体，易燃。有酒的气味和刺激的辛辣味，溶于水、甲醇、乙醚和氯仿等多种有机溶剂。乙醇有吸湿性，能与水形成共沸物，共沸点为 78.1℃，含 95.6%的乙醇。市售无水乙醇一般只能达到 99.5%的纯度，95.6%的乙醇不能直接用蒸馏法制取高纯度无水乙醇。

1. 制备无水乙醇

为了得到纯度较高的乙醇，将工业乙醇和新灼烧过的冷氧化钙（$250g\cdot L^{-1}$）放入圆底烧瓶中，装上回流冷凝管，其上端接一个 $CaCl_2$ 干燥管回流 6h，使乙醇中水与氧化钙作用，生成氢氧化钙来除去水分。放置过夜后，用蒸馏无水溶剂的装置进行蒸馏，即得到含量为99.5%的无水乙醇。

2. 制备绝对乙醇

绝对乙醇通常是指含量为99.95%的乙醇。可以利用无水乙醇（99.5%）经下述方法制备：

方法一：用金属镁制取

镁与乙醇反应生成乙醇镁和氢气：

$$2C_2H_5OH+Mg \longrightarrow (C_2H_5O)_2Mg+H_2\uparrow$$

然后，乙醇中的水与乙醇镁形成氧化镁和乙醇，水被反应除去：

$$(C_2H_5O)_2Mg+H_2O \longrightarrow 2C_2H_5OH+MgO$$

在1.5L圆底烧瓶中加入75～100mL的99.5%无水乙醇，5g清洁的干燥镁屑和0.5g碘，装上带有氯化钙干燥管的回流器（所用仪器必须干燥）。随即或稍加热后立即发生反应，碘逐渐消失，同时有氢气放出。加热使镁屑完全溶解，转变为乙醇镁盐，再经冷凝器顶部加入900～925mL的99.5%乙醇和几粒沸石，回流1h，改用蒸馏无水溶剂的装置进行蒸馏，弃去最初的25mL蒸馏液，接着蒸馏出的为99.95%的绝对乙醇。

【注意事项】

（1）由于无水乙醇具有很强的吸水性，操作过程采用的仪器必须事先干燥，实验操作必须迅速，以免吸收空气中的水分。

（2）由于99.5%乙醇含水量较低，反应开始时速度较慢，如果后续实验中含有少量甲醇对反应无影响时，则在制备开始所用的75～100mL的99.5%无水乙醇可用甲醇代替，因为甲醇和镁反应较易进行。

方法二：用金属钠制备

金属钠与金属镁的作用相似，金属钠与乙醇反应生成乙醇钠：

$$C_2H_5OH+Na \longrightarrow C_2H_5ONa+\frac{1}{2}H_2\uparrow$$

乙醇钠与水反应：

$$C_2H_5ONa + H_2O \rightleftharpoons C_2H_5OH + NaOH$$

反应后经蒸馏即可得到所需的绝对无水乙醇。乙醇钠与水的反应是可逆的，制备出的乙醇中还含有极少量的水，但是已经可满足一般实验的要求。如果需要极高纯度的乙醇，可以在加入金属钠后再加入某些高沸点有机酸的乙醇酯（如：草酸二乙酯、邻苯二甲酸二乙酯、琥珀酸乙酯等）消耗生成的NaOH，促进乙醇钠与水反应正向进行，这样制备出来的乙醇可以达到极高的纯度。

$$\begin{matrix}COOC_2H_5\\|\\COOC_2H_5\end{matrix} + 2NaOH \longrightarrow \begin{matrix}COONa\\|\\COONa\end{matrix} + 2C_2H_5OH$$

在1.5L的圆底烧瓶中，加入1L 99.5%无水乙醇，装上带有氯化钙干燥管的回流冷凝器，逐渐向圆底烧瓶中加入新切的7g清洁金属钠（或钠丝）。当金属钠作用完毕后加入25g干燥的草酸二乙酯和几粒沸石，加热回流1h，然后蒸馏，可得到99.95%的绝对乙醇。

3. 制备无羰基乙醇

在200mL乙醇中，加入10mL 0.25mol·L^{-1}的2,4-二硝基苯肼磷酸乙醇溶液，回流2h，再经过10cm的分馏柱分馏，可以得到无羰基乙醇。

大量吸入乙醇蒸气可出现中毒现象。在9.5mg·L^{-1}时，能造成麻痹、昏睡，连续吸入时可引起胰腺障碍。

二、乙醚（diethyl ether）

化学式：$CH_3CH_2OCH_2CH_3$；分子量：90.12；bp 135.6℃；$[\alpha]_D^{20}$ 1.4076；d_4^{20} 0.930。

乙醚为无色透明液体，极易挥发。乙醚微溶于水，能与乙醇、苯、三氯甲烷和石油醚等多种有机溶剂以任意比例混溶。市售的乙醚中常含有一定量的水、乙醇和少量其他杂质。乙醚遇光或长期存放，会被氧气氧化产生少量的过氧化物。由于可能存在过氧化物，在使用前必须检验与除去，以免在加热时发生爆炸。

过氧化物的检验：取 0.5mL 乙醚，加入 0.5mL 2%碘化钾溶液和几滴稀盐酸（$2mol \cdot L^{-1}$）一起振荡，再向其中滴入几滴淀粉溶液，若溶液显蓝色或紫色，证明乙醚中有过氧化物的存在。

过氧化物的除去：在分液漏斗中加入普通乙醚和相当于乙醚体积 20%的新配制的硫酸亚铁溶液，剧烈振荡后分去水层，多次进行直到将过氧化物去除干净。

无水乙醚的制备：将去除了过氧化物的乙醚中加入无水氯化钙干燥 24h，过滤，压入钠丝进一步干燥。如果在放置之后全部的金属钠完全被消耗，或钠的表面全部被氢氧化钠所覆盖，就需要再加入少量的钠丝或钠片。观察有无气泡产生，放置至无气泡产生为止。乙醚使用前，在钠的存在下，用蒸馏无水溶剂的装置进行蒸馏，收集滤液在深棕色玻璃瓶中，再压入钠丝，用带氯化钙干燥管的软木塞塞好，放于暗处。

如果要除去乙醚中少量的醛，可在用氯化钙干燥前，先用 0.5%高锰酸钾溶液振荡，使乙醛变成乙酸，然后再用 0.5%氢氧化钠和水依次洗涤。

【注意事项】

硫酸亚铁溶液的配制：在 110mL 水中加入 6mL 浓硫酸和 60g 硫酸亚铁，溶解即可。硫酸亚铁溶液久置后容易氧化变质，需要在使用前临时配制。

三、丙酮（acetone）

化学式：CH_3COCH_3；分子量：58.08；bp 56.5℃；$[\alpha]_D^{20}$ 1.3590；d_4^{20} 0.791。

丙酮为无色透明液体，易挥发，易燃，有特殊气味，能与水、乙醇、乙醚和多种有机溶剂混溶。丙酮与水不能形成共沸物。

工业纯丙酮中的主要杂质是水、醛、醇等，经一般蒸馏提纯后，其纯度可以满足大多数的使用要求。一般蒸馏过的丙酮中含有少量甲醇等有机杂质和水。

丙酮的纯化：

方法一：在 1L 丙酮中加入浓度为 12%的硝酸银溶液 34mL，再加入 $1mol \cdot L^{-1}$ 氢氧化钠溶液 30mL，振荡 10min，过滤，滤液用无水硫酸钙干燥 1h 后蒸馏，收集 55～56.5℃的蒸馏液。

方法二：将丙酮与粉末状高锰酸钾一起加热回流，若高锰酸钾的紫色很快褪去，需再分批加入少量粉末状高锰酸钾继续回流，直至紫色不再褪去后，停止回流，将丙酮蒸出。在蒸馏出的丙酮中加入无水碳酸钾或无水硫酸钙干燥 1h 后蒸馏，收集 55～56.5℃的蒸馏液。此法经常用于精制较大量丙酮。

方法三：将 100g 粉末状碘化钠溶于 400g 沸腾丙酮中，在冰盐浴上使其冷却至−8℃，滤出由碘化钠与丙酮形成的固体晶体（$NaI \cdot 3CH_3COCH_3$），将结晶固体转移到蒸馏瓶中加热，结晶固体受热分解，从而蒸出纯粹的丙酮。再生的碘化钠可以重复使用。

【注意事项】

通常丙酮的干燥不用碱性干燥剂，否则会产生羟醛缩合反应产物。有时某些酸性干燥剂也会产生此种情况。

四、乙酸乙酯（ethyl acetate）

化学式：$CH_3COOCH_2CH_3$；分子量：88.11；bp 77.1℃；$[\alpha]_D^{20}$ 1.3720；d_4^{20} 0.902。

乙酸乙酯为无色透明液体，易挥发，易燃，有水果香味，溶于水，能与乙醇、乙醚、丙酮、苯和三氯甲烷等有机溶剂混溶。

市售乙酸乙酯中含有少量水、乙醇和乙酸。

纯化方法：

方法一：在1L乙酸乙酯中，加入100mL乙酸酐和10滴浓硫酸，加热回流4h，然后分馏。馏出液中加入20～30g无水碳酸钾振荡，干燥后再蒸馏，收集77℃的馏分，纯度可达99.7%。

方法二：用等体积的5%碳酸钠水溶液洗涤后，再用饱和氯化钙水溶液洗涤数次，用无水碳酸钾或无水硫酸镁进行干燥。过滤后蒸馏，得乙酸乙酯纯品。

五、苯（benzene）

化学式：C_6H_6；分子量：78.11；bp 80.10℃；$[\alpha]_D^{20}$ 1.5010；d_4^{20} 0.874。

苯与水能形成共沸混合物，共沸点为69.25℃，含有91.17%的苯。苯与水和乙醇形成三元共沸物。苯有毒，易燃。

工业苯的主要杂质是水和噻吩，还含有少量其他烃类。苯中的噻吩（沸点为84℃）不能用分馏或结晶的方法除去。在分液漏斗中，用相当于1/10苯体积的浓硫酸分次洗涤，直至硫酸层不再有颜色，或对噻吩检验不显正结果（取3mL苯与10mg靛红在10mL浓硫酸中振摇，如果出现蓝绿色，则表示有噻吩存在）即为噻吩除去干净。分液除去酸层后，依次用水、5%左右的氢氧化钠溶液、水对苯进行洗涤。分液，去除水层，用无水氯化钙干燥24h，过滤、蒸馏，收集馏出物。在精制过的苯中压入钠丝保存，可得无水、无噻吩的苯。

将金属钠干燥过的苯通过装有经110℃烘干16h的110～160筛孔的硅胶，可得无羰基苯。

六、甲苯（toluene）

化学式：$C_6H_5CH_3$；分子量：92.14；bp 110.6℃；$[\alpha]_D^{20}$ 1.4960；d_4^{20} 0.865。

甲苯能与水形成共沸物，共沸点为84.1℃，含有81.4%的甲苯。

甲苯中通常含有甲基噻吩及其他含硫杂质。可以用浓硫酸洗涤除去这些杂质，但洗涤时温度不能超过30℃，以防甲苯被磺化。一般用相当于1/10甲苯体积的浓硫酸分次洗涤，直至硫酸层不再有颜色然后依次用水洗、5%碳酸钠（或碳酸氢钠、氢氧化钠）溶液洗，再用水洗至中性，除去水层。在甲苯中加入无水氯化钙干燥24h，过滤，蒸馏，收集清亮的中间馏出物。

七、甲醇（methyl alcohol）

化学式：CH_3OH；分子量：32.04；bp 64.70℃；$[\alpha]_D^{20}$ 1.3290；d_4^{20} 0.791。

市售的甲醇大多数是通过合成法制备的，一般纯度能达到99.85%，其中可能含有少量水和丙酮。甲醇和水不能形成恒沸物，无水甲醇可以通过高效精馏柱分馏得到纯品。制无水甲醇也可以使用以镁制无水乙醇的方法。甲醇有毒，处理时应避免吸入其蒸气。

如要除去甲醇中的丙酮，则应在干燥前用次碘酸钠处理甲醇。将 25g 碘溶于 1L 甲醇中，在搅拌下慢慢加入 500mL 含 1mol·L^{-1} 氢氧化钠的水溶液中，再加入 150mL 水，静置，沉淀出碘仿。放置过夜后过滤，滤液加热回流至碘仿的气味消失，然后再进行分馏，得到无丙酮的甲醇。最后用金属镁处理，即可得到无水甲醇。

八、三氯甲烷（chloroform）

化学式：$CHCl_3$；分子量：119.39；bp 61.5℃；$[\alpha]_D^{20}$ 1.4460；d_4^{20} 1.492。

三氯甲烷又称氯仿，为具有强折光性的无色透明液体，不燃，易挥发，微甜，有特殊气味，纯品对光敏感。三氯甲烷通常不溶于水，能溶于醇、苯、醚、石油醚、四氯化碳等有机溶剂。

工业三氯甲烷中的主要杂质有醛、氯化氢、光气及 0.6%～1%乙醇（乙醇是作为稳定剂加入的，以防氯仿分解为有害的光气）。为了除去以上杂质，可将工业三氯甲烷先用水洗，洗去乙醇、醛和氯化氢。然后用浓硫酸洗，分去酸层后，再用水洗，用 3%～5%的氢氧化钠溶液洗，检验洗涤水为碱性后，再水洗 2 次。用无水碳酸钾或无水氯化钙干燥，过滤后蒸馏，即得到纯品。蒸馏出的三氯甲烷应储存在棕色瓶中放在黑暗处备用（避免因光作用而产生光气）。必要时在蒸馏前还可以用五氧化二磷、硫酸钙或粉状 4A 分子筛等干燥剂干燥。三氯甲烷不能用金属钠干燥，否则会发生爆炸。

九、石油醚（petroleum）

石油醚为轻质石油产品，是低分子量烃类（主要是戊烷和己烷）的混合物。石油醚沸程为 30～150℃，收集的温度区间一般为 30℃左右，如有 30～60℃，60～90℃，90～120℃，120～150℃等沸程规格。石油醚中含有少量不饱和烃，沸点与烷烃相近，不能用蒸馏法分离，可以用浓硫酸和高锰酸钾除去少量不饱和烃。将石油醚用其体积 1/10 的浓硫酸洗涤两到三次，再用 10%的浓硫酸加入高锰酸钾配制的饱和溶液洗涤，直至水层中的紫色不再消失为止，然后再用水洗，经无水氯化钙干燥后蒸馏。如需要绝对干燥的石油醚，则需要在精制后的石油醚中加入钠丝（与制备无水乙醚相同处理）。

十、四氢呋喃（tetrahydrofuran）

化学式：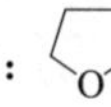；分子量：72.11；bp 65～67℃；$[\alpha]_D^{20}$ 1.4070；d_4^{20} 0.889。

四氢呋喃为无色透明液体，有与乙醚类似的气味，能与醇、醚、酮、酯类等多种有机溶剂相混溶，易燃。可与水形成共沸物，共沸点为 63.2℃，含有 94.6%的四氢呋喃。四氢呋喃贮存过程中特别容易被氧化生成过氧化物，在使用前必须检验与除去，以免在加热时发生爆炸。过氧化物是否存在可以用碘化钾酸性水溶液进行检验，如果有过氧化物存在，会立即出现游离碘的颜色，若加入淀粉溶液会出现蓝色或紫色。

四氢呋喃纯化方法：在四氢呋喃中加入 0.3%的氯化亚铜，加热回流 30min，蒸馏，以除去过氧化物（也可以加硫酸亚铁处理，或让其通过活性氧化铝来除去过氧化物）。然后用氢化铝锂或分子筛、氢化钙、金属钠干燥。在氮气保护下蒸馏，馏分存于冷暗处。如果四氢呋喃中的水及过氧化物的含量极少，可直接在四氢呋喃中加入氢化铝锂（通常 1000mL 四氢呋喃约需要 2～4g 氢化铝锂）回流后蒸馏，收集 65.4℃的馏分。精制后的四氢呋喃应在氮气中保存，如需久置，可加入 0.025%的 4-甲基-2,6-二叔丁基苯酚作抗氧化的稳定剂。

四氢呋喃蒸气刺激皮肤、眼睛和黏膜，高浓度蒸气有麻醉作用。

十一、四氯化碳（tetrachloromethane）

化学式：CCl_4；分子量：153.82；bp 76.5℃；$[\alpha]_D^{20}$ 1.4600；d_4^{20} 1.594。

四氯化碳为无色不燃烧的重质液体，有特殊气味。不溶于水，能与乙醇、乙醚、苯、三氯甲烷、二硫化碳和石油醚相混溶。

通常分析纯四氯化碳中含0.005%的二硫化碳，能满足大多数的使用要求。一般工业纯的四氯化碳中含有约4%的二硫化碳，可以用下述方法除去：1L工业纯四氯化碳与由60g氢氧化钾（二硫化碳总质量的1.5倍）溶于等质量的水和100mL乙醇溶液混合，在50～60℃剧烈振荡30min，水洗后，用上述一半量的氢氧化钾溶液重复振荡一次。分出四氯化碳，然后用500mL水洗涤几次，除去乙醇。再用少量浓硫酸洗涤，直至酸洗涤液几乎无色，用无水氯化钙干燥，蒸馏，收集馏分。如有必要，可将馏出液再通过氧化铝柱，储存在有5A分子筛的瓶中。

四氯化碳绝对不能用金属钠干燥，以免引起爆炸。

四氯化碳有毒，能刺激咽喉引起咳嗽、头痛，呕吐，而后呈现麻醉作用，昏睡，失去知觉乃至死亡。慢性中毒时，能引起视力浑浊，黄疸，肝脏肿大。

十二、苯甲醛（benzaldehyde）

化学式：C_6H_5CHO；分子量：106.12；bp 179℃；$[\alpha]_D^{20}$ 1.5450；d_4^{20} 1.044。

苯甲醛为带有苦杏仁味的无色液体，能与乙醇、乙醚、氯仿相混溶，微溶于水。新开瓶的苯甲醛一般符合使用要求。苯甲醛长期放置容易被氧化为苯甲酸，可以加入碳酸氢钠检验，如果有气体生成证明有苯甲酸。若有苯甲酸存在，可以用5%～10%的碳酸钠溶液洗去游离酸，然后分去水层。有机层用无水碳酸钠干燥，最后在少量锌粉存在下减压蒸馏，收集相应馏分，操作过程尽量避免苯甲醛暴露在空气中。

苯甲醛低毒，但对皮肤有刺激，触及皮肤可用水洗。

十三、乙酸（acetic acid）

化学式：CH_3COOH；分子量：60.05；bp 117.9℃；$[\alpha]_D^{20}$ 1.3710；d_4^{20} 1.049。

乙酸也称冰醋酸，为无色透明液体，16℃以下凝固为冰状晶体，有刺鼻酸味。乙酸能与水、乙醇、乙醚和四氯化碳等有机溶剂相混溶，不溶于二硫化碳。乙酸具有腐蚀性。

乙酸可以用下述几种方法进行纯化：

方法一：市售乙酸在4℃下慢慢结晶，并在冷却下迅速过滤，压干。少量的水可用五氧化二磷（$10g \cdot L^{-1}$）回流干燥几小时除去。

方法二：在2.5L耐高温的圆底烧瓶中，加入2000g工业乙酸、150g乙酸酐和1g碳酸钠。将混合物加热到40～50℃，缓慢加入11mL浓硫酸，经15min后，加入10g研细的高锰酸钾粉末，搅拌均匀。用填满碎玻璃片的高效分馏柱分馏，收集沸点117.9～118.1℃之间的馏分（凝固点为15.8～16.5℃），即得到分析纯的冰醋酸。

方法三：工业上可用乙酸丁酯或乙酸异丙酯为共沸脱水剂，进行共沸蒸馏脱去乙酸中大量存在的水。共沸蒸馏后得到的乙酸其含水量可降到0.1%以下，能满足大多数情况下的使用要求。

乙酸对皮肤有腐蚀作用，接触到皮肤或溅到眼睛里时，要用大量水冲洗。

十四、乙酸酐（acetic anhydride）

化学式：$(CH_3CO)_2O$；分子量：102.09；bp 138～140℃；$[\alpha]_D^{20}$ 1.3900；d_4^{20} 1.082。

乙酸酐又称为醋酸酐，为无色透明液体，有极强的乙酸气味。

乙酸酐容易吸水水解成乙酸，所以乙酸酐中的主要杂质为乙酸。

采用的纯化方法：

方法一：在乙酸酐中加入少量碳酸钙或粗粒镁屑，于80～90℃加热5d，然后进行蒸馏，得到无水乙酸酐。

方法二：对于一般用途的乙酸酐，也可以在乙酸酐中加入无水乙酸钠，再煮沸，经蒸馏得到。

方法三：在乙酸酐中加入一定量的甲苯进行共沸蒸馏，在高效精馏塔中除去甲苯-乙酸共沸物（共沸点为100.5℃），继续分馏除去残留甲苯，最后在回流比为20：1时蒸馏出乙酸酐。

方法四：对于要求较高的应用，可将500g乙酸酐与50g五氧化二磷混合一起振荡，蒸馏，收集136～138℃的馏分。再将此馏分用五氧化二磷干燥12h，与灼烧过的碳酸钾摇动，过滤，分馏，收集137.8～138℃的馏分。

乙酸酐有腐蚀性，蒸汽严重刺激眼睛和皮肤。如果皮肤接触到乙酸酐，应立即用大量水冲洗。

附录三　常用试剂的配制

一、饱和亚硫酸氢钠溶液的配制

在100mL 40%亚硫酸氢钠溶液中，加入25mL不含醛的无水乙醇。混合后，如有少量的亚硫酸氢钠结晶析出，必须滤去，或倾出上层清液，此溶液不稳定，容易被氧化和分解。因此，不能保存很久，实验前配制为宜。

二、2,4-二硝基苯肼试剂

取2,4-二硝基苯肼3g，溶于15mL浓硫酸，将此酸性溶液慢慢加入70mL 95%乙醇中，再加蒸馏水稀释到100mL，过滤。取滤液保存于棕色试剂瓶中。

三、碘-碘化钾溶液

2g碘和5g碘化钾溶于100mL水中。

四、Fehling试剂（费林试剂）

费林试剂A：溶解3.5g硫酸铜晶体（$CuSO_4 \cdot 5H_2O$）于100mL水中，浑浊时过滤。

费林试剂B：溶解酒石酸钾钠晶体17g于15～20mL热水中，加入20mL20%的氢氧化钠，稀释至100mL，此两种溶液要分别贮藏，使用时才取等量试剂A及试剂B混合。由于氢氧化铜是沉淀，不易与样品作用，因此，有酒石酸钾钠存在时氢氧化铜沉淀溶解，形成深蓝色的溶液。

五、Schiff试剂

方法1　将0.2g对品红盐酸盐溶于100mL新制的冷却饱和二氧化硫溶液中，放置数小时，直至溶液无色或淡黄色，再用蒸馏水稀释至200mL，存于玻璃瓶中，塞紧瓶口，以免二氧化硫逸散。

方法2　溶解0.5g对品红盐酸盐于100mL热水中，冷却后通入二氧化硫达饱和，至粉红色消失。加入0.5g活性炭，振荡，过滤，再用蒸馏水稀释至500mL。

方法3　溶解0.2g对品红盐酸盐于100mL热水中，冷却后，加入2g亚硫酸氢钠和

2mL 浓盐酸，最后用蒸馏水稀释到 200mL。品红溶液原系粉红色，被二氧化硫饱和后变成无色的 Schiff 试剂。醛类与 Schiff 试剂作用后，反应液呈紫红色。酮类通常不与 Schiff 试剂作用，但是某些酮类（如丙酮等）能与二氧化硫作用，故当它与 Schiff 试剂接触后能使试剂脱去亚硫酸，此时反应液就出现品红的粉红色。

六、刚果红试纸

取 0.2g 刚果红溶于 100mL 蒸馏水制成溶液，把滤纸放在刚果红溶液中浸透后，取出晾干，裁成纸条（长 70～80mm，宽 10～20mm），试纸呈鲜红色。刚果红适用于作酸性物质的指示剂，变色范围 pH 为 3～5。刚果红与弱酸作用显蓝黑色，与强酸作用显稳定的蓝色，遇碱则又变红。

七、氯化亚铜氨溶液

取 1g 氯化亚铜加 1～2mL 浓氨水和 10mL 水，用力摇动后，静置片刻，倾出溶液，并投入一块铜片（或一根铜丝），贮存备用。

$$CuCl_2 + 4NH_4OH \longrightarrow 2Cu(NH_3)_2Cl + 4H_2O$$

亚铜盐很容易被空气中的氧氧化成二价铜，此时试剂呈蓝色将掩盖乙炔亚铜的红色，为了便于观察现象，可在温热的试剂中滴加 20%盐酸羟胺（$HO—NH_2HCl$）溶液至蓝色褪去后，再通入乙炔，羟胺是一种强还原剂，可将 Cu^{2+} 还原成 Cu^+。

$$4Cu^{2+} + 2NH_2OH \longrightarrow 4Cu^+ + N_2O + H_2O + 4H^+$$

八、氯化锌-盐酸（Lucas 试剂）

将 34g 熔化过的无水氯化锌溶于 23mL 纯浓盐酸中，同时冷却以防氯化氢逸出，约得 35mL 溶液，放冷后，存于玻璃瓶中，塞紧。

九、Tollens 试剂

加 20mL 5%硝酸银溶液于一干净试管内，加入 1 滴 10%氢氧化钠溶液，然后滴加 2%氨水，随摇，直至沉淀刚好溶解。配制 Tollens 试剂所涉及的化学反应如下：

$$AgNO_3 + NaOH \longrightarrow AgOH + NaNO_3 \qquad 2AgOH \longrightarrow Ag_2O + H_2O$$

$$Ag_2O + 4NH_3 + H_2O \longrightarrow 2[Ag(NH_3)_2]^+ OH^-$$

配制 Tollens 试剂时应防止加入过量的氨水，否则，将生成雷酸银（$Ag—ON\equiv C$）。受热后将引起爆炸，试剂本身也将失去灵敏性。Tollens 试剂久置后将析出黑色的氮化银（Ag_3N）沉淀，它受震动时分解，发生猛烈爆炸，有时潮湿的氮化银也能引起爆炸，因此 Tollens 试剂必须现用现配。

十、Benedict 试剂

在 400mL 烧杯中溶解 20g 柠檬酸钠和 11.5g 无水碳酸钠于 100mL 热水中。在不断搅拌下把含 2g 硫酸铜结晶的 20mL 水溶液慢慢地加到此柠檬酸钠和碳酸钠溶液中。此混合液应十分清澈，否则，需过滤。Benedict 试剂在放置时不易变质，亦不必像 Fehling 试剂那样配成 A、B 液分别保存，所以比 Fehling 试剂使用方便。

十一、α-萘酚乙醇试剂

取 α-萘酚 10g 溶于 95%乙醇内，再用 95%乙醇稀释至 100mL，用前配制。

十二、间苯二酚-盐酸试剂

间苯二酚 0.05g 溶于 50mL 浓盐酸内，再用水稀释至 100mL。

附录四 常用酸碱溶液的质量分数、相对密度和溶解度

表 1 盐酸

质量分数/%	相对密度	$m(HCl)/g(100mLH_2O)$	质量分数/%	相对密度	$m(HCl)/g(100mLH_2O)$
1	1.0032	1.003	22	1.1083	24.38
2	1.0082	2.006	24	1.1187	26.85
4	1.0181	4.007	26	1.1290	29.35
6	1.0279	6.167	28	1.1392	31.90
8	1.0376	8.301	30	1.1492	34.48
10	1.0474	10.47	32	1.1593	37.10
12	1.0574	12.69	34	1.1691	39.75
14	1.0675	14.95	36	1.1789	42.44
16	1.0776	17.24	38	1.1885	45.16
18	1.0878	19.58	40	1.1980	47.92
20	1.0980	21.95			

表 2 硫酸

质量分数/%	相对密度	$m(H_2SO_4)/g(100mLH_2O)$	质量分数/%	相对密度	$m(H_2SO_4)/g(100mLH_2O)$
1	1.0051	1.005	70	1.6105	112.7
2	1.0118	2.024	80	1.7272	138.2
3	1.0184	3.055	90	1.8144	163.3
4	1.0250	4.100	91	1.8195	165.6
5	1.0317	5.159	92	1.8240	167.8
10	1.0661	10.66	93	18279	170.2
15	1.1020	16.53	94	1.8312	172.1
20	1.1394	22.79	95	1.8337	174.2
25	1.1783	29.46	96	1.8355	176.2
30	1.2185	36.56	97	1.8364	178.1
40	1.3028	52.11	98	1.8361	179.9
50	1.3951	69.76	99	1.8342	181.6
60	1.4983	89.90	100	1.8305	183.1

表 3 发烟硫酸

游离 SO_3 质量分数/%	相对密度	m(游离 SO_3)/ $g(100mLH_2O)$	游离 SO_3 质量分数/%	相对密度	m(游离 SO_3)/ $g(100mLH_2O)$
10	1.800	83.46	60	2.020	92.65
20	1.920	85.30	70	2.018	94.48
30	1.957	87.14	90	1.990	98.16
40	2.00	90.81	100	1.984	100.00

注意：含游离 SO_3 0～30% 在 15℃为液体；含游离 SO_3 30%～56% 在 15℃为固体。
含游离 SO_3 56%～73% 在 15℃为液体；含游离 SO_3 73%～100% 在 15℃为固体。

表 4 氢氧化钠

质量分数/%	相对密度	$m(NaOH)/g(100mLH_2O)$	质量分数/%	相对密度	$m(NaOH)/g(100mLH_2O)$
1	1.0095	1.010	26	1.2848	33.40
5	1.0538	5.269	30	1.3279	39.84
10	1.1089	11.09	35	1.3798	48.31
16	1.1751	18.80	40	1.4300	57.20
20	1.2191	24.38	50	1.5253	76.27

表5 氨水

质量分数/%	相对密度	$m(NH_3)$/g(100mLH_2O)	质量分数/%	相对密度	$m(NH_3)$/g(100mLH_2O)
1	0.9939	9.94	16	0.9362	149.8
2	0.9895	19.97	18	0.9295	167.3
4	0.9811	39.24	20	0.9229	184.6
6	0.9730	58.38	22	0.9164	201.6
8	0.9651	77.21	24	0.9101	218.4
10	0.9575	95.75	26	0.9040	235.0
12	0.9501	114.0	28	0.8980	251.4
14	0.9430	132.0	30	0.8920	267.6

表6 碳酸氢钠

质量分数/%	相对密度	$m(Na_2CO_3)$/g(100mLH_2O)	质量分数/%	相对密度	$m(Na_2CO_3)$/g(100mLH_2O)
1	1.0086	1.009	12	1.1244	13.49
2	0.0190	2.038	14	1.1463	16.05
4	1.0398	4.159	16	1.1682	18.50
6	1.0606	6.364	18	1.1905	21.33
8	1.0816	8.653	20	1.2132	24.26
10	1.1029	11.03			

附录五 水的饱和蒸气压

温度/℃	蒸气压/Pa	温度/℃	蒸气压/Pa	温度/℃	蒸气压/Pa	温度/℃	蒸气压/Pa
1	6.57×10^2	26	3.36×10^3	51	1.29×10^4	76	4.02×10^4
2	7.06×10^2	27	3.56×10^3	52	1.36×10^4	77	4.19×10^4
3	7.58×10^2	28	3.78×10^3	53	1.43×10^4	78	4.36×10^4
4	8.13×10^2	29	4.00×10^3	54	1.49×10^4	79	4.55×10^4
5	8.72×10^2	30	4.24×10^3	55	1.57×10^4	80	4.73×10^4
6	9.35×10^2	31	4.49×10^3	56	1.65×10^4	81	4.93×10^4
7	1.00×10^3	32	4.75×10^3	57	1.73×10^4	82	5.13×10^4
8	1.07×10^3	33	5.03×10^3	58	1.81×10^4	83	5.34×10^4
9	1.15×10^3	34	5.32×10^3	59	1.90×10^4	84	5.56×10^4
10	1.23×10^3	35	5.62×10^3	60	1.99×10^4	85	5.78×10^4
11	1.31×10^3	36	5.94×10^3	61	2.08×10^4	86	6.01×10^4
12	1.40×10^3	37	6.23×10^3	62	2.18×10^4	87	6.25×10^4
13	1.50×10^3	38	6.62×10^3	63	2.28×10^4	88	6.49×10^4
14	1.60×10^3	39	6.99×10^3	64	2.39×10^4	89	6.75×10^4
15	1.70×10^3	40	7.37×10^3	65	2.49×10^4	90	7.00×10^4
16	1.81×10^3	41	7.78×10^3	66	2.61×10^4	91	7.28×10^4
17	1.94×10^3	42	8.20×10^3	67	2.73×10^4	92	7.56×10^4
18	2.06×10^3	43	8.64×10^3	68	2.86×10^4	93	7.85×10^4
19	2.20×10^3	44	9.09×10^3	69	2.98×10^4	94	8.14×10^4
20	2.34×10^3	45	9.58×10^3	70	3.12×10^4	95	8.45×10^4
21	2.49×10^3	46	1.01×10^4	71	3.25×10^4	96	8.77×10^4
22	2.64×10^3	47	1.06×10^4	72	3.39×10^4	97	9.09×10^4
23	2.81×10^3	48	1.12×10^4	73	3.54×10^4	98	9.42×10^4
24	2.98×10^3	49	1.17×10^4	74	3.69×10^4	99	9.77×10^4
25	3.17×10^3	50	1.23×10^4	75	3.85×10^4	100	1.013×10^5

附录六 常用溶剂极性表

溶 剂	极 性	黏度(cp20℃)	沸点/℃	紫外吸收截止波长/nm
i-pentane(异戊烷)	0.0	—	30	—
n-pentane(正戊烷)	0.00	0.23	36	210
petroleum ether(石油醚)	0.01	0.30	30～60	210
hexane(己烷)	0.06	0.33	69	210
cyclohexane(环己烷)	0.10	1.00	81	210
isooctane(异辛烷)	0.10	0.53	99	210
trifluoroacetic acid(三氟乙酸)	0.10	—	72	—
trimethylpentane(三甲基戊烷)	0.10	0.47	99	215
cyclopentane(环戊烷)	0.20	0.47	49	210
n-heptane(庚烷)	0.20	0.41	98	200
butyl chloride(丁基氯;丁酰氯)	1.00	0.46	78	220
trichloroethylene(三氯乙烯;乙炔化三氯)	1.00	0.57	87	273
carbon tetrachloride(四氯化碳)	1.60	0.97	77	265
trichlorotrifluoroethane(三氯三氟代乙烷)	1.90	0.71	48	231
i-propyl ether(丙基醚;丙醚)	2.40	0.37	68	220
toluene(甲苯)	2.40	0.59	111	285
p-xylene(对二甲苯)	2.50	0.65	138	290
chlorobenzene(氯苯)	2.70	0.80	132	—
o-dichlorobenzene(邻二氯苯)	2.70	1.33	180	295
ethyl ether(二乙醚;醚)	2.90	0.23	35	220
benzene(苯)	3.00	0.65	80	280
isobutyl alcohol(异丁醇)	3.00	4.70	108	220
methylene chloride(二氯甲烷)	3.40	0.44	40	245
ethylene dichloride(二氯化乙烯)	3.50	0.79	84	228
n-butanol(丁醇)	3.90	2.95	117	210
n-butyl acetate(醋酸丁酯;乙酸丁酯)	4.00	—	126	254
n-propanol(丙醇)	4.00	2.27	98	210
methyl isobutyl ketone(甲基异丁基酮)	4.2	—	119	330
tetrahydrofuran(四氢呋喃)	4.2	0.55	66	220
ethanol(乙醇)	4.30	1.20	79	210
ethyl acetate(乙酸乙酯)	4.30	0.45	77	260
i-propanol(丙醇)	4.30	2.37	82	210
chloroform(氯仿)	4.40	0.57	61	245
methyl ethyl ketone(甲基乙基酮)	4.50	0.43	80	330
dioxane(二噁烷;二氧六环;二氧杂环)	4.80	1.54	102	220
pyridine(吡啶)	5.30	0.97	115	305
acetone(丙酮)	5.40	0.32	57	330
nitromethane(硝基甲烷)	6.00	0.67	101	380
acetic acid(乙酸)	6.2	1.28	118	230
acetonitrile(乙腈)	6.20	0.37	82	210
aniline(苯胺)	6.30	4.40	184	—
dimethyl formamide(二甲基甲酰胺)	6.40	0.92	153	270
methanol(甲醇)	6.60	0.60	65	210
ethylene glycol(乙二醇)	6.90	19.90	197	210
dimethyl sulfoxide(二甲亚砜)	7.20	2.24	2.24189	268
water(水)	10.20	1.00	100	268

主要参考文献

[1] 曾和平，王辉，李兴奇，等．有机化学实验［M］.5 版．北京：高等教育出版社，2020.

[2] 朱文，肖开恩，陈红军，等．有机化学实验［M］.2 版．北京：化学工业出版社，2021.

[3] 谷亨杰，刘妙昌，丁金昌，等．有机化学实验［M］.3 版．北京：高等教育出版社，2017.

[4] 袁金伟，肖咏梅．有机化学实验［M］.2 版．北京：化学工业出版社，2022

[5] 马丽华，苟绍华，段文猛．有机合成化学实验［M］.2 版．北京：化学工业出版社，2025.

[6] 刘路，张俊良，肖元品．现代有机化学实验［M］．上海：华东师范大学出版社，2019.

[7] 刘湘，刘士荣．有机化学实验［M］.3 版．北京：化学工业出版社，2020.

[8] 李景宁，杨定乔，潘玲，等．有机化学［M］.6 版．北京：高等教育出版社，2018.

[9] 徐伟亮，有机化学［M］.3 版．北京：科学出版社，2015.

[10] 王积涛，王永梅，张宝申，等．有机化学［M］.3 版．天津：南开大学出版社，2009.